U0352374

普通高等教育"十二五"规划教材

电子技术（电工学Ⅱ）

主　编　武　丽

副主编　权震华

参　编　王　玉　曹　文

机械工业出版社

本书是以教育部颁发的高等学校工科本科电子技术（电工学Ⅱ）课程教学基本要求为依据，结合多年教学实践经验编写的。

全书共分13章，内容包括常用半导体器件（二极管、双极型晶体管和场效应晶体管）的工作原理及特性，以及由这些半导体器件构成的常用电子电路的分析和应用、常用电子器件、数字电路及其系统的分析和设计等。

本书结构合理，重点突出，内容阐述深入浅出，简洁易懂。

本书主要素材均来源于电子产品的实际电路及教师多年的经验积累，特别适合作为高等工科院校非电类专业的基础课程教材，亦可作为电子技术从业人员的岗前培训和自学用书。

图书在版编目（CIP）数据

电工学.2，电子技术/武丽主编. —北京：机械工业出版社，2014.6
（2015.6 重印）

普通高等教育"十二五"规划教材

ISBN 978-7-111-46085-5

Ⅰ.①电… Ⅱ.①武… Ⅲ.①电工技术—高等学校—教材②电子技术—高等学校—教材 Ⅳ.①TM②TN

中国版本图书馆 CIP 数据核字（2014）第 044235 号

机械工业出版社（北京市百万庄大街22号 邮政编码100037）
策划编辑：贡克勤 责任编辑：贡克勤 徐 凡
版式设计：常天培 责任校对：刘志文
封面设计：张 静 责任印制：李 洋
三河市国英印务有限公司印刷
2015 年 6 月第 1 版第 2 次印刷
184mm×260mm·15.5 印张·368 千字
标准书号：ISBN 978-7-111-46085-5
定价：32.00 元

前言

本书是以教育部颁发的高等学校工科本科电子技术（电工学Ⅱ）课程教学基本要求为依据，结合多年教学实践经验编写的。

电工学的内容包括电磁能量和信息在产生、传输、控制和应用这一全过程中所涉及的各种手段和活动。从 19 世纪电的应用进入人类社会的生产活动以来，电工技术的内涵和外延随着电工领域的扩大不断拓展。电工技术发展的早期，电工技术的主要内容围绕电报和电弧灯的应用。随后，电力系统的出现，使发电、输电、配电和用电一体化。电能的应用遍及人类生产和生活的各个方面，电工技术的内容除了涉及电力生产和电工制造两大工业生产体系所需的技术外，还与电子技术、自动控制技术、系统工程等相关技术学科互相渗透与交融。

电工学教材含电子技术（电工学Ⅱ）及与此配套出版的电工技术（电工学Ⅰ）。本书为电子技术，共 13 章，内容包括常用半导体器件（二极管、双极型晶体管和场效应晶体管）的工作原理及特性，以及由这些半导体器件构成的常用电子电路的分析和应用、常用电子器件、数字电路及其系统的分析和设计等。书中带 * 部分为选学内容。

本书的主要素材均来源于电子产品的实际电路或教师多年的经验积累，特别适合作为高等工科院校非电类专业的基础课程教材，也适合作为电子技术从业人员的岗前培训和自学用书。编写中突出了以下特点：

1. 教材定位于理论以够用为本，加强应用技术能力的培养。在注重讲解基本概念、基本原理和分析方法的同时，通过生产实例强化实际应用能力的训练，避免烦琐的数学公式推导和大篇幅的理论分析。

2. 教材内容以技术应用为主旨，贴近生产实践。使学生在打下牢固理论的基础上，与生产实践相联系，提高分析问题与解决问题的能力。

3. 注重内容的实用性、先进性。元器件主要介绍其结构，学会合理选择，正确使用。单元电路主要介绍基本原理和使用中的调试方法。习题的选择注重对基本理论的理解与实践的应用，兼顾学生自学能力的培养。

全书各章均配有适量的习题，供学生课后复习巩固使用，还可供有关技术专业师生及工程技术人员参考。

本书在题目的组织和编写安排上，力求防止面面俱到，针对非电专业学生的特点，具有内容排列层次分明、文字叙述通俗易懂、概念阐述清晰准确、讲授全面重点突出、注重实际应用和简化理论推导等特点。

　　本书由武丽担任主编，权震华为副主编，王玉、曹文参编。刘春梅参加了部分编写工作。全书由武丽和权震华统稿。感谢尚丽平老师在本书编写的过程中给予的支持和帮助，并在此对所有为本书进行审阅并提供宝贵意见以及在编写过程中给予大力支持和帮助的朋友，一并表示衷心的感谢。

　　由于水平有限，书中错误和不妥之处在所难免，殷切希望使用本教材的师生及各位读者，给予批评指正。

编　者

本书常用文字符号表

A	集成运放器件	i_s	信号源电流
A、$\dot{A}$	增益	i_i	输入电流
A_f	反馈放大电路的闭环增益	i_o	输出电流
A_u、$\dot{A}_U$	电压增益	K_{CMR}	共模抑制比
		L	电感
A_i、$\dot{A}_I$	电流增益	L	负载
A_r、$\dot{A}_R$	互阻增益	N	电子型半导体
A_g、$\dot{A}_G$	互导增益	N	绕组匝数
A_{uc}	共模电压增益	P	功率
A_{ud}	差模电压增益	P_o	输出交变功率
A_{uo}	开环电压增益	P_{om}	输出交变功率最大值
A_{uf}	闭环电压增益	P_V	电源提供的直流功率
B	场效应晶体管衬底	P	空穴型半导体
b	BJT 的基极	Q	静态工作点
C	电容	R	电阻（直流电阻或静态电阻）
$C_{b'c}$	晶体管基极—集电极电容	R_b、R_c、R_e	BJT 的基极、集电极、发射极电阻
$C_{b'e}$	晶体管基极—发射极电容	R_g、R_d、R_s	FET 的栅极、漏极、源极电阻
C_{ds}	场效应晶体管漏源电容	R_s	信号源内阻
C_e	发射极旁路电容	R_L	负载电阻
C_{gd}	场效应晶体管栅漏电容	RP	电位器（可变电阻）
C_{gs}	场效应晶体管栅源电容	R_i	放大电路交流输入电阻
c	BJT 的集电极	R_o	放大电路交流输出电阻
D	二极管	R_f	反馈电阻
d	场效应晶体管的漏极	r	电阻（交流电阻或动态电阻）
e	BJT 的发射极	r_{be}	BJT 的输入电阻
F、$\dot{F}$	反馈放大系数	r_{ce}	BJT 的输出电阻
f_L	放大器的下限频率	$r_{b'b}$	BJT 的基区体电阻
f_H	放大器的上限频率	S	开关
g	场效应晶体管的漏极	s	FET 的源极，秒
I、i	电流	T	温度（热力学温度以 K 为单位）
I_i	输入电流	U、u	电压
I_o	输出电流	U_i	输入电压
I_L	负载电流	U_o	输出电压
I_{IB}	输入偏置电流	U_{REF}	参考电压
I_{IO}	输入失调电流	U_{OM}	最大输出电压
I_{OM}	最大输出电流	$U_{o(AV)}$	输出电压平均值
I_{REF}	参考电流（基准电流）	u_s	信号源电压

u_i	输入电压	V_{SS}	场效应晶体管源极直流电源电压
u_o	输出电压	VD	二极管
u_f	反馈电压	VS	稳压二极管
u_{id}	差模输入电压	X	电抗
u_{ic}	共模输入电压	$\dot{X}_i$	输入信号
V	三端有源器件（如 BJT、FET 等）	$\dot{X}'_i$	净输入信号
V_{BB}	双极型晶体管基极直流电源电压	$\dot{X}_f$	反馈信号
V_{EE}	双极型晶体管发射极直流电源电压	$\dot{X}_o$	输出信号
V_{CC}	双极型晶体管集电极直流电源电压	$\dot{X}_s$	源信号
V_{DD}	场效应晶体管漏极直流电源电压		
V_{GG}	场效应晶体管栅极直流电源电压		

目 录

→ 绪　　论 ■■■■ ■■ ■ ▪

人类生活的环境中存在各种各样的信息，信息的产生、存储、传输和处理一般由电子电路完成。近年来，随着计算机、通信和微电子技术的迅猛发展，电子技术的应用愈来愈广泛，涉及计算机、通信、科学技术、工农业生产、医疗卫生等各个领域。

电子技术主要研究电信号（随时间变化的电压和电流信号）的产生、传送、接收和处理。电子技术由模拟电子技术和数字电子技术两部分构成。

0.1　电子技术的发展

电子技术是 19 世纪末、20 世纪初开始发展起来的新兴技术，20 世纪发展最迅速，应用最广泛，成为近代科学技术发展的一个重要标志。第一代电子产品以电子管为核心。40 年代末世界上诞生了第一只晶体管，它以小巧、轻便、省电、寿命长等特点，很快地被广泛应用，大范围取代了电子管。50 年代末期，世界上出现了第一块集成电路，它把晶体管等电子元件集成在一块硅芯片上，使电子产品向小型化发展。集成电路从小规模集成电路迅速发展到大规模集成电路和超大规模集成电路，从而使电子产品向着高能效、低消耗、高精度、高稳定、智能化的方向发展。集成电路发展简表如表 0-1 所示。

表 0-1　集成电路发展简表

时　　期	规　　模	集成度（元件数）
20 世纪 50 年代末	小规模集成电路（SSI）	100
20 世纪 60 年代	中规模集成电路（MSI）	1000
20 世纪 70 年代	大规模集成电路（LSI）	>1000
20 世纪 70 年代末	超大规模集成电路（VLSI）	10000
20 世纪 80 年代	特大规模集成电路（ULSI）	>100000

随着晶体管、集成电路的发明和大量应用，它们在各自的应用领域都得到了长足的发展，产品日新月异。模拟电子技术是整个电子技术的基础，在信号放大、功率放大、整流稳压、模拟量反馈、混频、调制解调电路领域具有重要的作用。例如在高保真（Hi-Fi）的音箱系统、移动通信领域的高频发射机等方面的应用。

与模拟电路相比，数字电路具有精度高、稳定性好、抗干扰能力强、可由程序软件控制等一系列优点。从目前的的发展趋势来看，除一些特殊领域外，以前一些模拟电路的应用场合，有逐步被数字电路所取代的趋势，如数字滤波器。数字电子技术目前也在向两个截然相反的方向发展：一个是基于通用处理器的软件开发技术，比如单片机、DSP、PLC 等技术，其特点是在一个通用处理器（CPU）的基础上结合少量的硬件电路设计来完成系统的硬件电路，而将主要精力集中在算法、数据处理等软件层次上的系统方法。另一个是基于 CPLD/

FPGA 的可编程逻辑器件的系统开发，其特点是将算法、数据加工等工作全部融入系统的硬件设计当中，在"线与线的互联"当中完成对数据的加工。

0.2 模拟信号和模拟电子技术

自然界的各种物理量经过传感器将非电量转换为电量，即电信号，这个信号在时间和幅值上都是连续的，称为模拟信号。处理和传输模拟信号的电路即为模拟电路。模拟电子技术就是研究对仿真进行处理的模拟电路。

0.2.1 模拟信号

模拟信号在时间和幅值上都是连续的含义包含两个方面：①时间上连续：任意时刻有一个相对的值；②数值上连续：可以是在一定范围内的任意值，具有无穷多的数值，其数学表达比较复杂，比如正弦函数、指数函数等。自然界感知的大部分物理量都是模拟性质的，如速度、压力、温度、声音、重量以及位置等。传感器转换温度、声音的电压、电流信号都是模拟信号。模拟信号能用精确的值还原事物的本来面目，但是其值随时都在变化很难度量，容易受噪声的干扰，难以保存。几种常见模拟信号波形如图 0-1 所示。

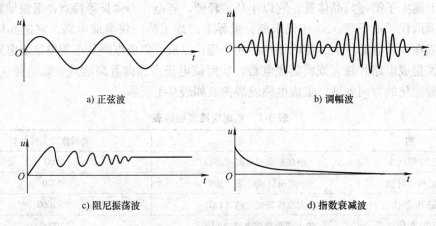

图 0-1 几种常见模拟信号波形

正弦波：例如声波，用一台示波器察看一个真实的声音波形，将发现波形不是清晰的正弦波，而是一种非常杂乱的波形，这是因为真实的声音波形中包含了多种频率的正弦波。

调幅波：以一种频率很高的正弦波作为载波，在此基础上叠加一个频率较低的信号波形成的波形。

阻尼振荡波：凡是自然界中可以看到的振荡运动，都可以观察到这种波形，比如弹簧的自由振动、钟摆的自由运动（不同于由发条驱动得钟摆运动）等。

指数衰减波：许多发光物质都具有这种波形，也就是荧光寿命。将一个点亮的日光灯的电源切断时，可以观察到荧光灯不是一下熄灭，而有一个短暂的熄灭过程，也就是通常所说的荧光灯的余辉。

典型的模拟信号包括工频信号、射频信号、视频信号等。我国和欧洲的工频信号的频率为 50Hz，美国为 60Hz。调幅波的射频信号在 530Hz ~ 1600kHz 之间。调频波的射频信号在

88～108MHz 之间。其高频（VHF）和超高频（UHF）视频信号在 6GHz 以上。

0.2.2　模拟电子技术

　　模拟技术应用于与各种模拟量接口。例如音视频的输入输出都是模拟量，采用模拟接入，经过数字处理，再变回模拟量以供人耳及人眼接收。除了人的听觉、视觉、触觉等都是接收模拟量以外，其他自然界的物理量也都是模拟量，温度、压力等各种物理量除了应用于工业测量和控制中，现在也广泛地应用到各种个人消费类产品中，如电子体温计和电子血压计等。

　　下面以电炉箱恒温控制系统说明模拟电子技术的应用，电炉箱恒温控制系统如图 0-2 所示。

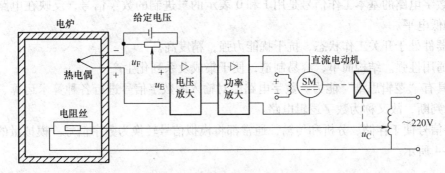

图 0-2　电炉箱恒温控制系统

　　加热炉采用电加热方式运行，电阻丝产生的热量与调压器电压 u_C 的平方成正比，u_C 增高，炉温就上升，u_C 的高低由调压器滑动触点的位置控制，该触点由可逆转的直流电动机驱动。炉子的实际温度由热电偶测量，输出电压 u_F 为系统的反馈电压与给定电压进行比较，得出偏差电压 u_E，经电压放大和功率放大后作为控制电动机的电枢电压。这里被处理的都是模拟信号，电压放大器和功率放大器都是模拟电路中的主要器件。

0.3　数字信号和数字电子技术

　　与模拟信号相反，数字数字信号在时间上和数值上均是离散的，处理和传输数字信号的电路即为数字电路，主要研究对象是电路输入域输出之间的逻辑关系。数字电路的分析方法与模拟电路完全不同，采用的分析工具是逻辑代数，表达电路输入与输出的关系主要用真值表、功能表、逻辑表达式或波形图。数字电子技术主要研究各种逻辑门电路、集成器件的功能及其应用，逻辑门电路组合和时序电路的分析和设计。

0.3.1　数字信号

　　数字信号在时间和幅值上都是离散的含义包含两个方面：①时间上离散：取值只在某些时刻有定义；②幅值上离散：变量是有限集合的值，常用 0、1 二值数字逻辑和逻辑电平来描述。当用 0 和 1 描述客观世界存在的彼此相互关联又相互对立的事物时，例如：开关通断、电压高低、电流有无等等，这里的 0 和 1 不是数值，而是逻辑 0 和逻辑 1。这种只有两种对立逻辑状态的关系称为二值数字逻辑。在电路中，可以很方便地用电子器件的开关来实现二值数字逻辑，也就是用高、低电平分别表示逻辑 1 和逻辑 0 两种状态。这种表示逻辑 1 和 0 的高低电平通常称为逻辑电平。值得注意的是高低电平就是一定的电压范围，而不是具体的电压数值。典型数字信号波形如图 0-3 所示。

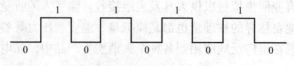

图 0-3 典型数字信号波形

由于数字信号的特点，数字电路与模拟电路相比较具有以下的优点：

1）数字电路的基本工作信号是用 1 和 0 表示的二进制的数字信号，反映在电路上就是高电平和低电平。

2）器件处于开关工作状态，抗干扰能力强，精度高。

3）通用性强。结构简单，容易制造，便于集成及系列化生产。

4）具有"逻辑思维"能力。数字电路能对输入的数字信号进行各种算术运算、逻辑运算和逻辑判断，故又称为数字逻辑电路。

数字信号便于存储、分析和传输，通常都将模拟信号转换为数字信号。模拟量的数字表示如图 0-4 所示。

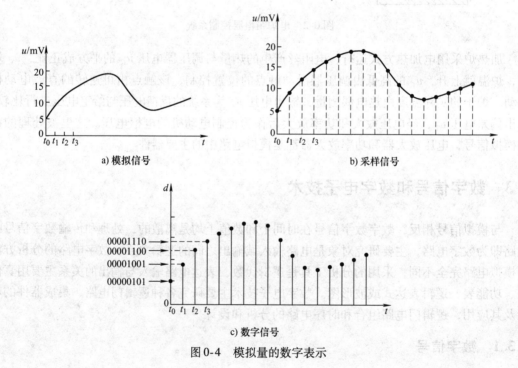

a) 模拟信号 b) 采样信号

c) 数字信号

图 0-4 模拟量的数字表示

0.3.2 数字电子技术

随着数字电子技术的发展，数字系统的实现方法在经历了由分立元件、SSI、MSI、LSI 到 VLSI 的系列演变之后，数字器件也经历了由通用集成电路到专业集成电路（ASIC）的演化。在通信系统中，应用数字电子技术的数字通信系统，不仅比模拟通信系统抗干扰能力强、保密性好，而且还能应用电子计算机进行信息处理和控制，形成以计算机为中心的自动交换网；在测量仪表中，数字测量仪表不仅比模拟测量仪表精度高、测试功能强，而且还能实现测试的自动控制化和智能化。随着集成电路技术的发展，尤其是大规模和超大规模集成器件的发展，使得各种电子系统可靠性大大提高。

以电子秒表电路构成说明数字电子技术的应用，电子秒表电路结构示意图如图0-5所示。

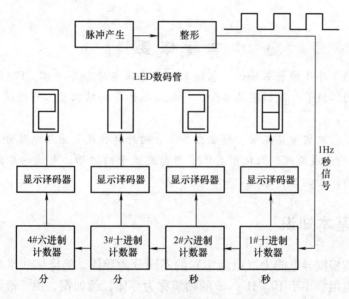

图0-5 电子秒表电路结构示意图

首先通过脉冲产生电路和整形电路形成1Hz的秒信号送入1#十进制计数器中，当1#十进制计数器输入10s脉冲后，输出一个脉冲（进位）到2#六进制计数器，2#六进制计数器输入6个脉冲后，输出一个脉冲（进位）到3#十进制计数器，3#十进制计数器输入10个脉冲后，输出一个脉冲（进位）到4#六进制计数器，计数过程以此类推，实现秒表的计时功能，这里被处理的主要都是数字信号，计数器、译码器、数码管都是数字电路中的主要器件。

本书第1~6章介绍模拟电子技术，第7~13章介绍数字电子技术。

第1章

半导体器件的基本知识

◀ 本 章 概 要 ▶

本章首先介绍半导体的基本知识，包括本征半导体与掺杂半导体，PN 结的形成过程及其特性；然后介绍二极管、双极型晶体管、场效应晶体管的结构及工作原理、特性曲线和主要参数。

重点：二极管、双极型晶体管、场效应晶体管的外特性及其应用电路分析。

难点：PN 结的形成原理；双极型晶体管内部载流子的运动、电流的分配关系和特性曲线；各种场效应晶体管的工作原理。

1.1 半导体基本知识

自然界的物质根据导电能力（电阻率）的不同分为导体、绝缘体和半导体三大类。通常将容易导电、电阻率小于 $10^{-4}\,\Omega\cdot cm$ 的物质称为导体，例如铜、铝、银等金属材料；将难导电、电阻率大于 $10^{10}\,\Omega\cdot cm$ 的物质称为绝缘体，例如塑料、橡胶、陶瓷等材料；将导电能力介于导体和绝缘体之间、电阻率在 $10^{-4}\sim10^{10}\,\Omega\cdot cm$ 之间的物质称为半导体，例如锗、硅、砷化镓和一些硫化物、氧化物等。半导体除了在导电能力方面与导体、绝缘体不同以外，还具有一些独特的性能。

1. 热敏性

当环境温度增高时，半导体的导电能力会增强的性质称为热敏性。例如纯净的锗，当温度从 20℃ 升高到 30℃，它的电阻率几乎减小为原来的 1/2。一般金属导体的电阻率则变化较小，例如铜，当温度同样升高 10℃，它的电阻率几乎不变。利用半导体的热敏性可以做成各种半导体热敏电阻。

2. 光敏性

当受到光照时，半导体的导电能力会增强的性质称为光敏性。例如一种硫化铜薄膜，在暗处其电阻为几十兆欧姆，受光照后，电阻可以下降到几十千欧姆，只为原来的 1%。一般金属导体在阳光下或在暗处其电阻率几乎没有变化。利用半导体的光敏性可做成各种半导体光敏电阻。

3. 杂敏性

在纯净的半导体中掺入某种特定的微量元素，掺杂的半导体导电能力发生显著变化的性质称为杂敏性。例如在纯净的半导体硅中掺入亿分之一的硼，电阻率会下降到原来的几万分之一。一般金属导体即使掺入千分之一的杂质，其电阻率几乎没有变化。利用半导体的杂敏性可做成各种不同用途的电子器件，如二极管、双极型晶体管、场效应晶体管、晶闸管等。

1.1.1 本征半导体及其导电特性

半导体的导电性能的根本原因在于其内部结构的特殊性。下面介绍半导体的内部结构及导电机理。

硅和锗是最常用的半导体材料。硅和锗的原子结构示意图如图 1-1 所示，它们都是四价元素。

将硅或锗材料提纯形成单晶体，其原子整齐地排列，硅和锗的晶体结构示意图如图 1-2 所示。半导体一般都具有这种晶体结构，所以半导体也称为晶体，这也是晶体管名称的由来。

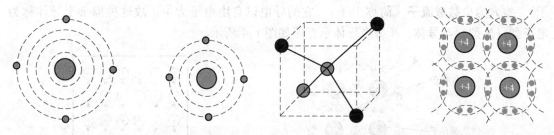

图 1-1 硅和锗的原子结构示意图　　　图 1-2 硅和锗的晶体结构示意图

本征半导体是完全纯净、晶体结构完整的半导体。在本征半导体的晶体结构中，每个原子与相邻的 4 个原子结合，每一个原子的价电子与另一个原子的价电子组成一个电子对，这对价电子是两个相邻原子共有的，它们把相邻原子结合在一起形成共价键结构。

本征半导体在热力学温度 $T = 0K$（ −273.15℃）且无外部激发能量时，每个价电子都处于最低能态，价电子没有能力脱离共价键的束缚，半导体中几乎没有自由移动的带电粒子，这时的本征半导体被认为是绝缘体。当价电子在外部能量（如温度升高、光照）作用下，一部分价电子脱离共价键的束缚成为**自由电子**，这一过程叫**本征激发**。自由电子是带负电荷量的粒子，它是本征半导体中的一种载流子，在外电场作用下，自由电子将逆着电场方向运动形成电流。价电子脱离共价键的束缚成为自由电子后，在原来的共价键中便留下一个空位称为**空穴**。空穴容易被邻近共价键中的价电子跳过来填补，在邻近共价键中又出现新的空穴，这个空穴再被别处共价键中的价电子来填补；这样，半导体中出现了价电子填补空穴的运动，在外部能量的作用下，填补空穴的价电子作定向移动也会形成电流。价电子填补空穴的运动无论在形式上还是在效果上都相当于空穴在与价电子运动相反的方向上运动。为了区分电子的这两种不同的运动，把后一种运动叫做**空穴运动**，空穴被看作带正电荷的带电粒子，称为**空穴载流子**。所以半导体中有两种载流子：**自由电子**和**空穴**。这是半导体导电方式的最大特点，也是半导体和金属在导电原理上的本质区别。

另外需要指出的是，自由电子在运动中与空穴相遇，使电子、空穴成对消失，这种现象称为**复合**。在一定温度下，载流子的产生过程和复合过程是相对平衡的，载流子的浓度是一定的。本征半导体中载流子的浓度，除了与半导体材料本身的性质有关以外，还与温度有关，而且随着温度的升高，近似呈指数规律增加。

1.1.2　杂质半导体

本征半导体中载流子数量极少，导电能力低且对温度变化敏感，用途有限。如果在本征半导体中掺入某种微量元素，掺杂后的半导体（杂质半导体）导电性能将会发生显著的变化。

1. N 型半导体

本征半导体（如硅）中掺入五价元素（如磷），由于掺入磷原子比硅原子数量少得多，因此整个晶体结构基本上不变，只是某些位置上的硅原子被磷原子取代。磷原子与周围的硅原子形成共价键结构只需 4 个价电子，多出来的第五个价电子很容易挣脱磷原子核的束缚而成为自由电子，于是半导体中自由电子的数目大量增加。半导体掺入磷原子的结构示意图如图 1-3 所示。在这样的半导体中，自由电子数远超过空穴数，电子为**多数载流子**（简称多子），空穴为**少数载流子**（简称少子），它的导电以自由电子为主，故这种掺杂半导体称为**电子型（N 型）半导体**。N 型半导体示意图如图 1-4 所示。

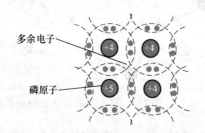
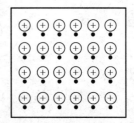

图 1-3　半导体掺入磷原子的结构示意图　　　　图 1-4　N 型半导体示意图

2. P 型半导体

本征半导体（如硅）内掺入三价元素（如硼）将发生另外一种情况。具有 3 个价电子的硼原子与周围的硅原子组成共价键时，尚有一个空位未被填满，其邻近硅原子的价电子很容易填补这个空位，从而产生一个空穴及一个带负电的杂质离子。半导体掺入硼原子的结构示意图如图 1-5 所示。在这样的半导体中，空穴的数目远超过电子的数目，空穴为多子，电子为少子，它的导电以空穴为主，故称这种掺杂半导体为空穴型（P 型）半导体。P 型半导体示意图如图 1-6 所示。

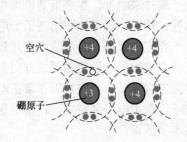
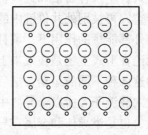

图 1-5　半导体掺入硼原子的结构示意图　　　　图 1-6　P 型半导体示意图

由于掺杂半导体载流子数目比本征半导体多，在同样温度条件下，它的导电能力远大于本征半导体。掺杂半导体的导电主要是多子的运动，少子的运动几乎可以忽略不计。

多数载流子的浓度主要取决于掺入的杂质元素原子的密度；少数载流子的浓度主要取决于温度。

练习与思考

1.1.1 什么是本征半导体？什么是杂质半导体？电子导电和空穴导电有什么区别？

1.1.2 N型半导体中自由电子多于空穴，N型半导体是否带负电？P型半导体中空穴多于自由电子，P型半导体是否带正电？为什么？

1.2 PN 结

N型或P型半导体的导电能力虽然大大增强，但并不能直接用来制造半导体器件，PN结才是构成各种半导体器件的基础。

1.2.1 PN结的形成

将一块半导体的一侧掺杂成为P型半导体，而另一侧掺杂成为N型半导体，在二者的交界处形成一个PN结。PN结的形成示意图如图1-7所示。

1. 内电场的建立

如图1-7所示，P区空穴浓度大，而N区空穴浓度小，P区中的多数载流空穴向N区扩散，在交界面留下带负电的三价杂质离子。同理，N区中的多数载流子自由电子要向P区扩散，在交界面留下带正电的五价杂质离子。这样在交界面两侧形成一个带异性电荷的薄层，称为空间电荷区，即PN结。空间电荷区一侧带正电，另一侧带负电，形成**内电场**，其方向由N区指向P区。

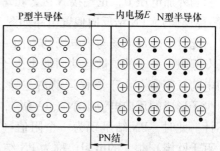

图1-7 PN结的形成示意图

2. 内电场对载流子的作用

多子的扩散运动建立了内电场，但多子扩散运动的方向与内电场方向相反，反过来内电场又会阻碍多子扩散运动的进行。

可见，随着扩散的不断进行，交界面两侧积聚的正、负离子数不断增多，内电场加强，扩散运动会逐渐减弱。由于内电场对扩散运动有阻碍作用，因此空间电荷区又被称为阻挡层。在这个区域内，多子扩散到对方并复合而消耗殆尽，所以空间电荷区又称为耗尽层。

对于N区或P区的少数载流子而言，内电场促使它们向对方的区域运动，形成与扩散运动相反的运动。少子在内电场的作用下的这种定向运动叫做**漂移运动**。

所以内电场有两个作用：

1）阻碍多子继续扩散，使扩散运动削弱。

2）促使少子不断漂移，使漂移运动增强。

3. PN结的形成

当扩散运动与漂移运动相等时，两种运动达到动态平衡。从宏观上看，在交界面处没有电流，空间电荷区的宽度一定，形成 PN 结。

1.2.2 PN 结的单向导电性

PN 结的两端外加不同极性的电压时，PN 结呈现截然不同的导电性能。

1. PN 结外加正向电压

当外加电压 V，正极接 P 区，负极接 N 区时，称 PN 结外加正向电压或 PN 结正向偏置（简称正偏）。PN 结正向偏置电路如图 1-8 所示。

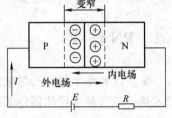

图 1-8 PN 结正向偏置电路

外加正向电压后，外电场与内电场的方向相反，扩散与漂移运动的平衡被破坏。外电场促使 N 区的自由电子进入空间电荷区抵消一部分正空间电荷，P 区的空穴进入空间电荷区抵消一部分负空间电荷，整个空间电荷区变窄，内电场被削弱，多数载流子的扩散运动增强，形成较大的扩散电流（正向电流）。在一定范围内，外电场愈强，正向电流愈大，PN 结呈现为一个阻值很小的电阻，称为 PN 结正向导通。

2. PN 结外加反向电压

当外加电压 U，正端接 N 区，负端接 P 区时，称 PN 结外加反向电压或 PN 结反向偏置（简称反偏）。PN 结反向偏置电路如图 1-9 所示。

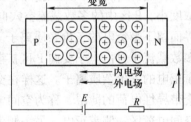

图 1-9 PN 结反向偏置电路

此时，外加电场与内电场的方向一致。外电场与内电场一起阻止多子的扩散运动而促进少子的漂移运动，使空间电荷区变宽。由于漂移运动占主导，而少子数量极少，由少子形成的反向电流很小（μA 级），近似分析时可忽略不计。此时，PN 结呈现为一个阻值（一般为几千欧姆~几百千欧姆）很大的电阻，称为 PN 结反向截止。

由上面的分析可知，**PN 结正向偏置时，正向电阻小，正向电流大，呈导通状态；PN 结反偏时，反向电阻大，反向电流非常小，呈截止状态。这就是 PN 结的单向导电性。**

需要指出的是，当反向电压超过一定数值后，反向电流将急剧增加，这种现象称为 PN 结的反向击穿，此时 PN 结的单向导电性被破坏。

练习与思考

1.2.1 如果需要使 PN 结处于正向偏置，外接电压的极性如何确定？

1.2.2 为什么 PN 结正偏时的正向电流比 PN 结反偏时的反向电流大？当环境温度升高时，反向电流会增大吗？为什么？

1.3 二极管

1.3.1 基本结构

PN 结外加上引线和封装就成为一个二极管，二极管结构示意图及图形符号如图 1-10 所

示，P 区的一端称为阳极，N 区的一端称为阴极。图 1-10b 所示图形符号中箭头指向为正向
导通时的电流方向。

二极管按结构分为点接触型、面接触型

和平面型 3 大类。点接触型二极管 PN 结面积
小，结电容小，常用于检波和变频等高频电
路。面接触型二极管 PN 结面积大，结电容
大，用于工频大电流整流电路。平面型二极
管 PN 结面积可大可小，PN 结面积大的，主
要用于大功率整流；结面积小的可作为数字脉冲电路中的开关管。

图 1-10 二极管结构示意图及图形符号

1.3.2 伏安特性

二极管的伏安特性是表示加到二极管两端电压与流过二极管电流关系的曲线。二极管的
伏安特性曲线如图 1-11 所示。

1. 正向特性

由图 1-11 可知，当外加正向电压很低时，外电
场还不能克服 PN 结内电场对多数载流子扩散运动所
形成的阻力，正向电流很小，二极管呈现很大的电
阻。当正向电压超过一定数值后（这个数值的正向
电压称为死区电压或阈值电压），内电场被大大削
弱，电流增加得很快，二极管呈现很小的电阻。硅
管的阈值电压约为 0.5V，锗管约为 0.1V。二极管
正向导通时，硅管的压降一般为 0.6 ~ 0.8V，锗管
则为 0.2 ~ 0.3V。

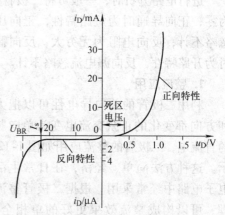

2. 反向特性

二极管加上反向电压时，主要是少数载流子的

图 1-11 二极管的伏安特性曲线

漂移运动形成电流，由于少数载流子数量极少，电流很小，二极管呈现很大的电阻。

反向电流有两个特性：①随温度的上升增长很快；②当反向电压不超过某一数值，反向
电流不随反向电压改变而改变，这时的电流称为反向饱和电流 I_S。

3. 二极管的击穿特性

外加反向电压过高时，反向电流将突然增大，二极管失去单向导电性，这种现象称为反
向击穿。发生反向击穿的原因有两种：一种是处于强电场中的载流子获得足够大的能量碰撞
晶格而将价电子碰撞出来，产生电子空穴对，新产生的载流子在电场作用下获得足够能量后
又通过碰撞产生电子空穴对，如此形成连锁反应，反向电流愈来愈大，最后使得二极管反向
击穿；另一种原因是强电场直接将共价键的价电子拉出来，产生电子空穴对，形成较大的反
向电流。产生击穿时加在二极管上的反向电压称为反向击穿电压 U_{BR}。

1.3.3 主要参数

二极管的特性除用伏安特性曲线表示外，还可用一些具体的参数来描述，这些参数可从
半导体器件手册中查出，下面介绍几个常用的主要参数。

1. 最大整流电流 I_{OM}

I_R 为二极管长期工作所允许通过的最大正向电流。在规定的散热条件下，二极管正向平均电流超过此值，则会因结温过高而被烧坏。

2. 反向工作峰值电压 U_R

保证二极管不被击穿而给出的反向峰值电压。一般取二极管反向击穿电压 U_{BR} 的一半或三分之二。

3. 反向电流 I_R

二极管未击穿时的反向电流。I_R 越小，二极管的单向导电性越好，I_R 对温度较敏感。

1.3.4 二极管基本电路及应用

二极管的应用范围很广，可用于钳位、限幅、整流、开关元件、稳压、元件保护等方面。

进行电路分析时，一般可将二极管视为理想器件，利用其单向导电性，即认为正向电阻为零，正向导通时为短路特性，正向压降忽略不计；反向电阻为无穷大，反向截止时为开路特性，反向漏电流忽略不计。

1. 整流应用

利用二极管的单向导电性可以把大小和方向都变化的正弦交流电变为单向脉动的直流电，二极管的整流应用如图 1-12 所示。这种方法简单、经济，在日常生活及电子电路中经常采用。根据二极管整流原理，可以构成整流效果更好的单相全波、单相桥式等整流电路。

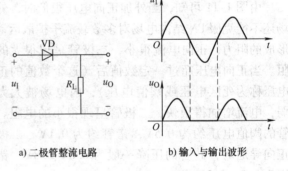

a) 二极管整流电路　　　b) 输入与输出波形

图 1-12　二极管的整流应用

2. 钳位应用

利用二极管的单向导电性在电路中可以起到钳位的作用。

【例1-1】　如图 1-13 所示的电路中，已知输入端 A 的电位为 $V_A = 3V$，B 的电位 $V_B = 0V$，电阻 R 接 $-12V$ 电源，求输出端 F 的电位 V_F。

解： 因为 $V_A > V_B$，二极管 VD_1 优先导通，设二极管为理想器件，则输出端 F 的电位为 $V_F = V_A = 3V$。当 VD_1 导通后，VD_2 上加的为反向电压，VD_2 截止。

在这里，二极管 VD_1 起钳位作用，把 F 端的电位钳位在 $3V$；VD_2 起隔离作用，把输入端 B 和输出端 F 隔离开来。

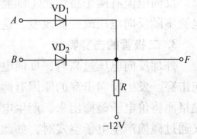

图 1-13　例 1-1 的电路

3. 限幅应用

利用二极管的单向导电性，将输入电压限定在要求的范围之内叫做限幅。

【例1-2】　二极管限幅电路如图 1-14a 所示，已知输入电压 $u_1 = 10\sin\omega t$ V，电源电动

势 $V = 5V$，二极管为理想器件，试画出输出电压 u_0 的波形。

解： 根据二极管的单向导电特性可知，当 $u_I \leq 5V$ 时，二极管 VD 截止，相当于开路，电阻 R 中无电流流过，输出电压与输入电压相等，即 $u_I = u_0$；当 $u_I > 5V$ 时，二极管 VD 导通，相当于短路，输出电压等于电源电动势，即 $u_0 = E = 5V$。所以，在输出电压 u_0 的波形中，5V 以上的波形均被削去，输出电压被限制在 5V 以内，波形如图 1-14b 所示。在这里，二极管起限幅作用。

4. 作为开关器件的应用

数字电路中经常将二极管作为开关器件使用，因为二极管具有单向导电性，可以等效为一个受外加偏置电压控制的无触点开关。

二极管的开关应用如图 1-15 所示，该图为监测发电机组工作的某种仪表的部分电路。其中 u_s 是需要定期通过二极管 VD 加入记忆电路的信号，u_I 为控制信号。当控制信号 $u_I = 10V$ 时，VD 的阴极电位被抬高，二极管截止，相当于"开关断开"，u_s 不能通过 VD 加入记忆电路；当 $u_I = 0V$ 时，VD 正偏导通，相当于"开关闭合"，u_s 可以通过 VD 加入记忆电路。这样，二极管 VD 就在信号 u_I 的控制下，实现了控制接通或关断 u_s 信号的作用。

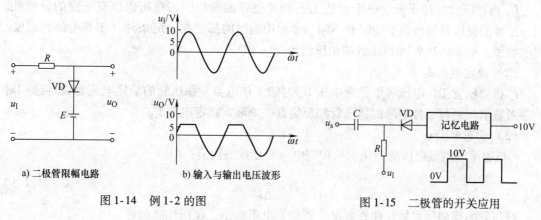

a) 二极管限幅电路　　　　b) 输入与输出电压波形

图 1-14　例 1-2 的图　　　　　　　　图 1-15　二极管的开关应用

练习与思考

1.3.1　怎样判断二极管的阳极和阴极？怎样判断二极管的好坏？

1.3.2　比较硅二极管与锗二极管的死区电压、正向管压降、反向电流及反向电阻，说明在工程实践中，为什么硅二极管应用得较普遍？

1.4　特殊二极管

除了上述普通二极管外，还有一些特殊二极管，如稳压二极管、发光二极管和光敏二极管等，这里对它们作一个简单的介绍。

1.4.1　稳压二极管

1. 稳压管的稳压作用

稳压管是一种特殊的面接触型半导体二极管，通过反向击穿特性实现稳压作用。稳压管的伏安特性与普通二极管类似，其正向特性为指数曲线；当外加反向电压的数值增大到一定程度时则发生击穿，击穿曲线很陡，几乎平行于纵轴，电流在一定范围内时，稳压管表现出很好的稳压特性。稳压二极管伏安特性曲线及图形符号如图1-16所示。

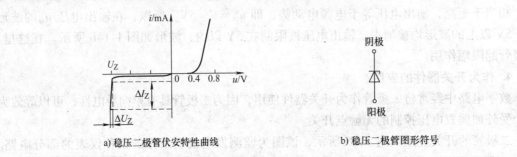

a) 稳压二极管伏安特性曲线   b) 稳压二极管图形符号

图1-16　稳压二极管伏安特性曲线及图形符号

2. 稳压管的主要参数

（1）稳定电压 U_Z

U_Z 指稳压管的稳压值。由于制造工艺和其他方面的原因，稳压值也有一定的分散性。同一型号的稳压管稳压值可能略有不同。手册中给出的都是在一定条件（工作电流和温度）下的数值。例如，2CW18 稳压管的稳压值为 10~12V。

（2）稳定电流 I_Z

I_Z 指稳压管工作电压等于稳定电压 U_Z 时的工作电流。稳压管的稳定电流是设计选用时的参考数值。对每一种型号的稳压管都规定有一个最大稳定电流 I_{ZM}。

（3）动态电阻 r_Z

r_Z 指稳压管两端电压的变化量与相应电流变化量的比值，即

$$r_Z = \frac{\Delta U_Z}{\Delta I_Z} \tag{1-1}$$

稳压管的反向伏安特性曲线越陡，则动态电阻越小，稳压性能越好。

（4）最大允许耗散功率 P_{ZM}

P_{ZM} 指管子不致发生热击穿的最大功率损耗，即

$$P_{ZM} = U_Z I_{ZM} \tag{1-2}$$

稳压管在电路中的主要作用是稳压和限幅，也可和其他电路配合构成欠电压或过电压保护、报警环节等。

1.4.2　光敏二极管

光敏二极管是一种特殊二极管。在电路中它一般处于反向工作状态，当没有光照射时，其反向电阻很大，PN 结流过的反向电流很小，当光线照射在 PN 结上时，在 PN 结及其附近产生电子空穴对，电子和空穴在 PN 结的内电场作用下作定向运动，形成光电流。如果光的照度发生改变，电子空穴对的浓度也相应改变，光电流强度也随之改变。可见光敏二极管能将光信号转变为电信号输出。

光敏二极管可用来作为光控元件。当制成大面积的光敏二极管时，能将光能直接转换为电能，可以作为一种能源，因而称为光电池。

　　光敏二极管的管壳上有一个玻璃口，以便接受光照，光敏二极管伏安特性曲线及图形符号如图 1-17 所示。

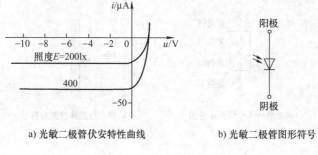

a) 光敏二极管伏安特性曲线　　　　　b) 光敏二极管图形符号

图 1-17　光敏二极管伏安特性曲线及图形符号

1.4.3　发光二极管

　　发光二极管（LED），其工作原理与光敏二极管相反。由于它采用砷化镓、磷化镓等半导体材料制成，所以在通过正向电流时，由于电子与空穴的直接复合而发光。发光二极管的图形符号及其工作电路如图 1-18 所示。

　　发光二极管正向偏置时，其发光亮度随注入的电流的增大而提高。为限制工作电流，通常都要串接限流电阻 R。由于发光二极管的工作电压低（1.5～3V）、工作电流小

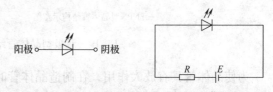

a) 发光二极管图形符号　　　　b) 发光二极管工作电路

图 1-18　发光二极管的图形符号及其工作电路

（5～10mA），所以用发光二极管作为显示器件具有体积小、显示快和寿命长等优点。

练习与思考

　　1.4.1　稳压管与普通二极管在结构、特性与应用方面有何异同点？
　　1.4.2　为什么稳压二极管的动态电阻越小，其稳压越好？

1.5　双极型晶体管

　　双极型晶体管（Bipolar Junction Transistor，BJT），简称晶体管，它是通过一定的工艺将两个 PN 结结合在一起的器件。由于 PN 结之间相互影响，BJT 表现出不同于单个 PN 结的特性，具有电流放大作用，使 PN 结的应用发生了质的飞跃。

1.5.1　基本结构

　　双极型晶体管种类很多，按照半导体材料划分，有硅管和锗管；按照功率划分，有小功率管、大功率管；按工作频率划分，有高频管、低频管等。虽然各种晶体管外形不同，但其内部的基本结构是相同的，均是在一块半导体晶片上制造出 3 个掺杂区，形成两个 PN 结，引出 3 个电极用管壳封装。按两个 PN 结的组合方式不同，双极型晶体管可分为 PNP 型（见图 1-19a、图 1-19b）和 NPN 型（见图 1-19c、图 1-19d）两种。其内部均包含 3 个导电区：

发射区、基区和集电区。相应引出 3 个电极：基极 b、集电极 c 和发射极 e。在 3 个区的两两交界处形成两个 PN 结，靠近集电区的称为集电结，靠近发射区的称为发射结。

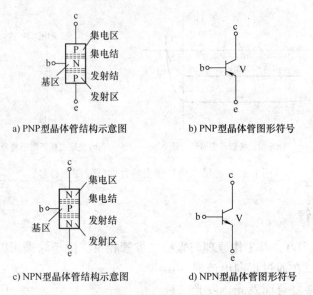

图 1-19 双极型晶体管结构示意图和图形符号

为使晶体管具有放大作用，在制造晶体管时考虑以下的工艺要求：

1）发射区的掺杂浓度很高，便于多子的发射。

2）基区做得很薄，而且掺杂浓度比发射区和集电区的要低得多。

3）集电区面积较大，便于收集由基区越过的载流子，也有利于散热。

NPN 型和 PNP 型晶体管的工作原理类似，仅仅是在使用时电源极性的连接不同而已。下面就以 NPN 型晶体管为例来分析讨论。

1.5.2 电流分配与放大原理

晶体管要放大除了满足内部结构的要求以外，还必须满足的外部条件是：**发射结正向偏置，集电结反向偏置**。

当满足晶体管放大条件时，实验表明 I_C 比 I_B 大数十至数百倍，I_B 虽然很小，但对 I_C 有控制作用，I_C 随 I_B 的改变而改变，即基极电流较小的变化可以引起集电极电流较大的变化，由此表明基极电流对集电极具有小量控制大量的作用，这就是晶体管的电流放大作用。

晶体管内部载流子运动情况如图 1-20 所示。

1. 内部载流子的运动情况

（1）发射区向基区注入电子，形成发射极电流 I_E

由于发射结正向偏置，故在外加电场的作用下，多数载流子的扩散运动加强，发射区的自由电子（多子）不断扩散到基区，并不断从电源补充进电子，形成电子电流 I_{EN}。与此同时，基区的空穴（多子）会扩散到发射区，形成一部分空穴电流 I_{EP}。但在制造晶体管时，人为地使发射区自由电子的浓度比基区空穴的浓度高得多，这样就使 $I_{EP} \ll I_{EN}$，可以近似地认为发射极电流 $I_E \approx I_{EN}$，其方向与电子扩散方向相反。

（2）电子在基区中的扩散与复合，形成基极电流 I_B

由发射区注入到基区内的电子由发射结向集电结方向继续扩散。在扩散过程中，自由电子不断与基区空穴相遇而复合，形成基区复合电流。由于基区接电源 V_{BB} 的正极，基区中被复合掉的空穴由 V_{BB} 不断地从基区拉走电子进而产生新的空穴来补充。基区中电子被复合的数目与电源从基区拉走的电子数相等，这样就形成了连续的基区复合电流 I_{BN}，它基本上等于基极电流 I_B。

在基区被复合掉的电子越多，扩散到集电结的电子就越少，这不利于晶体管的放大作用。基区做得很薄，掺杂浓度很小才可以减少电子与基区空穴复合的机会，使绝大部分的自由电子都能扩散到集电结边缘。

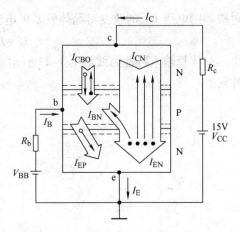

图 1-20　晶体管内部载流子运动情况

（3）集电区收集扩散过来的电子，形成集电极电流 I_C

由于集电结反向偏置，内电场增强，它对多数载流子的扩散运动起阻挡作用，阻挡集电区的自由电子向基区扩散。但内电场可将从发射区扩散到基区并到达集电区边缘的自由电子拉入集电区，从而形成 I_{CN}，集电极电源 V_{CC} 又不断地从集电区拉走电子，从而形成集电极电流 I_C，I_C 基本上等于 I_{CE}。

除此以外，由于集电极反向偏置，在内电场的作用下，集电区的少数载流子（空穴）和基区的少数载流子（电子）将发生漂移运动，形成 I_{CBO}。这个电流数值很小，它构成集电极电流 I_C 和基极电流 I_B 的一小部分，这个电流受温度影响很大，而与外加电压的关系不大；I_{CBO} 随着温度上升而按指数规律上升，容易使管子工作不稳定，所以它也成为衡量晶体管质量的一个重要指标。

2. 电流分配关系

综上所述，晶体管的 3 个电极电流分配关系有：

$$I_E = I_B + I_C \tag{1-3}$$

$$I_C = I_{CN} + I_{CBO} \approx I_{CN} \tag{1-4}$$

$$I_B = I_{BN} - I_{CBO} \approx I_{BN} \tag{1-5}$$

$$\overline{\beta} = \frac{I_{CN}}{I_{BN}} \approx \frac{I_C}{I_B} \tag{1-6}$$

式中，$\overline{\beta}$ 称为晶体管共发射极静态电流（直流）放大系数。

1.5.3　特性曲线

晶体管的特性曲线是表示晶体管各极电压与电流之间的关系曲线，它反映了晶体管的工作状态，是分析放大电路的重要依据。现以最常用的共发射极电路为例进行说明。晶体管特性曲线实验电路如图 1-21 所示。

1. 输入特性曲线

输入特性曲线是指集电极与发射极间的电压 U_{CE} 为某一常数值时，输入回路中基极与发

射极间的电压 U_{BE} 的改变对晶体管基极电流 I_B 的影响的关系曲线，即

$$I_B = f(U_{BE})\big|_{U_{CE}=常数} \tag{1-7}$$

晶体管输入特性曲线如图 1-22 所示。输入特性曲线分为 3 个区：死区、非线性区和线性区。

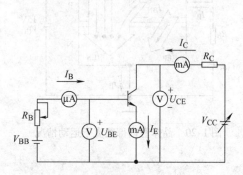

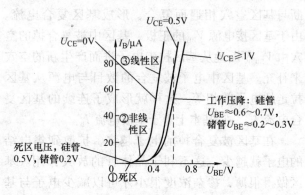

图 1-21　晶体管特性曲线实验电路　　　　图 1-22　晶体管输入特性曲线

$U_{CE}=0V$ 的输入特性曲线类似二极管正向的特性曲线。$U_{CE} \geqslant 1V$ 时，集电极已反向偏置，而基区又很薄，可以把从发射极扩散到基区的电子中的绝大部分拉入集电区。此后，因此，其特性曲线会向右稍微移动。此后，U_{CE} 再增加时，U_{CE} 对 I_B 就不再有明显的影响，曲线右移很不明显。就是说 $U_{CE} \geqslant 1V$ 后的输入特性曲线基本是重合的。所以，通常只画出 $U_{CE} \geqslant 1V$ 的一条输入特性曲线。

2. 输出特性曲线

输出特性曲线是指基极电流 I_B 一定时，输出回路中集电极电流 I_C 与输出电压 U_{CE} 的关系曲线，即

$$I_C = f(U_{CE})\big|_{I_B=常数} \tag{1-8}$$

输出特性曲线是以 I_B 为参变量的一族特性曲线。对于其中某一条曲线，当 $U_{CE}=0V$ 时，$I_C=0$；当 U_{CE} 微微增大时，I_C 主要由 U_{CE} 决定；当 U_{CE} 增加到使集电结反偏电压较大时，特性曲线进入与 U_{CE} 轴基本平行的区域。晶体管输出特性曲线如图 1-23 所示。输出特性曲线分为 3 个工作区域，分别为饱和区、截止区和放大区。

（1）截止区

图 1-23 中 $I_B=0$ 的曲线与横轴所夹区域即为截止区。工作在截止区的晶体管其基极电流为零，集电极电流仅为集电极反向电流 I_{CBO}，其值也接近于零，管子处于截止状态。

（2）饱和区

图 1-23 中从坐标原点开始至曲线渐成平坦部分为止所夹区域，即

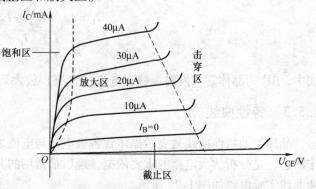

图 1-23　晶体管输出特性曲线

虚线与纵轴所夹部分为饱和区。工作在该区域的晶体管集电极与发射极之间的电位差很小

（硅管不大于1V），基极电流的改变不再影响集电极电流。此时，发射结和集电结均正偏，基极电流失去了对集电极电流的控制作用。管子刚进入饱和状态时的基极电流叫做临界饱和基极电流。

（3）放大区

图1-23中曲线与曲线之间近似平行且间隔几乎相同的区域即为放大区。工作在该区域的晶体管集电极与发射极之间的电位差一般大于1V（硅管），发射结正偏，集电结反偏。曲线平行且间隔相等，$I_C = \bar{\beta} I_B$，放大区也称为线性区。

3. 晶体管工作在3种不同工作区外部的条件和特点

晶体管工作在3种不同工作区的外部的条件和特点如表1-1所示。

表1-1 晶体管工作在3种不同工作区外部的条件和特点

工作状态	NPN 型	PNP 型	特 点
截止状态	发射结、集电结均反偏 $V_B < V_E$、$V_B < V_C$	发射结、集电结均反偏 $V_B > V_E$、$V_B > V_C$	$I_C \approx 0$
放大状态	发射结正偏、集电结反偏 $V_C > V_B > V_E$	发射结正偏、集电结均反偏 $V_C < V_B < V_E$	$I_C \approx \beta I_B$
饱和状态	发射结、集电结均正偏 $V_B > V_E$、$V_B > V_C$	发射结、集电结均正偏 $V_B < V_E$、$V_B < V_C$	$U_{CE} = U_{CES}$

1.5.4 主要参数

BJT的参数是用来表征晶体管性能优劣相适应范围的，是选用BJT的依据。了解这些参数的意义，对于合理和充分利用BJT达到设计电路的经济性和可靠性是十分必要的。

1. 电流放大系数

BJT在共射极接法时的电流放大系数，根据工作状态的不同，在直流和交流两种情况下分别用符号 $\bar{\beta}$ 和 β 表示。$\bar{\beta}$ 表示BJT接成共发射极电路时的直流电流放大系数，就是BJT集电极的直流电流 I_C 与基极的直流电流 I_B 的比值。BJT的交流电流放大系数 $\bar{\beta}$ 表示集电极电流变化量为 ΔI_C 与基极电流变化量 ΔI_B 之比。

直流电流放大系数 $\bar{\beta}$ 为

$$\bar{\beta} = \frac{I_C}{I_B} \tag{1-9}$$

交流电流放大系数 β 为

$$\beta = \frac{\Delta I_C}{\Delta I_B} \tag{1-10}$$

2. 极间反向电流

1）集-基极反向饱和电流 I_{CBO}。表示发射极开路，集电极和基极间加上一定的反向电压时的电流。

2）集-射极反向饱和电流（穿透电流）I_{CEO}。表示基极开路，集电极和发射极间加上一定的反向电压时的集电极电流。

$$I_{CEO} = (1 + \beta) I_{CBO} \tag{1-11}$$

3. 极限参数

1）集电极最大允许电流 I_{CM}。表示 BJT 的参数变化不超过允许值时集电极允许的最大电流。当工作电流超过 I_{CM} 时，晶体管的性能将显著下降，甚至有烧坏管子的可能。

2）集电极最大允许功耗 P_{CM}。表示 BJT 的集电结允许损耗功率的最大值。工作电流超过此值时，晶体管的性能将变坏或烧毁。

3）反向击穿电压 $U_{(BR)CEO}$。表示基极开路，集电极和发射极间的反向击穿电压。

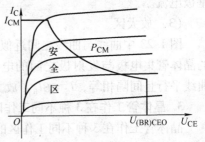

图 1-24　晶体管安全工作区

I_{CM}、$U_{(BR)CEO}$、P_{CM} 是晶体管的极限参数，使用时不允许超过它，这 3 个参数共同确定了晶体管的安全工作区。晶体管安全工作区如图 1-24 所示。

练习与思考

1.5.1　既然晶体管具有两个 PN 结，能否用两只二极管背靠背的相连来构成一只晶体管？试说明理由。

1.5.2　晶体管实现放大的内部条件和外部条件是什么？

1.5.3　温度变化时，会引起晶体管哪些参数变化？如何变化？

1.6　场效应晶体管

场效应晶体管（Field Effect Transistor，FET）是一种电压控制器件，工作时只有一种载流子参与导电，为单极型器件。FET 具有制造工艺简单、功耗小、温度特性好和输入电阻极高等优点，得到广泛的应用。

场效应晶体管根据结构不同可分为两大类：结型场效应晶体管（JFET）和绝缘栅型场效应晶体管（MOSFET 简称 MOS 管）。场效应晶体管的分类如图 1-25 所示。

1.6.1　绝缘栅场效应晶体管

绝缘栅场效应晶体管即金属-氧化物-半导体场效应晶体管，英文缩写为 MOSFET（Metal-Oxide-Semiconductor Field-Effect-Transistor），主要特点是在金属栅极与沟道之间有一层二氧化硅绝缘层，具有很高的输入电阻（最高可达 $10^{15}\Omega$）。在 MOSFET 中，从导电载流子的带电

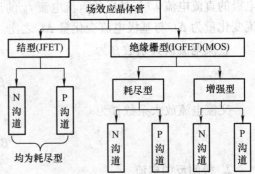

图 1-25　场效应晶体管的分类

极性来看，有 N（电子型）沟道 MOSFET 和 P（空穴型）沟道 MOSFET；按照导电沟道形成机理不同，NMOS 管和 PMOS 管又各有增强型（简称 E 型）和耗尽型（简称 D 型）两种。因此 MOSFET 共有 4 种类型：E 型 NMOS 管、NMOS 管、E 型 PMOS 管、D 型 PMOS 管。

1. N 沟道增强型 MOSFET

（1）结构

N 沟道增强型 MOSFET 是一种左右对称的拓扑结构，在 P 型半导体上生成一层 SiO_2 薄膜绝缘层，用光刻工艺扩散两个高掺杂的 N 型区，从 N 型区分别引出漏极 d 和源极 s，在源极和漏极之间的绝缘层上镀一层金属铝作为栅极 g。场效应晶体管的 3 个电极 d、s、g，分别类似于 BJT 的集电极 c、发射极 e 和基极 b。N 沟道增强型 MOSFET 结构中的 P 型半导体称为衬底，用符号 B 表示。N 沟道增强型 MOS 管结构及符号如图 1-26 所示。

（2）工作原理

MOSFET 是利用栅源电压 U_{GS} 的大小来控制半导体表面感生电荷的多少，以改变由这些"感生电荷"形成的导电沟道的状况，从而控制漏极电流 I_D。如果 $U_{GS} = 0$ 时漏源之间已经存在导电沟道，称为**耗尽型场效应晶体管**。如果 $U_{GS} = 0$ 时漏源之间不存在导电沟道，则称为**增强型场效应晶体管**。

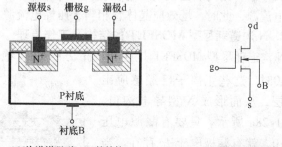

a) N沟道增强型MOS管结构　　b) N沟道增强型MOS管符号

图 1-26　N 沟道增强型 MOS 管结构及符号

对于 N 沟道增强型 MOS 管，当 $U_{GS} = 0$ 时，在漏极 d 和源极 s 的两个 N 区之间是 P 型衬底，漏源之间相当于两个背靠背的 PN 结，所以无论漏源之间加上何种极性的电压 U_{DS}，漏极电流 I_D 接近于零，管子呈截止状态。

N 沟道增强型 MOS 管工作原理如图 1-27 所示。

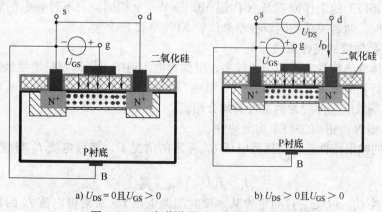

a) $U_{DS} = 0$ 且 $U_{GS} > 0$　　b) $U_{DS} > 0$ 且 $U_{GS} > 0$

图 1-27　N 沟道增强型 MOS 管工作原理

假设场效应晶体管的 $U_{DS} = 0$，同时加上合适的 U_{GS} 且 $U_{GS} > 0$，如图 1-27a 所示。栅极和 P 型硅衬底之间构成一个平板电容，中间以二氧化硅为介质。由于栅极的电压为正，介质中便产生了一个垂直于半导体表面的由栅极指向 P 型硅衬底的电场，这个电场排斥空穴而吸引电子，使栅极附近 P 型硅衬底的空穴向下移动，留下不能移动的负离子形成耗尽层。若增大 U_{GS}，则耗尽层变宽。当 U_{GS} 增大到一定值时，由于吸引了足够多的电子，便在耗尽层与二氧化硅之间形成可移动的表面电荷层，如图 1-27a 所示（图中耗尽层未画出）。因为是在 P 型半导体中感应产生出 N 型的电荷层，所以称之**反型层**。这个反型层实际就组成了源极和漏极间的 N 型导电沟道，它是栅极正电压感应产生的，所以也称**感生沟道**。刚开始形成反型层所需 U_{GS} 称为开启电压，用 $U_{GS(th)}$ 或 U_T 表示。以后，随着 U_{GS} 的升高，感应电荷增多，导电沟道变宽，但因 $U_{DS}=0$，故 $I_D=0$。

$U_{GS}>U_{GS(th)}$ 时，若 d 和 s 间加上正向电压 U_{DS} 后可产生漏极电流 I_D，如图 1-27b 所示。

若 $U_{DS}<U_{GS}-U_{GS(th)}$，则沟道没夹断，对应不同的 U_{GS}，d 和 s 间等效成不同阻值的电阻，此时，场效应晶体管相当于压控电阻。当 $U_{DS}=U_{GS}-U_{GS(th)}$ 时，沟道预夹断；若 $U_{DS}>U_{GS}-U_{GS(th)}$，则沟道已夹断，I_D 仅仅决定于 U_{GS}，而与 U_{DS} 无关。此时，I_D 近似看成 U_{GS} 控制的电流源，此时，场效应晶体管相当于压控电流源。

2. N 沟道耗尽型 MOSFET 的结构及工作原理

N 沟道耗尽型 MOSFET 是在栅极下方的 SiO_2 绝缘层中掺入了大量的金属正离子，当 $U_{GS}=0$ 时，这些正离子已经感应出反型层，从而形成 N 型导电沟道，如图 1-28a 所示。只要有漏源电压 $U_{DS}>0$，就有漏极电流 I_D 存在。当 $U_{GS}>0$ 时，将使 I_D 进一步增加。$U_{GS}<0$ 时，随着 U_{GS} 的减小，漏极电流也逐渐减小，直至 $I_D=0$。对应 $I_D=0$ 的 U_{GS} 称为夹断电压，用符号 $U_{GS(off)}$ 表示。N 沟道道耗尽型 MOS 管结构及符号如图 1-28 所示。

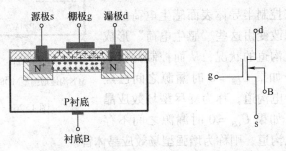

a）N沟道耗尽型MOS管结构　　　b）N沟道耗尽型MOS管符号

图 1-28　N 沟道道耗尽型 MOS 管结构及符号

3. P 沟道增强型和耗尽型 MOSFET 的工作原理

P 沟道 MOSFET 的工作原理与 N 沟道 MOSFET 完全相同，只不过导电的载流子以及供电电压极性不同。两者关系如同双极型晶体管 NPN 型和 PNP 型一样。

4. 场效应晶体管的特性曲线

场效应晶体管的特性曲线类型比较多，根据导电沟道的不同以及是增强型还是耗尽型可有不同的转移特性曲线及输出特性曲线，其电压和电流方向也有所不同。下面以增强型 N 沟道 MOSFET 场效应晶体管为例进行具体介绍。

（1）增强型 N 沟道 MOSFET 输出特性

MOSFET 的输出特性是指在栅源电压 U_{GS} 一定的情况下，漏极电流 I_D 与漏源电压 U_{DS} 之间的关系，即

$$I_D=f(U_{DS})\big|_{U_{GS}=常数} \tag{1-12}$$

该特性反映 $U_{GS}>U_{GS(th)}$ 且固定为某一值时漏源电压 U_{DS} 对漏极电流 I_D 的影响。增强型 N 沟道 MOSFET 的输出特性曲线如图 1-29 所示。

场效应晶体管的输出特性可分为 4 个区：截止区、可变电阻区、恒流区（或饱和区）和击穿区。在放大电路中，场效应晶体管工作在饱和区。

（2）增强型 N 沟道 MOSFET 转移特性

转移特性是指在漏源电压 U_{DS} 一定的情况下，栅源电压 U_{GS} 对漏极电流 I_D 的控制关系。

$$I_D=f(U_{GS})\big|_{U_{DS}=常数} \tag{1-13}$$

转移特性可以从输出特性上用作图法——对应地求出，输出特性与转移特性对应关系曲线如图 1-30 所示。

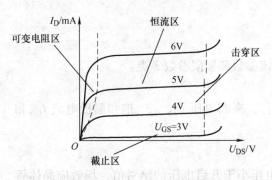

图 1-29　增强型 N 沟 MOSFET 的输出特性曲线

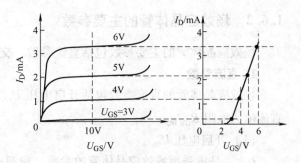

图 1-30　输出特性与转移特性对应关系曲线

5. 绝缘栅场效应晶体管的 4 种基本类型

绝缘栅场效应晶体管的 4 种基本类型见表 1-2。

表 1-2　绝缘栅场效应晶体管的 4 种基本类型

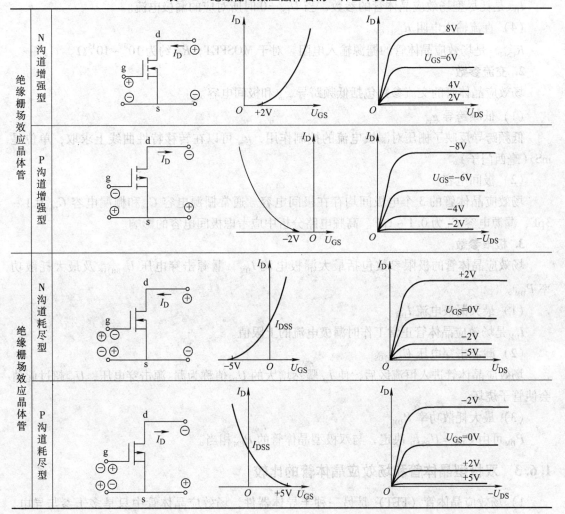

1.6.2 场效应晶体管的主要参数

场效应晶体管的主要参数包括直流参数、交流参数和极限参数 3 类。

1. 直流参数

场效应晶体管的直流参数包括开启电压 $U_{GS(th)}$、夹断电压 $U_{GS(off)}$、饱和漏极电流 I_{DSS} 和直流输入电阻 $R_{GS(DC)}$。

（1）开启电压 $U_{GS(th)}$

$U_{GS(th)}$ 是增强型场效应晶体管的参数，栅源电压小于开启电压的绝对值，场效应晶体管不能导通。

（2）夹断电压 $U_{GS(off)}$

$U_{GS(off)}$ 是耗尽型场效应晶体管的参数，当 $U_{GS} = U_{GS(off)}$ 时，漏极电流为零。

（3）饱和漏极电流 I_{DSS}

I_{DSS} 是耗尽型场效应晶体管的参数，当 $U_{GS} = 0$ 时所对应的漏极电流。

（4）直流输入电阻 $R_{GS(DC)}$

$R_{GS(DC)}$ 是场效应晶体管的栅源输入电阻。对于 MOSFET，R_{GS} 约为 $10^9 \sim 10^{15}\Omega$。

2. 交流参数

场效应晶体管的交流参数包括低频跨导 g_m 和极间电容。

（1）低频跨导 g_m

低频跨导反映了栅压对漏极电流的控制作用，g_m 可以在转移特性曲线上求取，单位是 mS（毫西门子）。

（2）极间电容

场效应晶体管的 3 个电极间均存在极间电容。通常栅源电容 C_{gs} 和栅漏电容 C_{gd} 为 $1 \sim 3pF$，漏源电容 C_{ds} 为 $0.1 \sim 1pF$。高频电路分析中应考虑极间电容的影响。

3. 极限参数

场效应晶体管的极限参数包括最大漏极电流 I_{DM}、漏源击穿电压 $U_{(BR)DS}$ 及最大耗散功率 P_{DM}。

（1）最大漏极电流 I_{DM}

I_{DM} 是场效应晶体管正常工作时漏极电流的上限值。

（2）漏源击穿电压 $U_{(BR)DS}$

场效应晶体管进入恒流区后，使 I_D 骤然增大的 U_{DS} 值称为漏-源击穿电压，U_{DS} 超过此值会使管子烧坏。

（3）最大耗散功率 P_{DM}

P_{DM} 可由 $P_{DM} = U_{DS}I_D$ 决定，与双极型晶体管的 P_{CM} 相当。

1.6.3 双极型晶体管和场效应晶体管的比较

1）场效应晶体管（FET）是另一种半导体器件，场效应晶体管中只是多子参与导电，故称为单极型晶体管；双极型晶体管（BJT）参与导电的既有多数载流子也有少数载流子。由于少数载流子的浓度易受温度影响，因此，在温度稳定性和低噪声等方面 FET 优于 BJT。

2）BJT 是电流控制器件，通过控制基极电流达到控制输出电流的目的，基极总有一定的电流，故 BJT 的输入电阻较低；FET 是电压控制器件，其输出电流取决于栅源间的电压，栅极几乎不取用电流，FET 的输入电阻高，可以达到 $10^9 \sim 10^{15} \Omega$。高输入电阻是 FET 的突出优点。

3）FET 的漏极和源极可以互换使用，耗尽型 MOS 管的栅极电压可正可负，FET 放大电路的构成比 BJT 放大电路灵活。

4）FET 和 BJT 都可以用于放大或作可控开关。FET 还可以作为压控电阻使用，可以在微电流、低电压条件下工作且便于集成。在大规模和超大规模集成电路中应用广泛。

练习与思考

1.6.1 场效应晶体管和双极型晶体管比较有何特点？

1.6.2 绝缘栅场效应晶体管的栅极为什么不能开路？

习　题

1-1 金属导电与半导体导电有什么区别？

1-2 扩散电流、漂移电流的区别是什么？

1-3 试说明 PN 结形成的物理过程。

1-4 图 1-31 所示是某二极管在温度分别为 T_1 和 T_2（$T_1 < T_2$）时的伏安特性曲线。试判断该二极管是硅管还是锗管，哪条曲线对应于温度 T_1，哪条曲线对应于温度 T_2？

1-5 选择能够适应于图 1-32 所示电路中工作的二极管，设 $u = 30\sqrt{2}\sin100\omega t$ V。

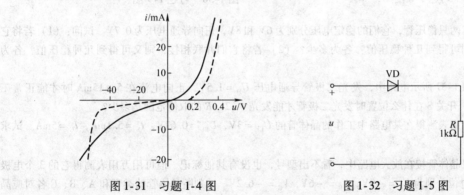

图 1-31　习题 1-4 图　　　　　　　　图 1-32　习题 1-5 图

1-6 电路如图 1-33a 所示，设输入信号 u_{I1}、u_{I2} 的波形如图 1-33b 所示，若忽略二极管的正向压降，试画出输出电压 u_O 的波形，并说明 t_1、t_2 时间内二极管 VD_1、VD_2 的工作状态。

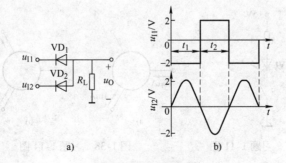

图 1-33　习题 1-6 图

1-7　判断图1-34中各电路中二极管是导通还是截止，并计算电压 U_{AB}。设图中的二极管都是理想的。

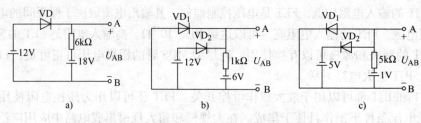

图1-34　习题1-7图

1-8　电路如图1-35所示，设输入电压 u_1 是幅值为10V的正弦波，试画出 u_0 的波形。（设二极管 VD_1、VD_2 为理想二极管）。

1-9　已知图1-36中稳压管的稳压值 $U_Z = 6V$，稳定电流的最小值 $I_{Zmin} = 5mA$。求图1-35所示电路中 U_{O1} 和 U_{O2} 各为多少伏。

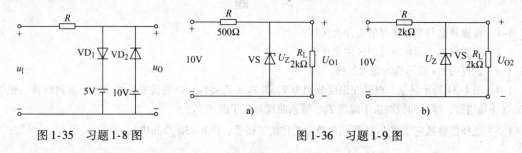

图1-35　习题1-8图　　　　　　　　图1-36　习题1-9图

1-10　现有两只稳压管，它们的稳定电压分别为6V和8V，正向导通电压为0.7V。试问：（1）若将它们串联相接，则可得到几种稳压值？各为多少？（2）若将它们并联相接，则又可得到几种稳压值？各为多少？

1-11　在图1-37所示电路中，发光二极管导通电压 $U_D = 1.5V$，正向电流在 5～15mA 时才能正常工作。试问：（1）开关S在什么位置时发光二极管才能发光？（2）R的取值范围是多少？

1-12　用万用表测得在某电路中工作的晶体管的 $U_{CE} = 3V$，$U_{BE} = 0.67V$，$I_E = 5.1mA$，$I_C = 5mA$。试求 I_B、β 的值。

1-13　一只晶体管接在放大电路中，看不出型号，也没有其他标记，但可用万用表测得它的3个电极 A、B、C 对地电位分别为 $V_A = -9V$，$V_B = -6V$，$V_C = -6.2V$。试判断晶体管的类型和 A、B、C 各对应晶体管的什么极？

1-14　已知两只晶体管的电流放大系数 β 分别为50和100，现测得放大电路中这两只管子两个电极的电流如图题1-38所示。分别求另一电极的电流，标出其实际方向，并在圆圈中画出管子。

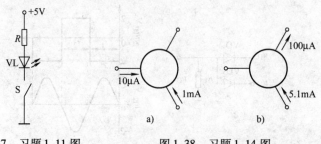

图1-37　习题1-11图　　　　图1-38　习题1-14图

1-15　据图1-39所示的各晶体管型号及实测对地直流电压数据（设直流电压表的内阻非常大），分析：（1）各管是锗管还是硅管；（2）各管工作状态（放大、截止、饱和或损坏）。

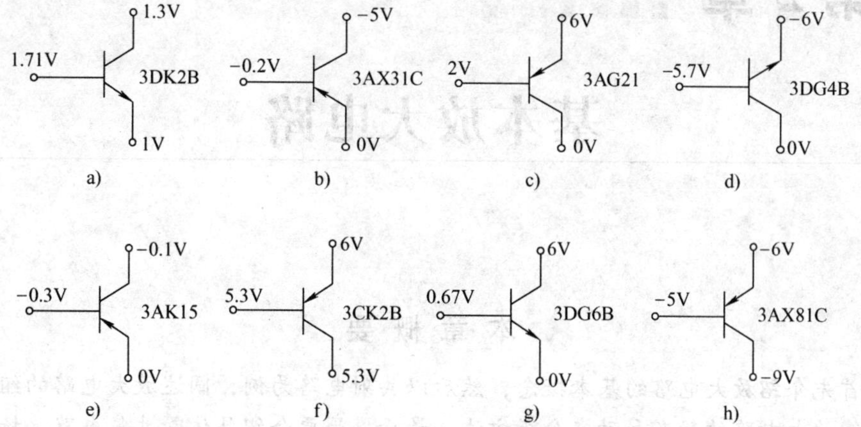

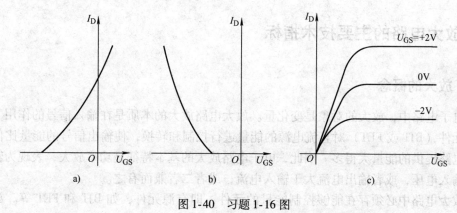

图 1-39　习题 1-15 图

1-16　在图 1-40a、b、c 分别为 3 只场效应晶体管的特性曲线，指出它们分别属于哪种场效应晶体管？（结型，绝缘栅型，增强型，耗尽型，N 沟道或 P 沟道）。

图 1-40　习题 1-16 图

第 2 章

基本放大电路

❖ 本 章 概 要 ❖

本章首先介绍放大电路的基本概念，然后以共射电路为例，阐述放大电路的组成及工作原理，介绍放大电路的静态和动态分析方法。最后，简要介绍晶体管共集电路、场效应晶体管放大电路、多级放大电路、差动放大电路、功率放大电路等基础知识。

重点：放大电路的组成、工作原理、静态工作点的计算、微变等效电路分析方法。

难点：微变等效电路分析方法。

2.1 放大电路的主要技术指标

2.1.1 放大的概念

在电子电路中，放大的对象是变化量。放大电路放大的本质是在输入信号的作用下，通过有源元件（BJT 或 FET）对直流电源的能量进行控制和转换，使输出信号的能量比信号源向放大电路提供的能量大得多。因此，电子电路放大的基本特征是功率放大，表现为输出电压大于输入电压，或者输出电流大于输入电流，或者二者兼而有之。

在放大电路中必须存在能够控制能量的元件，即有源元件，如 BJT 和 FET 等。放大的前提是不失真，只有在不失真的情况下放大才有意义。

2.1.2 放大电路的主要技术指标

放大电路原理框图如图 2-1 所示。u_s 为信号源电压，R_s 为信号源内阻，u_i 和 i_i 分别为输入电压和输入电流，R_L 为负载电阻，u_o 和 i_o 分别为输出电压和输出电流。

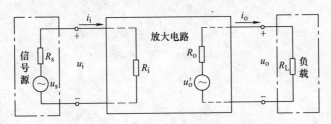

图 2-1　放大电路原理框图

下面结合图 2-1 所示框图来介绍放大电路主要性能指标。

1. 放大倍数

放大倍数（或增益）表示输出变化量幅值与输入变化量幅值之比，或二者的正弦交流值之比，用以衡量电路的放大能力。

根据放大电路输入量和输出量为电压或电流的不同，有电压增益、电流增益、互阻增益和互导增益4种不同的增益，见表2-1。

表2-1 放大电路的增益

增益 输入 ＼ 输出	u_o	i_o
u_i	电压增益：$A_u = \dfrac{u_o}{u_i}$	电流增益：$A_i = \dfrac{i_o}{i_i}$
i_i	互阻增益：$A_{ui} = \dfrac{u_o}{i_i}$	互导增益：$A_{iu} = \dfrac{i_i}{u_o}$

2. 输入电阻 R_i

输入电阻等于输入电压 u_i 与输入电流 i_i 的比值，反映放大电路从信号源索取电流的大小。

$$R_i = \frac{u_i}{i_i} \tag{2-1}$$

3. 输出电阻 R_o

输出电阻等于输出电压 u_o 与输出电流 i_o 的比值，说明放大电路带负载的能力。

$$R_o = \frac{u_o}{i_o} \Big|_{R_L = \infty, u_s = 0} \tag{2-2}$$

注意：放大倍数、输入电阻、输出电阻通常都是在正弦信号下的交流参数，只有在放大电路处于放大状态且输出不失真的条件下才有意义。

4. 上限频率、下限频率和通频带

由于放大电路中存在电感、电容及半导体器件结电容，在输入信号频率较低或较高时，放大倍数的幅值会下降并产生相移。放大电路一般只适合于放大某一特定频率范围内的信号。上限频率、下限频率和通频带如图2-2所示。

上限频率 f_H（或称为上限截止频率）：在信号频率上升到一定程度时，放大倍数的数值等于中频段放大倍数 A_{um} 的 0.707 时的频率值即为上限频率。

下限频率 f_L（或称为下限截止频率）：在信号频率下降到一定程度时，放大倍数的数值等于中频段放大倍数 A_{um} 的 0.707 时的频率值即为下限频率。

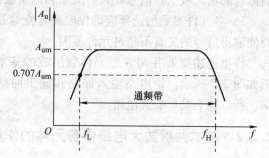

图2-2 上限频率、下限频率和通频带

通频带 f_{BW}：$f_{BW} = f_H - f_L$ 通频带越宽，表明放大电路对不同频率信号的适应能力越强。

5. 最大不失真输出电压

未产生截止失真和饱和失真时，最大输出信号的正弦有效值或峰值。一般用有效值 U_{OM} 表示；也可以用峰—峰值 U_{OPP} 表示。

6. 最大输出功率 P_{om} 与效率 η

P_{om} 是在输出信号基本不失真的情况下，负载能够从放大电路获得的最大输出功率。是负载从直流电源获得的信号功率，此时，输出电压达到最大不失真输出电压。放大的本质是能量的控制，负载上得到的输出功率，实际上式利用放大器的控制作用将直流电源的功率转换成交流功率而得到的，因此就存在一个功率转换的效率问题。放大电路的效率 η 定义为最大输出功率 P_{om} 与直流电源消耗的功率 P_V 之比，即

$$\eta = \frac{P_{om}}{P_V} \tag{2-3}$$

练习与思考

2.1.1　在电子电路中，放大的实质是什么？放大的对象是什么？

2.1.2　什么是通频带？

2.2　基本共射极放大电路

晶体管有 3 个电极，构成放大器时可以有 3 种连接方式，也称 3 种组态，即共发射极接法、共集电极接法和共基极接法。下面首先讨论应用最广的共发射极放大电路（简称共射电路）。

2.2.1　放大电路的组成原则

用晶体管组成放大电路或者判断一个电子电路是否具有放大作用，主要依据以下原则：

1）晶体管应工作在放大状态，即发射结正偏，集电结反偏。

2）信号电路应通畅，即输入信号能从放大电路的输入端加到晶体管的输入极上；信号放大后能顺利地从输出端输出。

3）各元件参数的选择应确保电路建立合适的静态工作点，从而使输出信号的失真不超过允许范围。

根据上述要求由 NPN 型晶体管组成的基本共射放大电路原理图如图 2-3 所示。该电路输入回路和输出回路以发射极作为公共端，所以称为共射放大电路。

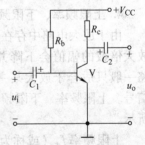

图 2-3　基本共射放大电路原理图

2.2.2　基本共射放大电路中各元件的作用

图 2-3 所示的基本共射放大电路，是最基本的放大单元电路，许多放大电路就是在此基础上，经过适当的改造或组合而成的。该电路组成元件及其作用如下：

1. 晶体管 V

晶体管 V 起放大作用，具有电流控制和能量转换能力，是放大电路的核心元件。

2. 电源 V_{CC}

电源 V_{CC} 使晶体管处在放大状态，发射结正偏，集电结反偏。同时也是放大电路的能量来源。V_{CC} 一般在几伏到十几伏之间。

3. 基极偏置电阻 R_b

电源 V_{CC} 通过 R_b 为晶体管提供发射结正向偏压，R_b 用来调节基极偏置电流 i_B，使晶体管有一个合适的工作点，一般为几十千欧到几兆欧。

4. 集电极负载电阻 R_c

通过它为晶体管提供集电结反向偏压，并将集电极电流 i_C 的变化转换为电压的变化，以获得电压放大，一般为几千欧。

5. 耦合电容 C_1 和 C_2

用来传递交流信号，起到耦合的作用。同时，又使放大电路和信号源及负载间直流相互隔离，起隔直作用。为了减小传递信号的电压损失，C_1 和 C_2 应选得足够大，一般为几微法至几十微法，通常采用电解电容器。

2.2.3 放大电路工作原理

图 2-4 所示电路中，输入的正弦信号 u_i 通过输入耦合电容 C_1 加到晶体管基极和发射极间，引起基极电流 i_B 作相应变化；由于晶体管的电流放大作用，晶体管的集电极电流 i_C 也将相应变化，i_C 的变化引起晶体管的集电极电阻 R_c 上的压降变化，由于 $u_{CE} = V_{CC} - i_C R_c$，集电极和发射极之间的电压 u_{CE} 也跟着变化，输出信号 u_{CE} 通过输出耦合电容 C_2 隔离直流，交流分量畅通地传送给负载 R_L，成为输出交流电压 u_o，实现了电压放大作用。

综上所述，信号的传递过程可以描述为：$u_i \rightarrow u_{BE} \rightarrow i_B \rightarrow i_C \rightarrow u_{CE} \rightarrow u_o$，基本共射放大电路中的电压和电流波形如图 2-4 所示。

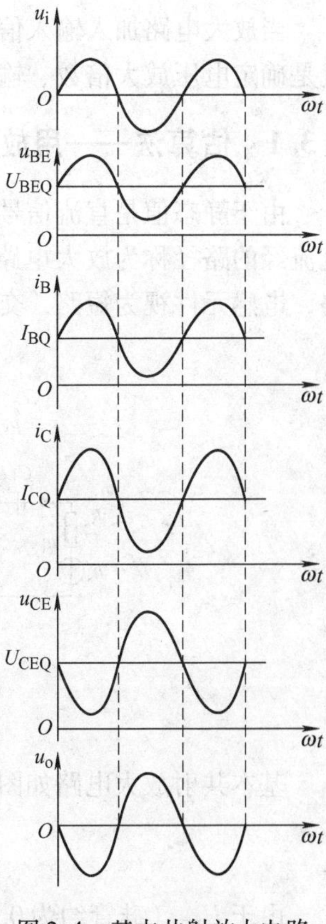

【例 2-1】 判断图 2-5 所示电路是否具有放大作用

解： 图 2-5a 不能放大，因为所加电压不满足晶体管放大的条件（发射结正偏，集电结反偏），所以不具有放大作用。图 2-5b 具有放大作用。

图 2-4 基本共射放大电路中的电压和电流波形

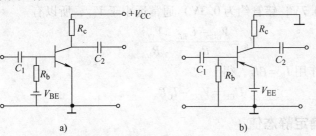

图 2-5 例 2-1 图

练习与思考

2.2.1 组成晶体管放大电路的原则是什么？

2.2.2 如果放大电路中的晶体管是 PNP 型，请画出它的基本放大电路。

2.3 放大电路的静态分析

对放大器分析的目的是对放大器的主要性能指标进行必要估算，了解放大器工作状态，放大电路的分析可分为静态和动态两种情况。

放大电路在没有加输入信号，即 $u_i = 0$ 时电路所处的工作状态称为静态。此时，电路只有直流电源作用，也称为直流工作状态。静态分析是确定放大电路的静态值（直流值）I_B、U_{BE}、I_C 和 U_{CE}。放大电路的质量与静态值有着密切的联系。

当放大电路加入输入信号，即 $u_i \neq 0$ 时电路所处的工作状态称为动态，动态分析的目的就是确定电压放大倍数、输入电阻和输出电阻等主要性能指标。

2.3.1 估算法——用放大电路的直流通路确定静态值

由于静态值是直流信号，故可以用放大电路的直流通路来分析计算。放大电路中直流电流流经的路径称为放大电路的直流通路。分析放大电路的静态工作情况时，将电容视为开路，电感元件视为短路，交流信号源置零，其他部分不变即可画出放大电路的直流通路。

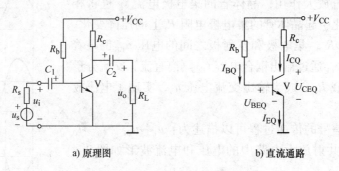

a) 原理图　　　　　　b) 直流通路

图 2-6　基本共射放大电路

基本共射放大电路如图 2-6 所示，由图 2-6b 直流通路可知：

$$I_B = \frac{V_{CC} - U_{BE}}{R_b} \tag{2-4}$$

由于 U_{BE}（硅管约为 0.7V，锗管约为 0.3V）通常远小于 V_{CC}，所以有

$$I_B = \frac{V_{CC} - U_{BE}}{R_b} \approx \frac{V_{CC}}{R_b} \tag{2-5}$$

根据晶体管电流放大作用 $I_C = \beta I_B$，得

$$U_{CE} = V_{CC} - I_C R_c \tag{2-6}$$

2.3.2 用图解分析法确定静态值

晶体管的电流和电压关系可用输入特性曲线和输出特性曲线表示，可以在特性曲线上直

接用作图的方法来确定静态值。图解法求静态值的步骤为

1）在输入特性曲线上，作出直线 $U_{BE} = V_{CC} - I_B R_b$，根据两线的交点得到 I_B。

2）在输出特性曲线上，作出直流负载线 $U_{CE} = V_{CC} - I_C R_c$，与 I_B 确定的输出特性曲线的交点为 Q，即为放大电路的静态工作点，Q 点对应的电压、电流即为放大电路的静态值 U_{CE} 和 I_C。

【例 2-2】 如图 2-7 所示电路，已知 $R_b = 280\text{k}\Omega$，$R_c = 3\text{k}\Omega$，$V_{CC} = 12\text{V}$，晶体管的输出特性曲线如图 2-7b 所示，试用图解法确定放大电路的静态值。

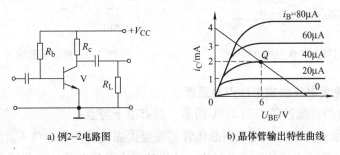

a) 例2-2电路图　　　　　　　　b) 晶体管输出特性曲线

图 2-7　例 2-2 图

解：（1）画直流负载线：因直流负载方程为 $U_{CE} = V_{CC} - I_C R_c$，当 $i_C = 0$，$U_{CE} = V_{CC} = 12\text{V}$；当 $U_{CE} = 0$，$i_C = V_{CC}/R_c = 4\text{mA}$，连接这两点，即得直流负载线，如图 2-7b 所示。

（2）通过基极输入回路，知 $I_B = \dfrac{V_{CC} - U_{BE}}{R_b} \approx \dfrac{V_{CC}}{R_b} = \dfrac{12}{280 \times 10^3}\text{A} \approx 40\mu\text{A}$。

（3）找出 Q 点（见图 2-7b），因此 $I_C = 2\text{mA}$，$U_{CE} = 6\text{V}$。

2.3.3　静态工作点的稳定性

为获得较好的性能，必须设置一个合适的 Q 点。在前面介绍的基本共射电路中，当更换管子或是环境温度变化引起管子参数变化时，电路的工作点往往会发生偏移，可能导致放大电路无法正常工作。引起工作点不稳定的原因很多，例如电源电压变化、电路参数变化、晶体管老化等，其中最主要的原因是温度的变化。

1. 温度变化对工作点的影响

由于温度变化时将影响晶体管内部载流子（电子和空穴）的运动，从而引起 BJT 的性能参数（I_{CBO} 和 U_{BE} 等）随温度发生变化，温度对晶体管参数的影响见表 2-2。

表 2-2　温度对晶体管参数的影响

温度上升对相关参数的影响	相关参数变化在特性曲线上的反应
I_{CBO} 增大	输出特性曲线上移
U_{BE} 减小	输入特性曲线左移
β 增大	输出特性曲线族间距增大

由表 2-2 分析可知，BJT 的参数 I_{CBO} 和 U_{BE} 随温度变化对 Q 点的影响，最终都表现在使 Q 点电流 I_{CQ} 增加，温度上升对静态工作点 Q 的影响如图 2-8 所示。从这一现象出发，在温度变化时，如果能设法使 I_{CQ} 近似维持恒定，问题就可得到解决。射极偏置放大电路是稳定

静态工作点的一种典型电路，射极偏置放大电路如图2-9所示。

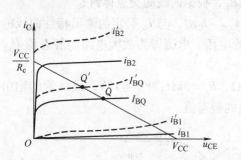

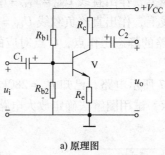

a) 原理图

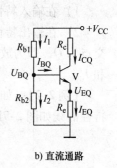

b) 直流通路

图2-8　温度上升对静态工作点 Q 的影响　　　　图2-9　射极偏置放大电路

2. 射极偏置放大电路稳定工作点的原理

射极偏置电路的直流通路如图2-9b所示，具有以下特点：

1）R_{b1} 和 R_{b2} 组成分压器，用来向晶体管基极提供固定的静态电位 U_{BQ}。合理选择 R_{b1} 和 R_{b2} 的阻值，使 $I_1 \approx I_2 \gg I_{BQ}$，则 I_{BQ} 可忽略，认为基极支路被断开，由分压关系得

$$U_{BQ} \approx \frac{R_{b2}}{R_{b1} + R_{b2}} V_{CC} \tag{2-7}$$

可见，只要满足 $I_1 \approx I_2 \gg I_{BQ}$，$U_{BQ}$ 即能基本固定，不受晶体管参数和温度变化的影响。

2）R_e 串入发射极电路，目的是产生一个正比于 I_{EQ} 的静态发射极电位 U_{EQ}，并由它调控 U_{BEQ}。只要 $U_{BQ} \gg U_{BEQ}$，则

$$I_{EQ} = \frac{U_{BQ} - U_{BEQ}}{R_e} \approx \frac{U_{BQ}}{R_e} \tag{2-8}$$

I_{EQ} 只与电源电压和偏置电阻有关，不受晶体管参数和温度变化的影响，所以静态工作点是稳定的，即使更换了晶体管，静态工作点也能基本保持稳定。

稳定静态工作点的过程，可用以下流程表示：

$$T\uparrow \rightarrow I_{CQ}\uparrow \rightarrow I_{EQ}\uparrow \rightarrow U_{EQ}\uparrow \xrightarrow{U_{BQ} \text{ 固定}} U_{BEQ}\downarrow \rightarrow$$
$$I_{CQ}\downarrow \leftarrow I_{BQ}\downarrow$$

反之，温度下降时其变化过程正好相反。

上述表明，这种分压式偏置电路特点就是利用分压器取得固定基极电压 U_{BQ}，通过 R_e 对电流 I_{CQ}（I_{EQ}）的取样作用，将 I_{CQ} 的变化转换成 U_{EQ} 的变化，从而自动调节 U_{BEQ} 达到稳定静态工作点的目的。

为了使电路稳定工作点的效果好，I_1 和 I_2 相对于 I_{BQ} 和 U_{BQ} 相对于 U_{BEQ} 越大越好，但为了兼顾其他指标，工程应用时一般可选取：$I_{1,2} = (5 \sim 10) I_{BQ}$，$U_{BQ} = (5 \sim 10) U_{BEQ}$。

练习与思考

2.3.1　如何区别放大电路的静态工作和动态工作？如何画出放大电路的直流通路？

2.3.2　改变 R_e 和 V_{CC} 对直流负载线有什么影响？

2.3.3　在放大电路中温度变化会对静态工作点造成什么影响？

2.4　放大电路的动态分析

放大电路的动态分析就是求解各动态参数和分析输出波形。通常采用图解分析的方法或微变等效电路的方法。

2.4.1　图解分析法

图解分析法就是利用晶体管的特性曲线在静态分析的基础上，用作图的方法来分析各个电压和电流交流分量之间的传输情况和相互关系，确定最大不失真输出电压的幅值和分析非线性失真等情况。

1. 交流负载线

直流负载线反映静态时电流 I_C 和 U_{CE} 的变化关系，其斜率为 $-\dfrac{1}{R_c}$；而交流负载线反映动态时电流 i_C 和 u_{CE} 的变化关系，交流负载线是有交流输入信号时工作点的运动轨迹。

交流负载线的画法：

1）先作出直流负载线，找出 Q 点。

2）过 Q 点作一条斜率为 $1/R'_L$（$R'_L = R_c // R_L$）的直线，即为交流负载线。

2. 图解分析

放大电路的图解分析如图 2-10 所示。首先，根据输入 u_i 的波形，对应 BJT 的输入特性曲线画出 u_{BE}、i_B 的波形，然后根据 i_B 的变化范围，对应输出特性曲线画出 i_C、u_{CE} 的波形，u_{CE} 的交流分量 u_{ce} 就是输出电压 u_o。

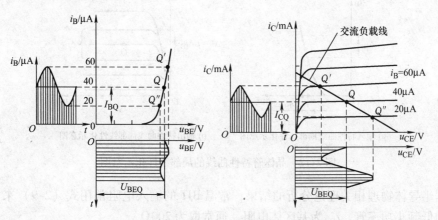

图 2-10　放大电路的图解分析

3. 非线性失真

放大电路的基本要求就是输出信号的波形与输入信号的波形尽可能相似，即失真要小。引起失真的原因有多种。静态工作点选择不合适或者信号太大，使放大电路的工作范围超出晶体管的线性区，这种失真称为非线性失真。

放大电路的工作点太高（见图 2-11 中 Q_A），使放大电路进入晶体管的饱和区工作而引起的非线性失真称为饱和失真。当放大电路的工作点太低（见图 2-11 中 Q_B），使放大电路进入晶体管的截止区工作而引起的非线性失真称为截止失真，放大电路波形失真示意图如图2-11 所示。放大电路要想获得大的不失真输出幅度，静态工作点 Q 应设置在输出特性曲线放大区的中间区域。

2.4.2 微变等效电路法

放大电路工作在小信号范围内时，常利用微变等效电路法来分析放大电路输入电阻、输出电阻和电压放大倍数。

1. 晶体管的微变等效电路

晶体管是非线性元件，在一定的条件（输入信号幅度小，即微变）下可以用一个等效的线性电路来代替，从而把放大电路转换成等效的线性电路，使分析和计算简化。下面以共射接法为例介绍晶体管的微变等效电路。

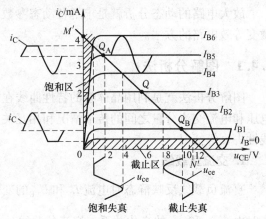

图 2-11　放大电路波形失真示意图

首先研究共射接法时晶体管的输入和输出特性。晶体管特性曲线的局部线性化示意图如图 2-12 所示。从图 2-12a 可知，在输入特性 Q 点附近，特性曲线基本上是一段直线，即可认为 Δi_B 与 Δu_{BE} 成正比，因而可以用一个等效电阻来代表输入电压和输入电流之间的关系，这个电阻称为晶体管的输入电阻，用 r_{be} 表示，即有 $r_{be} = \Delta u_{BE} / \Delta i_B$。

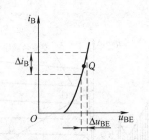

a) 输入特性曲线局部线性化示意图

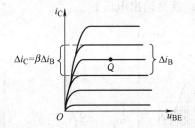

b) 输出特性曲线局部线性化示意图

图 2-12　晶体管特性曲线的局部线性化示意图

根据半导体物理相关理论分析的结果，常温 BJT 的输入电阻常用式（2-9）来估算，对于一般的低频小功率管，$r_{bb'}$ 为基区体电阻，通常取为 200Ω。

$$r_{be} = r_{bb'} + (1 + \beta)\frac{26\text{mV}}{I_{EQ}} \tag{2-9}$$

从图 2-12b 所示的输出特性看，假定在 Q 点附近特性曲线基本上是水平的，即 Δi_C 与 Δu_{CE} 无关，而只取决于 Δi_B。在数量关系上，Δi_C 比 Δi_B 大 β 倍。所以，从晶体管的输出端一侧看进去，可以用一个大小为 $\beta \Delta i_B$ 的电流源来代替。值得注意的是，这个电流源是一个受控源而不是独立电流源。受控源 $\beta \Delta i_B$ 实质上体现了基极电流 i_B 对集电极电流 i_C 的控制作用。晶体管共射极连接方式及微变等效电路如图 2-13 所示。

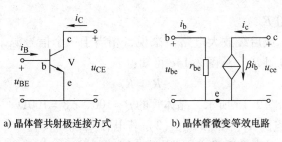

a) 晶体管共射极连接方式　　　　b) 晶体管微变等效电路

图 2-13　晶体管共射极连接方式及微变等效电路

2. 放大电路微变等效电路分析方法

以典型射极偏置放大电路为例介绍放大电路微变等效电路分析方法。根据图 2-14a 所示原理图画出放大电路的交流通路，如图 2-14b 所示，把交流通路中的晶体管用其微变等效电路代替，得到如图 2-14c 所示的放大电路的微变等效电路。

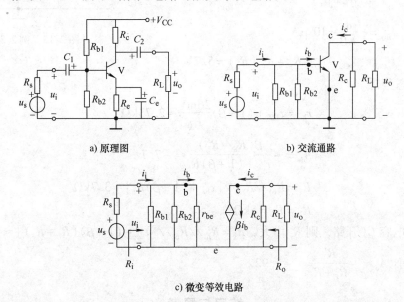

a) 原理图　　　　　　　　　b) 交流通路

c) 微变等效电路

图 2-14　典型射极偏置放大电路

（1）求电压增益 A_u

根据图 2-14c 所示电路可知：

$$u_i = i_b r_{be}$$

$$u_o = -i_c \left(R_c /\!/ R_L\right) = -\beta i_b \left(R_c /\!/ R_L\right) = -\beta i_b R'_L$$

其中，$R'_L = R_c /\!/ R_L$。所以，

$$A_u = \frac{u_o}{u_i} = -\beta \frac{R'_L}{r_{be}} \tag{2-10}$$

式中负号表示输出电压与输入电压反相，共发射极电路具有反相作用。

（2）计算输入电阻 R_i

输入电阻即从放大电路的输入端看进去的等效电阻，从图 2-14c 可知：

$$R_i = \frac{u_i}{i_i} = R_{b1} /\!/ R_{b2} /\!/ r_{be} \tag{2-11}$$

（3）计算输出电阻 R_o。

放大电路对负载（或后级放大电路）来说，相当于一个信号源，其等效信号源的内阻即为放大电路的输出电阻 R_o，从图2-14c 可知：

$$R_o = R_c \tag{2-12}$$

【例2-3】　电路如图2-15所示，晶体管的 $\beta = 100$，$r_{bb'} = 100\Omega$。

（1）求电路的 Q 点的 A_u、R_i 和 R_o；（2）若电容 C_e 开路，将引起电路的哪些动态参数发生变化？如何变化？

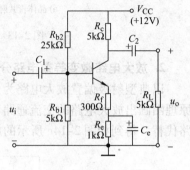

图 2-15　例2-3图

解：（1）静态分析

$$U_{BQ} \approx \frac{R_{b1}}{R_{b1} + R_{b2}} V_{CC} = 2V$$

$$I_{EQ} = \frac{U_{BQ} - U_{BEQ}}{R_f + R_e} \approx 1mA$$

$$I_{BQ} = \frac{I_{EQ}}{1 + \beta} \approx 10\ \mu A$$

$$U_{CEQ} \approx V_{CC} - I_{EQ}(R_c + R_f + R_e) = 5.7V$$

（2）动态分析

$$r_{be} = r_{bb'} + (1 + \beta)\frac{26mV}{I_{EQ}} \approx 2.73k\Omega$$

$$\dot{A}_u = -\frac{\beta(R_c // R_L)}{r_{be} + (1 + \beta)R_f} \approx -7.7$$

$$R_i = R_{b1} // R_{b2} // [r_{be} + (1 + \beta)R_f] \approx 3.7k\Omega$$

$$R_o = R_c = 5k\Omega$$

（3）若电容 C_e 开路，则 R_i 增大，$R_i = R_{b1} // R_{b2} // [r_{be} + (1 + \beta)(R_f + R_e)] \approx 4.1k\Omega$；

$|\dot{A}_u|$ 减小，$\dot{A}_u \approx -\frac{R_L'}{R_f + R_e} \approx -1.92$。

练习与思考

2.4.1　如何画放大电路的交流负载线？静态工作点太高或太低会造成什么样的后果？

2.4.2　怎么画放大电路的微变等效电路？

2.4.3　比较图解法和微变等效电路法的优缺点及适用场合。

2.5　射极输出器

前面介绍的固定偏置电路和射极偏置电路都是以发射极作为输入和输出的公共端，属于共发射极放大电路。本节介绍共集电极放大电路。

2.5.1　共集电极放大电路的组成

共集电极放大电路如图2-16a 所示，其交流通路如图2-16b 所示。从其交流通路来看，电源 V_{CC} 对交流信号相当于短路，所以集电极成为输入和输出回路的公共端，故称共集电极放大电路；又因信号由基极送入，发射极输出，故也称射极输出器。

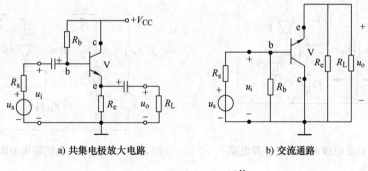

a) 共集电极放大电路　　　　b) 交流通路

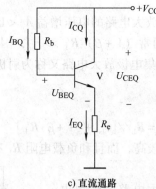

c) 直流通路

图 2-16　共集电极放大电路

2.5.2　共集电极放大电路的电路分析

1. 静态分析

共集电极放大电路的直流通路如图 2-16c 所示，由图可知：

$$I_{BQ} = \frac{V_{CC} - U_{BEQ}}{R_b + (1+\beta)R_e} \qquad (2\text{-}13)$$

$$I_{CQ} = \beta I_{BQ} \qquad (2\text{-}14)$$

$$U_{CEQ} = V_{CC} - I_{EQ}R_e \approx V_{CC} - I_{CQ}R_e \qquad (2\text{-}15)$$

射极输出器中的电阻 R_e 还具有稳定静态工作点的作用。如当温度升高时，由于 I_{CQ} 增大，I_{EQ} 增大使 R_e 上的压降上升，导致 U_{BEQ} 下降，从而牵制了 I_{CQ} 的进一步上升，最终稳定了静态工作点。

2. 动态分析

由图 2-16a 所示的电路画出共集电极电路微变等效电路如图 2-17 所示。

（1）求电压增益 A_u

由图 2-17 微变等效电路可得

$$A_u = \frac{u_o}{u_i} = \frac{i_e((R_e/\!/R_L))}{i_b r_{be} + i_e(R_e/\!/R_L)} = \frac{(1+\beta)R_L'}{r_{be} + (1+\beta)R_L'} \qquad (2\text{-}16)$$

式中，$R_L' = R_e/\!/R_L$。

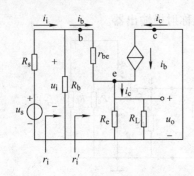

图2-17　共集电极电路微变等效电路

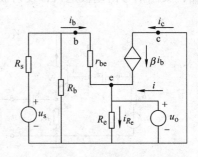

图2-18　共集电极电路输出电阻等效电路

由式（2-16）可知，共集电极放大电路的电压增益 $A_u < 1$，没有电压放大的作用。输出电压 u_o 和输入电压 u_i 相位相同，通常 $(1+\beta) R'_L \gg r_{be}$，因此，$A_u \approx 1$，即输出电压 u_o 和输入电压 u_i 大小接近相等，因此共集电极放大电路又称为射极电压跟随器。

（2）输入电阻 R_i

由图2-17微变等效电路可得

$$R_i = R_b // [\, r_{be} + (1+\beta) R'_L \,] \tag{2-17}$$

可见共集电极电路的输入电阻较高，而且和负载电阻 R_L 有关。

（3）输出电阻 R_o

由图2-18可求得共集电极放大电路的输出电阻为

$$R_o = \frac{u_o}{i_o} = R_e // \frac{(R_s // R_b) + r_{be}}{1+\beta} \tag{2-18}$$

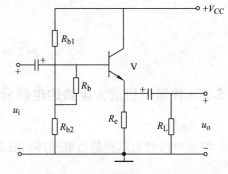

图2-19　改进型共集电极电路

由式（2-18）可见，射极输出器的输出电阻是很低的（比共发射极放大电路的输出电阻低得多），说明它具有恒压输出特性。

由以上分析可知共集电极电路的主要特点为：电压增益接近于1，也称电压跟随器；输入电阻大，对电压信号源衰减小；输出电阻小，带负载能力强。

图2-19是一种改进型共集电极电路，既使该类具有温度稳定性，又不影响动态指标。

练习与思考

2.5.1　射极输出器的主要特点是什么？主要用途是什么？

2.5.2　为什么射极输出器又称射随器？

2.6　多级放大电路

在实际应用中，一般对放大电路的性能有多方面的要求，如输入电阻大于 $2M\Omega$、电压放大倍数大于2000、输出电阻小于 100Ω 等。依靠单管放大电路的任何一种，都不可能同时满足要求。这时就可以选择多个基本放大电路，并将它们合理连接，从而构成多级放大电路。

2.6.1 耦合方式及其特点

组成多级放大电路的每一个基本单管放大电路称为一级，级与级之间的连接称为级间耦合。常见耦合方式如图 2-20 所示，有直接耦合、阻容耦合、变压器耦合和光电耦合 4 种方式。

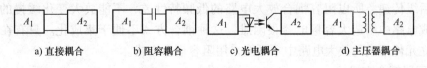

a) 直接耦合　　　　b) 阻容耦合　　　　c) 光电耦合　　　　d) 主压器耦合

图 2-20　常见耦合方式

1. 直接耦合方式

直接耦合方式是把前级的输出端直接或通过恒压器件接到下级输入端。这种耦合方式不仅可以使缓变信号获得逐级放大，而且便于电路集成化。但是，直接耦合使前后级之间的直流相互连通，造成各级直流工作点互相影响。因此须考虑各级间直流电平的配置问题，以使每一级都有合适的工作点。直接耦合电平配置方式实例如图 2-21 所示。图 2-21a 的两个电路分别采用 R_{e2} 和二极管来抬高后级发射极的电位，从而使前级集电极的电位抬高。图2-21b 采用稳压管实现电平移动，使后级电位比前级低一个稳定电压值 U_z。图 2-21c 采用电阻和恒流源串接实现电平移位。图 2-21d 电路是采用 NPN 型和 PNP 型交替连接的方式，由于 PNP 管的集电极电位比基极电位低，因此，在多级耦合时不会造成集电极电位逐级升高。所以这种连接方式无论在分立元件或集成的直接耦合电路中都被广泛采用。

直接耦合放大器的另一个突出问题是零点漂移，即前级工作点随温度的变化会被后级传递并逐级放大，使得输出端产生很大的漂移电压。显然，级数越多，放大倍数越大，零点漂移现象就越严重。因此，在直接耦合电路中，如何稳定前级工作点，克服其漂移成为至关重要的问题。

直接耦合放大电路的突出优点是具有良好的低频特性，可以放大变化缓慢的信号；由于电路中没有大容量电容，易于将全部电路集成在一片硅片上，构成集成放大电路。电子工业的飞速发展，使集成放大电路的性能越来越好，种类越来越多，价格也越

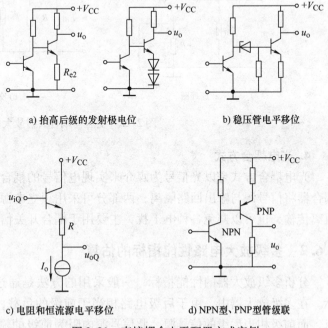

a) 抬高后级的发射极电位　　　　b) 稳压管电平移位

c) 电阻和恒流源电平移位　　　　d) NPN型、PNP型管级联

图 2-21　直接耦合电平配置方式实例

来越便宜，直接耦合放大电路的使用也越来越广泛。

2. 阻容耦合方式

阻容耦合方式是通过电容器将后级电路与前级相连接。由于电容器隔直流而通交流，所以各级的直流工作点相互独立，求解和实际调试 Q 点时，可按单级处理，给设计、调试和分析带来很大方便。只要耦合电容选得足够大，较低频率的信号也能由前级几乎不衰减地加到后级实现逐级放大。因此，在分立元件电路中阻容耦合方式得到广泛应用。

因为电容对低频信号呈现出很大的容抗，信号的一部分甚至全部衰减在耦合电容上，而根本不向后级传递，所以阻容耦合放大电路的低频特性差，不能放大变化缓慢的信号。此外，在集成电路中制造大容量电容很困难，这种耦合方式不便于集成化。只有在特殊需要下，由分立元件组成的放大电路中才可能采用阻容耦合方式。

3. 变压器耦合方式

将放大电路前级的输出端通过变压器接到后级的输入端或负载电阻上，称为变压器耦合方式。图 2-22a 所示为变压器耦合共射放大电路，R_L 既可以是实际的负载电阻，也可以代表后级放大电路，图 2-22b 是它的交流等效电路。

由于变压器耦合电路的前后级靠磁路耦合，所以与阻容耦合电路一样，它的各级放大电路的静态工作点相互独立，便于分析、设计和调试。但它的低频特性差，不能放大变化缓慢的信号，且非常笨重，更不能集成化。与前两种耦合方式相比，最大特点是可以实现阻抗变换，在分立元件功率放大电路中得到广泛应用。

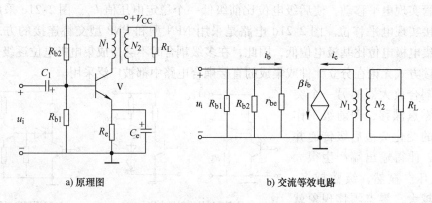

a) 原理图　　　　　　　　　　　　b) 交流等效电路

图 2-22　变压器耦合共射放大电路

4. 光电耦合方式

光电耦合方式是以光信号为媒介来实现电信号的耦合与传递。光电耦合放大电路利用光耦合器将信号源与输出回路隔离，两部分可采用独立电源且分别接不同的"地"，即使是远距离传输，也可以避免各种电干扰，主要用于耦合开关信号。

2.6.2　多级放大电路性能指标的估算

分析多级放大器的性能指标，一般采用的方法是通过计算每一单级指标来分析多级指标。在多级放大器中，由于后级电路相当于前级的负载，此负载正是后级放大器的输入电阻，而前级相当后级的信号源，此信号源内阻为前级的输出电阻。所以在计算前级输出时，只要将后级的输入电阻作为其负载，则该级的输出信号就是后级的输入信号。因此，一个 n 级放大器的总电压放大倍数 A_u 可表示为

$$A_u = \frac{u_o}{u_i} = \frac{u_{o1}}{u_i} \frac{u_{o2}}{u_{o1}} \cdots \frac{u_o}{u_{o(n-1)}} = A_{u1} A_{u2} \cdots A_{un} \tag{2-19}$$

可见，多级放大电路的电压增益 A_u 为各级放大电路电压增益的乘积。

多级放大器的输入电阻就是第一级的输入电阻 R_{i1}。不过在计算 R_{i1} 时应将后级的输入电阻 R_{i2} 作为其负载，即

$$R_i = R_{i1} \big|_{R_{L1} = R_{i2}} \tag{2-20}$$

多级放大电路的输出电阻就是最末级的输出电阻 R_{on}。不过在计算 R_{on} 时应将前级的输出电阻 $R_{o(n-1)}$ 作为其信号源内阻，即

$$R_o = R_{on} \big|_{R_{su} = R_{o(n-1)}} \tag{2-21}$$

练习与思考

2.6.1 放大电路级与级之间的连接方式有哪几种？各有什么特点？

2.6.2 多级放大电路的电压放大倍数、输入电阻和输出电阻应如何计算？

2.7 差动放大电路

直接耦合放大电路中提到了零漂的问题，而差动放大电路是抑制零漂的有效电路之一。

2.7.1 差动放大电路的组成

基本差动式放大电路如图 2-23 所示。图中 V_1、V_2 为特性相同的晶体管。电路对称，参数也对称，如 $U_{BE1} = U_{BE2} = U_{BE}$，$R_{c1} = R_{c2} = R_c$，$R_{b1} = R_{b2} = R_b$，$\beta_1 = \beta_2 = \beta$；电路有 b_1 和 b_2 两个输入端；c_1 和 c_2 两个输出端。可以组合出双端输入-双端输出、双入-单出、单入-双出、单入-单出 4 种连接方式。

2.7.2 共模信号和差模信号

差动放大电路的两个输入端，可以分别加上两个输入信号 u_{i1} 和 u_{i2}。若 $u_{i1} = -u_{i2}$，即两个信号大小相等，极性相反，称为差模输入信号，用 u_{id} 表示；若 $u_{i1} = u_{i2}$，即两信号大小相等，极性相同，称为共模输入信号，用 u_{ic} 表示。

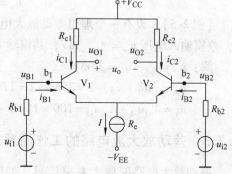

图 2-23 基本差动式放大电路

实际上，在差动放大电路的两个输入端加上任意大小、任意极性输入信号 u_{i1} 和 u_{i2}，都可以将它们认为是个差模信号和某个共模信号的合成。差模输入信号为 $u_{id} = u_{i1} - u_{i2}$，即差模信号是两个输入信号之差。共模信号 $u_{ic} = (u_{i1} + u_{i2})/2$，即共模信号则是二者的算术平均值。

对于差动放大电路输入端的两个任意大小和极性的输入信号 u_{i1} 和 u_{i2}，可分解为相应的差模信号和共模输入信号两部分。

$$u_{i1} = u_{ic} + \frac{1}{2}u_{id} \tag{2-22}$$

$$u_{i2} = u_{ic} - \frac{1}{2}u_{id} \tag{2-23}$$

【例2-4】 电路如图2-23所示，已知 $u_{i1} = 5\text{mV}$，$u_{i2} = 1\text{mV}$，求其差模输入信号及共模输入信号。

解：差模输入信号：$u_{id} = 5\text{mV} - 1\text{mV} = 4\text{mV}$

共模输入信号：$u_{ic} = \frac{1}{2} \times (5\text{mV} + 1\text{mV}) = 3\text{mV}$

也就是说，两个输入信号可看作是差模输入信号 $u_{id} = 4\text{mV}$ 和共模输入信号 $u_{ic} = 3\text{mV}$ 叠加而成。

$$u_{i1} = u_{ic} + \frac{1}{2}u_{id} = 3\text{mV} + \frac{1}{2} \times 4\text{mV} = 5\text{mV}$$

$$u_{i2} = u_{ic} - \frac{1}{2}u_{id} = 3\text{mV} - \frac{1}{2} \times 4\text{mV} = 1\text{mV}$$

放大电路对差模输入信号的放大倍数称为差模电压放大倍数 A_{ud}：

$$A_{ud} = u_o / u_{id} \tag{2-24}$$

放大电路对共模输入信号的放大倍数称为共模电压放大倍数 A_{uc}：

$$A_{uc} = u_o / u_{ic} \tag{2-25}$$

在差、共模信号同存情况下，线性工作情况中，可利用叠加原理求放大电路总的输出电压 u_o：

$$u_o = A_{ud}u_{id} + A_{uc}u_{ic} \tag{2-26}$$

【例2-5】 设有一个理想差动放大电路，已知 $u_{i1} = 25\text{mV}$，$u_{i2} = 10\text{mV}$，$A_{ud} = 100$，$A_{uc} = 0$。差模输入电压 $u_{id} = \underline{\quad}$ mV；共模输入电压 $u_{ic} = \underline{\quad}$ mV；输出电压 $u_o = \underline{\quad}$ mV。

解：$u_{id} = u_{i1} - u_{i2} = 15\text{mV}$

$u_{ic} = (u_{i1} + u_{i2})/2 = 35\text{mV}/2 = 17.5\text{mV}$

$u_o = A_{ud}u_{id} + A_{uc}u_{ic} = 100 \times 15\text{mV} + 0 \times 17.5\text{mV} = 1500\text{mV}$

2.7.3 差动放大放电路的工作原理

差动放大电路能放大差模信号，抑制共模信号，如图2-23所示电路的工作原理分析如下。

静态时，即 $u_{i1} = u_{i2} = 0$ 时，由于电路完全对称，则

$$I_{C1} = I_{C2} = I_C = \frac{I}{2}$$

$$u_{O1} = u_{O2}$$

所以静态时，$u_o = u_{O1} - u_{O2} = 0$，输入为0，输出也为0。

当输入信号为差模信号时，即 $u_{i1} = -u_{i2} = \frac{1}{2}u_{id}$ 时，由电路对称性可知 $u_{O1} = -u_{O2}$，因此 $u_o = u_{O1} - u_{O2} \neq 0$。

当输入共模信号，即 $u_{i1} = u_{i2}$ 时，由于电路的对称性和恒流源偏置，理想情况下 $u_{O1} =$

u_{O2}，因此 $u_o = u_{O1} - u_{O2} = 0$，无输出。

所谓"差动"的意思，即两个输入端之间有差异，输出端才有变动。

在差动放大电路中，无论是温度的变化，还是电流源的波动都会引起两个晶体管的 i_C 及 u_C 的变化，这个效果相当于在两个输入端加入了共模信号。理想情况下，u_o 不变从而抑制了零漂。当然实际情况下，要做到两管完全对称和理想恒流源是比较困难的，但输出漂移电压将大大减小。

综上分析，放大差模信号，抑制共模信号是差动放大电路的基本特征。通常情况下，对于差模输入这个有用信号，希望得到尽可能大的放大倍数；而共模输入信号可能反映由于温度变化而产生的漂移信号或随输入信号一起进入放大电路的某种干扰信号，对于这样的共模输入信号希望尽量地加以抑制。

2.7.4 差动放大电路的分析

1. 静态分析

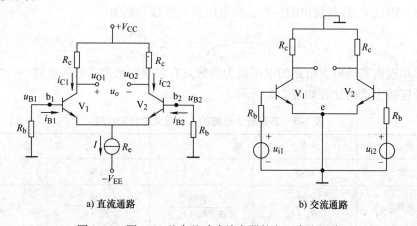

a) 直流通路   b) 交流通路

图 2-24 图 2-23 基本差动式放大器的交、直流通路

画出图 2-23 所示电路的直流通路如图 2-24a 所示，由于电路对称，可估算静态值如下：

$$I_{C1} = I_{C2} = I_C = \frac{I}{2}$$

$$I_{B1} = I_{B2} = I_B = \frac{I_C}{\beta}$$

$$U_{B1} = U_{B2} = V_B = -I_B R_b$$

$$U_{O1} = U_{O2} = V_C = V_{CC} - I_C R_c$$

$$U_{CE} = V_C - V_E = V_C - V_B + U_{BE}$$

2. 动态分析

图 2-23 所示差动放大电路，当输入差模信号（$u_{i1} = -u_{i2}$）时，若 i_{C1} 上升，则 i_{C2} 下降，电路完全对称时，$|\Delta i_{C1}| = |\Delta i_{C2}|$。因为 I 不变，因此 $\Delta u_e = 0$（$u_{o1} = u_{c1}$，$u_{o2} = u_{c2}$），所以交流通路如图 2-24b 所示。

$$A_{ud} = \frac{u_o}{u_{id}} = \frac{u_{O1} - u_{O2}}{u_{i1} - u_{i2}} = \frac{2u_{O1}}{2u_{i1}} = \frac{u_{O1}}{u_{i1}} = -\frac{\beta R_c}{R_b + r_{be}} \qquad (2-27)$$

即 $A_{ud} = A_1$（共发射单管放大电路的放大倍数）。

有负载 R_L 时

$$A_{ud} = -\frac{\beta R'_L}{R_b + r_{be}} \tag{2-28}$$

式中，$R'_L = R_c // \frac{1}{2} R_L$。

根据图 2-24b 可知两输入端之间的差模输入电阻为

$$R_i = 2(R_b + r_{be}) \tag{2-29}$$

根据图 2-24b 可知两输出端之间的差模输出电阻为

$$R_o = 2R_c \tag{2-30}$$

可见，电路完全对称，双端输入双端输出的情况下，$A_{ud} = A_{u1}$，电路使用成倍的元器件换取抑制零漂的能力。

在图 2-23 所示电路中，从 V_1 的集电极或 V_2 的集电极单端输出，由于另一晶体管的 c 极没有利用，因此 u_o 只有双出的一半，则电压放大倍数分别为

$$A_{ud} = \frac{u_{O1}}{u_{i1} - u_{i2}} = \frac{u_{O1}}{2u_{i1}} = -\frac{1}{2} \frac{\beta R_c}{R_b + r_{be}} \tag{2-31}$$

可知单端输出差动放大电路的电压放大倍数只有双端输出差动放大电路的一半。差动放大电路 4 种连接方式的比较如表 2-3 所示。

表 2-3　差动放大电路的 4 种放大电路的比较

输入方式	双　　端		单　　端	
输出方式	双端	单端	双端	单端
差模放大倍数 A_{ud}	$-\dfrac{\beta R_c}{R_b + r_{be}}$	$\pm\dfrac{\beta R_C}{2(R_b + r_{be})}$	$-\dfrac{\beta R_c}{R_b + r_{be}}$	$\pm\dfrac{\beta R_c}{2(R_b + r_{be})}$
差模输入电阻 R_i	$2r_{be}$		r_{be}	
差模输出电阻 R_o	$2R_c$	R_c	$2R_c$	R_c

2.7.5　共模抑制比

共模抑制比 K_{CMR} 是衡量差动放大电路放大差模信号和抑制共模信号的能力的一项技术指标，用差模电压放大倍数 A_{ud} 和共模电压放大倍数 A_{uc} 的比值的绝对值来表示，即

$$K_{CMR} = \left| \frac{A_{ud}}{A_{uc}} \right| \tag{2-32}$$

用分贝数表示为

$$K_{CMR} = 20\lg \left| \frac{A_{ud}}{A_{uc}} \right| \tag{2-33}$$

A_{ud} 越大，A_{uc} 越小，则共模抑制能力越强，放大器的性能越优良，所以 K_{CMR} 越大越好。

【例 2-6】 电路如图 2-25 所示，设长尾式差分放大电路中，$R_c = 30k\Omega$，$R_b = 5k\Omega$，$R_e = 20k\Omega$，$V_{CC} = V_{EE} = 15V$，$\beta = 50$，$r_{be} = 4k\Omega$。

（1）求双端输出时的 A_{ud}；（2）从 V_1 的 c 极单端输出，求 A_{ud}、A_{uc}、K_{CMR}；（3）在第（2）问的条件下，设 $u_{i1}=5mV$，$u_{i2}=1mV$，求 u_o；（4）设原电路的 R_c 不完全对称，而是 $R_{c1}=30k\Omega$，$R_{c2}=29k\Omega$，求双端输出时的 K_{CMR}。

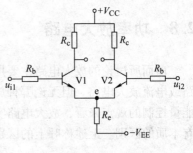

图 2-25　例 2-6 图

解：

（1）双端输出时

$$A_{ud} = -\frac{\beta R_c}{R_b + r_{be}} = -\frac{50 \times 30}{5+4}$$

$$= -166.7$$

（2）单端输出时，即 A_{ud} 为双出时的一半

$$A_{ud} = -\frac{1}{2}\frac{\beta R_c}{R_b + r_{be}} = -\frac{150 \times 30}{25+4} = -83.3$$

$$A_{uc} = -\frac{\beta R_c}{R_b + r_{be} + 2(1+\beta)R_e} = \frac{-50 \times 30}{5+4+2 \times 51 \times 20} = -0.732$$

$$K_{CMR} = \left|\frac{A_{ud}}{A_{uc}}\right| = 113.8$$

（3）当 $u_{i1}=5mV$，$u_{i2}=1mV$ 时，则

$$u_{id} = u_{i1} - u_{i2} = (5-1)mV = 4mV$$

$$u_{ic} = \frac{1}{2}(u_{i1}+u_{i2}) = \frac{1}{2} \times (5+1)\ mV = 3mV$$

$$u_o = A_{ud}u_{id} + A_{uc}u_{ic} = (-83.3 \times 4)\ mV + (0.732 \times 3)\ mV = -335.4mV$$

（4）R_{c1} 不等于 R_{c2}，双端输出时

$$A_{ud} = -\frac{1}{2}\frac{\beta R_{c1}}{R_b + r_{be}} - \frac{1}{2}\frac{\beta R_{c2}}{R_b + r_{be}} = -\frac{50 \times (30-29)}{5+4} = 163.9$$

$$A_{uc} = -\frac{\beta R_{c1}}{R_b + r_{be} + 2(1+\beta)R_e} + \frac{\beta R_{c2}}{R_b + r_{be} + 2(1+\beta)R_e}$$

$$= -50 \times (30-29)/(5+4+2 \times 51 \times 20)$$

$$= -0.0244$$

所以，$K_{CMR} = |\frac{A_{ud}}{A_{uc}}| = 6717$。

结果说明，在双端输出时，若参数有差别，由于两个晶体管的输出电压互相抵消，$|A_{uc}|$ 仍比单端输出时小得多，$|A_{ud}|$ 比单端输出时大，所以 K_{CMR} 比单端输出时高得多。

练习与思考

2.7.1　差动放大电路在结构上有何特点？

2.7.2　双端输入-双端输出差动放大电路为何能抑制零点漂移？为什么 R_e 电阻能提高抑制零点漂移的效果？为什么 R_e 不影响差模信号的放大效果？

2.8 功率放大电路

前面所讨论的放大电路主要用于增强电压幅度或电流幅度，因而相应地称为电压放大电路或电流放大电路。但无论哪种放大电路，在负载上都同时存在输出电压、电流和功率，从能量控制的观点来看，放大电路实质上都是能量转换电路，功率放大电路和电压放大电路没有本质的区别。上述称呼上的区别只不过是强调的输出量不同而已。

2.8.1 对功率放大电路的基本要求

功率放大电路是一种以输出较大功率为目的的放大电路。它一般直接驱动负载，带载能力强。与电压放大电路相比较，功率放大电路的特点主要有以下几个方面：

1. 功率放大电路的要求

由于功率放大电路主要要求获得一定的不失真（或失真较小）的输出功率，它通常是在大信号状态下工作。因此，功率放大电路包含着一系列在电压放大电路中没有出现过的特殊问题。

（1）要求输出功率尽可能大

对于功率放大电路的要求主要是根据负载的需要，提供足够的输出功率。为此要求功率放大电路提供尽可能大的输出电压和输出电流。功率放大电路的一个重要的技术指标是**最大输出功率**，就是在正弦输入信号时，输出波形不超过规定的非线性失真指标时，放大电路的最大输出电压与最大输出电流有效值的乘积。在共射极接法时，最大输出功率可以表示为

$$P_{om} = \frac{U_{cem}}{\sqrt{2}} \frac{I_{cm}}{\sqrt{2}} = \frac{1}{2} U_{cem} I_{cm} \tag{2-34}$$

式中，U_{cem} 和 I_{cm} 分别为集电极输出正弦电压和电流的最大幅值。

为了获得大的功率输出，要求功放管的电压和电流都有足够大的输出幅度，因此管子往往在接近极限状态下运行工作。

（2）效率要高

放大电路输出给负载的功率是直流电源提供的，在输出功率比较大的情况下，效率问题更为重要。如果功率放大电路的效率不高，不仅将造成能量的浪费，而且消耗在放大电路内部的电能将转换成热量，使管子、元件等温度升高，因而不得不选用较大容量的放大管和其他设备，很不经济。放大电路的效率是负载得到的有用信号功率（即输出功率 P_o）和电源供给的直流功率（P_V）的比值。要提高效率，就应将电源供给的功率大部分转化为有用的信号输出功率。

（3）非线性失真要小

功率放大电路是在大信号下工作。所以不可避免地会产生非线性失真，而且同一个功放管输出功率越大，非线性失真往往越严重，这就使输出功率和非线性失真成为一对主要矛盾。但是，在不同场合下，对非线性失真的要求不同。如在测量系统和电声设备中，这个问题显得重要，而在工业控制系统等场合中，则以输出功率为主要目的，对非线性失真的要求就降为次要问题了。

（4）BJT 的散热问题

在功率放大电路中，有相当大的功率消耗在管子的集电结上，使结温和管壳温度升高。为了充分利用允许的管耗而使管子输出足够大的功率，放大器件的散热就成为一个重要问题。

（5）功率管的参数选择与保护问题

在功率放大电路中，为了输出较大的信号功率，管子承受的电压要高，通过的电流要大，功率管损坏的可能性也就比较大，所以功率管的参数选择与保护问题也不容忽视。

2. 放大电路的工作状态

放大电路按晶体管在一个信号周期内导通时间的不同，可分为甲类、乙类以及甲乙类放大 3 种工作状态，如表 2-4 所示。在整个输入信号周期内，管子都有电流流通的，称为甲类放大，此时晶体管的静态工作点电流 I_{CQ} 比较大；在一个周期内，管子只有半个周期有电流流通的，称为乙类放大；若一周期内有半个多周期有电流流通，则称为甲乙类放大。

表 2-4 放大电路的 3 种工作状态

状态	一个信号周期内导通时间	工 作 特 点	图 示
甲类	整个周期内导通	失真小，静态电流大，管耗大，效率低	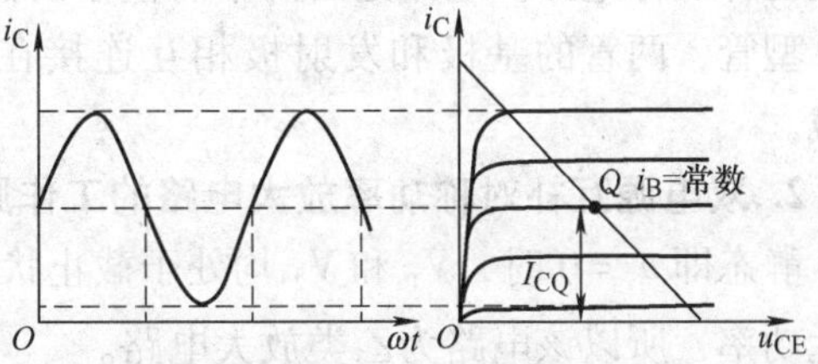
乙类	半个周期内导通	失真大，静态电流为零，管耗小，效率高	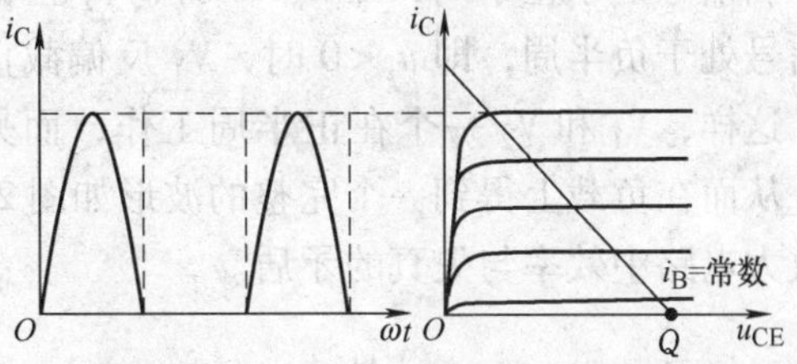
甲乙类	半个多周期内导通	失真大，静态电流小，管耗小，效率较高	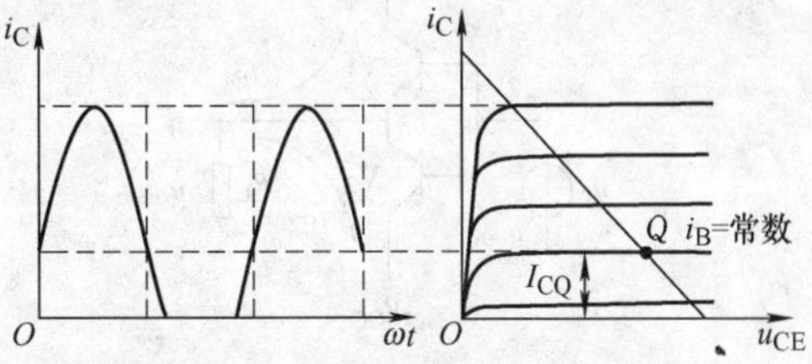

在甲类放大电路中，为使信号不失真，需设置合适的静态工作点，保证在输入正弦信号的一个周期内，都有电流流过晶体管。因此当有信号输入时，电源供给的功率一部分转化为有用的输出功率，另一部分则消耗在管子（和电阻）上，并转化为热量的形式耗散出去，称为管耗。而在没有信号输入时，这些功率全部消耗在管子（和电阻）上。甲类放大电路的效率是较低的，即使在理想情况下，甲类放大电路的效率最高也只能达到 50%。

显然，若能减少管耗，就可以提高效率。静态电流是造成管耗的主要因素，因此如果把

静态工作点 Q 向下移动，使信号等于零时电源输出的功率也等于零（或很小），信号增大时电源供给的功率也随之增大，这样电源供给功率及管耗都随着输出功率的大小而变，也就改变了甲类放大时效率低的状况。实现上述设想的电路有乙类和甲乙类放大。

乙类和甲乙类放大主要用于功率放大电路中。虽然减小了静态功耗，提高了效率，但都出现了严重的波形失真，因此，既要保持静态时管耗小，又要使失真不太严重，这就需要在电路结构上采取措施。

3. 分析方法

功率放大电路的分析任务是最大输出功率、最高效率及功率晶体管的安全工作参数。在分析方法上，由于管子处于大信号下工作，晶体管的工作点在大范围内变化，因此一般不能采用微变等效电路分析法，而常常采用图解法来分析放大电路的静态和动态工作情况。

2.8.2　双电源互补对称功率放大电路的组成及工作原理

1. 双电源互补对称功率放大电路的组成

采用正、负电源构成的乙类互补对称功率放大电路如图 2-26a 所示，该电路又称为 OCL 乙类互补对称电路。电路是由两个射极输出器组成的。图中的 V_1 和 V_2 分别为 NPN 型管和 PNP 型管，两管的基极和发射极相互连接在一起，信号从基极输入，从射极输出，R_L 为负载。

2. 双电源互补对称功率放大电路的工作原理

静态即 $u_i = 0$ 时，V_1 和 V_2 均处于截止状态，两管的 I_{BQ} 和 I_{CQ} 均为零；$u_o = 0$ 时，电路不消耗功率，所以该电路为乙类放大电路。

当信号处于正半周，即 $u_i > 0$ 时，V_1 正偏导通，V_2 反偏截止，$i_o = i_{E1} = i_{C1}$，$u_o = i_{C1} R_L$；当信号处于负半周，即 $u_i < 0$ 时，V_1 反偏截止，V_2 正偏导通，$i_o = i_{E2} = i_{C2}$，$u_o = -i_{C2} R_L$；

这样，V_1 和 V_2 一个在正半周工作，而另一个在负半周工作，两个管子互补对方的不足，从而在负载上得到一个完整的波形如图 2-26b 所示，称为互补电路。互补电路解决了乙类放大电路中效率与失真的矛盾。

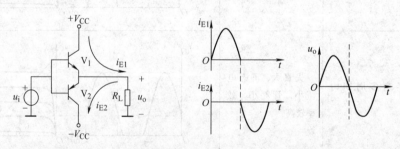

a) 双电源乙类互补对称功率放大电路原理图　　　　b) 工作波形

图 2-26　双电源乙类互补对称功率放大电路

3. 双电源互补对称功率放大电路的分析计算

功率放大电路的分析任务是求解最大输出功率、效率及晶体管的工作参数等。在分析方法上，通常采用图解法，这是因为 BJT 处于大信号下的工作状态。

静态时，OCL 乙类互补对称电路中两个晶体管的集电极电流均为零，两管的集电极电

压分别为 $u_{CE1} = V_{CC}$，$u_{CE2} = -V_{CC}$，两管的静态工作点均在图 2-27b 中横坐标的 Q 点处。

（1）最大输出电压

当加上正弦输入电压 u_i 时，两个晶体管的工作点将分别沿着负载线 QA 和 QB 移动。负载线的斜率为 $-\dfrac{1}{R_L}$。在 u_i 的正半周，V_1 导电，工作点沿负载线 QA 向上移动，V_1 的集电极最大电流为 I_{cm1}，集电极最大电压为 U_{cem1}。在 u_i 的负半周，V_2 导电，工作点沿负载线 QB 向下移动，V_2 的集电极最大电流为 I_{cm2}，集电极最大电压为 $|U_{cem2}|$，如图 2-27 所示。假设晶体管 V_1 与 V_2 的特性曲线对称，则 $I_{cm1} = I_{cm2} = I_{cm}$，$U_{cem1} = |U_{cem2}| = U_{cem}$。

根据图 2-27 的图解分析，晶体管的集电极最大电压 U_{cem}，即输出电压的最大值为

$$U_{om} = U_{cem} = V_{CC} - U_{CES} \tag{2-35}$$

若忽略管子的饱和压降 U_{CES}，则

$$U_{om} \approx V_{CC} \tag{2-36}$$

晶体管的集电极最大输出电流 I_{cm}，即输出电流的最大值为

$$I_{om} = I_{cm} = \frac{U_{cem}}{R_L} = \frac{V_{CC} - U_{CES}}{R_L} \tag{2-37}$$

（2）最大不失真输出功率

输出功率是输出电压有效值 U_o 和输出电流有效值 I_o 的乘积，所以最大输出功率为

$$P_{om} = \frac{U_{om}^{2}}{2R_L} = \frac{1}{2}U_{cem}I_{cm} = \frac{(V_{CC} - V_{CES})^2}{2R_L} \approx \frac{V_{CC}^{2}}{2R_L} \tag{2-38}$$

（3）直流电源提供的功率

对于一个晶体管，只有半个周期工作，其电流平均值为

$$I_{C(AV)} = \frac{1}{2\pi}\int_0^{\pi} i_c \mathrm{d}(\omega t) = \frac{1}{2\pi}\int_0^{\pi} I_{cm}\sin\omega t\,\mathrm{d}(\omega t) = \frac{I_{cm}}{\pi}$$

$$P_{V1} = V_{CC}I_{C(AV)} = V_{CC}\frac{I_{cm}}{\pi} = \frac{V_{CC}^{2}}{\pi R_L}$$

两个电源提供的总的功率为

$$P_V = 2P_{V1} = \frac{2V_{CC}^{2}}{\pi R_L} \tag{2-39}$$

（4）效率

效率就是负载得到的有用信号功率和电源供给的直流功率的比值。

电路的最大效率为

$$\eta = \frac{P_{om}}{P_V} = \frac{\dfrac{V_{CC}^{2}}{2R_L}}{\dfrac{2V_{CC}^{2}}{\pi R_L}} = \frac{\pi}{4} \approx 78.5\% \tag{2-40}$$

4. 乙类互补对称电路存在的问题——交越失真

乙类互补对称电路由于没有直流偏置，只有当输入信号 u_i 大于管子的死区电压（硅管约为 0.5V，锗管约为 0.1V）时，管子才能导通。当输入信号 u_i 低于这个数值时，V_1 和 V_2 都截止，i_{C1} 和 i_{C2} 基本为零，负载 R_L 上无电流通过，出现一段死区，如图 2-28 所示，这种现象称为交越失真。

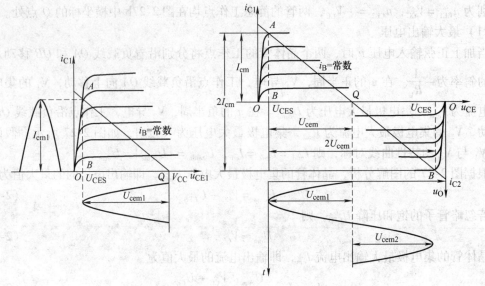

a) 图2-26a电路u_i>0时V管工作情况   b) 互补对衬电路工作情况

图 2-27　乙类互补对称功放的图解分析

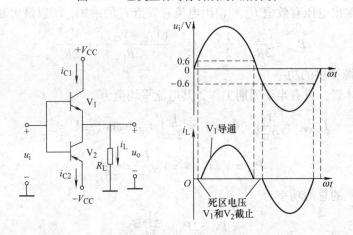

图 2-28　乙类互补对称功率放大电路的交越失真

　　为了克服乙类互补对称电路的交越失真，需要给电路设置偏置，使之工作在甲乙类状态。如图 2-29 所示。图中 V_3 组成前置放大级（注意，图中未画出 V_3 的偏置电路），给功放级提供足够的偏置电流。V_1 和 V_2 组成互补对称输出级。静态时，在 VD_1、VD_2 上产生的压降为 V_1、V_2 提供了一个适当的偏压，使之处于微导通状态，工作在甲乙类。这样，即使 u_i 很小（VD_1 和 VD_2 的交流电阻也小），基本上可线性地进行放大。

2.8.3　单电源互补对称电路的组成及工作原理

　　双电源互补对称电路需要两个正负独立电源，因此有时很不方便。当仅有一路电源时，则可采用单电源互补对称电路。它有时又被称为无输出变压器电路（Output Transformer Less，OTL）。

1. 单电源互补对称电路的工作原理

在图 2-29 基础上，令 $-V_{CC}=0$，并在输出端与负载 R_L 之间加接一大电容 C，就得到如图 2-30 所示甲乙类单电源互补对称原理电路。图中的 V_3 组成前置放大级，V_2 和 V_1 组成互补对称电路输出级。

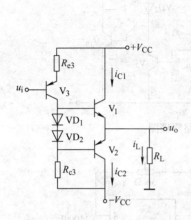

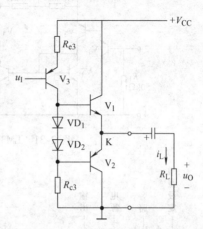

图 2-29　甲乙类双电源互补对称电路　　　　图 2-30　甲乙类单电源互补对称电路

1）$u_I=0$ 时，由于电路对称，$i_{C1}=i_{C2}$，$i_L=0$，$u_O=0$，从而使 K 点电位 $V_K = V_C = V_{CC}/2$。

2）$u_I \neq 0$ 时，在信号的负半周，V_1 导电，有电流通过负载 R_L，同时向 C 充电；在信号的正半周，V_2 导电，则已充电的电容 C 起着图 2-29 双电源互补对称电路中电源-V_{CC} 的作用，通过负载 R_L 放电。只要选择时间常数 $R_L C$ 足够大（比信号最长周期还大得多），就可以认为用电容 C 和一个电源 V_{CC} 可代替原来的 $+V_{CC}$ 和 $-V_{CC}$ 两个电源的作用。

2. 单电源互补对称电路的分析计算

采用单电源的互补对称电路，由于每个管子的工作电压不是原来的 V_{CC}，而是 $V_{CC}/2$，输出电压幅值 U_{om} 最大也只能达到约 $V_{CC}/2$，所以前面导出的计算 P_o、P_V 和 η 的公式，必须加以修正才能使用。修正的方法也很简单，只要以 $V_{CC}/2$ 代替原来的公式中的 V_{CC} 即可。

2.8.4　集成功率放大器的原理

集成功放的种类很多。按用途划分，有通用型功放和专用型功放；按芯片内部的构成分，有单通道功放和双通道功放；按输出功率分，有小功率功放和大功率功放等。

LM386 是目前应用较广的一种小功率集成功放，电路简单，通用性强。它具有电源电压范围宽、功耗低和频带宽等优点。输出功率 0.3 ~ 0.7W，最大可达 2W。

LM386 的内部电路原理图如图 2-31 所示，图 2-32 所示是其引脚排列图，封装形式为双列直插，图 2-33 是其典型应用电路。

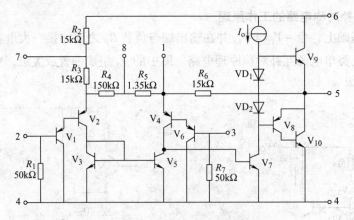

图 2-31　LM386 内部电路原理图

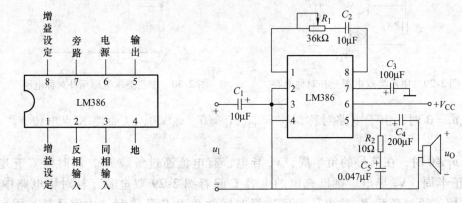

图 2-32　LM386 引脚排列图　　　　图 2-33　LM386 的典型应用电路

练习与思考

2.8.1　什么是甲类放大、甲乙类放大和乙类放大？它们各有什么特点？

2.8.2　什么是交越失真？如何改善交越失真？

2.9* 场效应晶体管放大电路

场效应晶体管是一种利用电压控制其电流大小的半导体器件，同晶体管类似，也具有放大作用。场效应晶体管的源极、漏极和栅极分别对应半导体晶体管的发射极、集电极和基极。因此，场效应晶体管同样可以接成共源极放大电路、共漏极放大电路和共栅极放大电路。场效应晶体管放大电路在许多方面和晶体管放大电路十分相似，但也有不同之处。注意对比学习场效应晶体管放大电路的特点及原理。

2.9.1 场效应晶体管放大电路的静态偏置

场效应晶体管组成放大电路时，也要建立合适的静态工作点，而且场效应晶体管是电压控制器件，需要有合适的栅源偏置电压。常用的直流偏置电路有自偏压电路和分压式偏置电路两种形式。

1. 自偏压电路

图 2-34 所示电路是一个典型自偏压电路。场效应晶体管的栅极 g 通过电阻 R_g 接地，源极通过电阻 R_s 接地。这种偏置方式依靠漏极电流 I_D 在源极电阻 R_s 上产生的电压为栅源极间提供一个偏置电压 U_{GS}，故称为自偏压电路。静态时，源极电位 $V_S = I_D R_s$。由于栅极电流为零，R_g 上没有电压降，栅极电位 $V_G = 0$，所以栅源偏置电压 $U_{GS} = V_G - V_S = -I_D R_s$。

显然，自偏压电路只适用于耗尽型场效应晶体管，因为在栅源电压大于零、等于零和小于零的一定范围内，耗尽型场效应晶体管均能正常工作。增强型场效应晶体管只有在栅源电压达到其开启电压 $U_{GS(th)}$ 时，才有漏极电流 I_D 产生，因此这类管子不适用于图 2-34 所示的自偏压电路中。

2. 分压式偏置电路

分压式偏置电路是在自偏压电路的基础上加接分压电路后构成的，分压式偏置电路如图 2-35 所示。

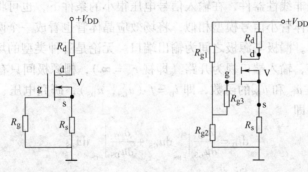

图 2-34　自偏压电路　　　　　图 2-35　分压式偏置电路

静态时，由于栅极电流为零，R_{g3} 上没有电压降，所以栅极电位由 R_{g2} 与 R_{g1} 对电源 V_{DD} 分压得

$$U_G = \frac{R_{g2}}{R_{g1} + R_{g2}} V_{DD}$$

源极电位 $V_S = I_D R_s$。

所以，$U_{GS} = \dfrac{R_{g2}}{R_{g1} + R_{g2}} V_{DD} - I_D R_s$

这种偏置方式同样适用于结型场效应晶体管或耗尽型 MOS 管组成的放大电路。

3. 场效应晶体管放大电路静态工作点的分析

对场效应晶体管放大电路的静态分析也可以采用图解法或公式估算法。图解法的步骤与双极型晶体管放大电路的图解法相似。这里仅讨论用公式估算法求静态工作点。

根据场效应晶体管的转移特性，工作在饱和区时，耗尽型场效应晶体管的漏极电流 $i_D = I_{DSS}\left(1 - \dfrac{u_{GS}}{U_{GS(off)}}\right)^2$；增强型场效应晶体管的漏极电流 $i_D = I_{DO}\left(\dfrac{u_{GS}}{U_{GS(th)}} - 1\right)^2$，式中 I_{DO} 为当 $u_{GS} = 2U_{GS(th)}$ 时的 i_D 值。

求静态工作点 Q 时，对于图 2-34 所示电路，可得方程组：

$$\begin{cases} U_{GSQ} = -I_{DQ}R_s \\ I_{DQ} = I_{DSS}\left(1 - \dfrac{U_{GSQ}}{U_{GS(off)}}\right)^2 \end{cases}$$

求解方程组，得到 I_{DQ} 和 U_{GSQ}，管压降 $U_{DSQ} = V_{DD} - I_{DQ}(R_d + R_s)$。

对于图 2-35 所示电路的静态工作点求取，可得方程组：

$$\begin{cases} U_{GSQ} = \dfrac{R_{g2}}{R_{g1} + R_{g2}}V_{DD} - I_{DQ}R_s \\ I_{DQ} = I_{DO}\left(\dfrac{U_{GSQ}}{U_{GS(th)}} - 1\right)^2 \end{cases}$$

求解方程组，得到 I_{DQ} 和 U_{GSQ}，管压降 $U_{DSQ} = V_{DD} - I_{DQ}(R_d + R_s)$。

从实用的要求出发，本节主要介绍 N 沟道增强型 MOS 场效应晶体管组成的放大电路。

2.9.2　场效应晶体管小信号模型

场效应晶体管是非线性器件，在输入信号电压很小的条件下，也可将其用小信号模型等效。与建立双极型晶体管小信号模型相似，将场效应晶体管也看成一个两端口网络，栅极与源极之间为输入端口，漏极与源极之间为输出端口。无论是哪种类型的场效应晶体管，均可以认为栅极电流为零，输入端口视为开路（即视 $r_{gs} = \infty$），栅源极间只有电压存在。在输出端口，漏极电流 i_D 是 u_{GS} 和 u_{DS} 的函数，即 $i_D = f(u_{GS}, u_{DS})$，研究电压、电流间的微变关系时，用全微分表示，即

$$di_D = \left.\frac{\partial i_D}{\partial u_{GS}}\right|_{u_{DS}} du_{GS} + \left.\frac{\partial i_D}{\partial u_{DS}}\right|_{u_{GS}} du_{DS} \tag{2-41}$$

式（2-41）中，定义 $g_m = \left.\dfrac{\partial i_D}{\partial u_{GS}}\right|_{u_{DS}}$ 称为场效应晶体管低频跨导，表征 u_{GS} 对 i_D 的控制能力。$\dfrac{1}{r_{ds}} = \left.\dfrac{\partial i_D}{\partial u_{DS}}\right|_{u_{GS}}$（$r_{ds}$ 为场效应晶体管的输出电阻），表明 u_{GS} 对 i_D 的影响程度。分别用 g_m 和 $\dfrac{1}{r_{ds}}$ 代入式（2-41）中，得

$$di_D = g_m du_{GS} + \frac{1}{r_{ds}} du_{GS} \tag{2-42}$$

当输入信号为幅值较小的正弦波信号，则可用 $\dot{I}_D$、$\dot{U}_{gs}$ 和 $\dot{U}_{ds}$ 分别代替式（2-40）中的变化量 di_D、du_{GS}、du_{DS}，则式（2-42）变为

$$\dot{I}_d = g_m\dot{U}_{gs} + \frac{1}{r_{ds}}\dot{U}_{ds} \tag{2-43}$$

由式（2-43）可知，场效应晶体管的输出端口可用一个电流源 $g_m\dot{U}_{gs}$ 和输出电阻 r_{ds} 的并联网络等效。电流源 $g_m\dot{U}_{gs}$ 是受电压 $\dot{U}_{gs}$ 控制，称为压控电流源，其方向由 $\dot{U}_{gs}$ 的极性决定。于是在低频小信号条件下，场效应晶体管电路模型（见图 2-36a）可用如图 2-36b 所示小信号模型等效。当场效应晶体管工作在高频小信号条件下时，其极间电容的影响不能忽略，这时场效应晶体管用如图 2-36c 所示的高频小信号模型等效。图 2-36c 中 C_{gd}、C_{gs}、C_{gb} 分别是栅漏电容、栅源电容和栅极—衬底间电容，C_{ds} 是漏源电容。

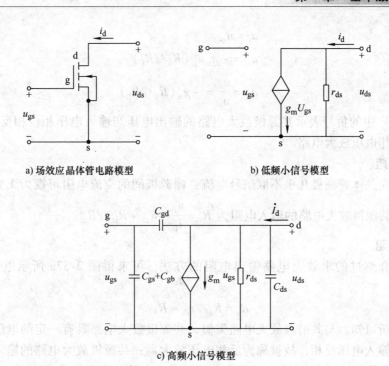

a) 场效应晶体管电路模型　　　　　b) 低频小信号模型

c) 高频小信号模型

图 2-36　N 沟道增强型 MOS 场效应晶体管小信号模型

2.9.3　共源极放大电路

与双极型晶体管放大电路相对应，场效应晶体管放大电路也有 3 种基本组态，即共源极、共漏极和共栅极放大电路（由于共栅连接时，栅极与沟道间的高阻未能发挥作用，故共栅电路很少使用）。用场效应晶体管小信号模型分析其放大电路的步骤，与晶体管放大电路的小信号模型分析法的步骤也相同。图 2-37a 所示为共源极放大电路，其中频小信号等效电路如图 2-37b 所示。

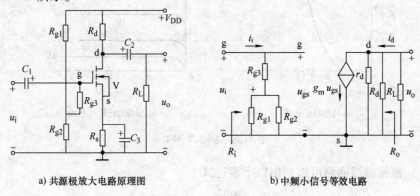

a) 共源极放大电路原理图　　　　　b) 中频小信号等效电路

图 2-37　共源极放大电路

1. 中频电压增益

场效应晶体管的输出电阻 r_{ds} 通常在几百千欧数量级，比电阻 R_d、R_L 大得多，因此可将 r_{ds} 作开路处理，于是对于图 2-37b，有

$$u_i = u_{gs}$$

$$u_o = -g_m u_{gs}(R_d // R_L) \tag{2-44}$$

$$A_u = \frac{u_o}{u_i} = -g_m(R_d // R_L)$$

式（2-44）中的负号表示共源极放大电路的输出电压与输入电压相位相反，即共源放大电路属于反相电压放大电路。

2. 输入电阻

由于场效应晶体管栅极几乎不取信号电流，栅源极间的交流电阻可视为无穷大，因此，图 2-37a 所示共源极放大电路的输入电阻为 $R_i = \dfrac{u_i}{i_i} \approx R_{g3} + R_{g1} // R_{g2}$。

3. 输出电阻

应用前面介绍过的求放大电路输出电阻的方法，可求得图 2-37a 所示电路的输出电阻为：

$$R_o = R_d // r_{ds} \approx R_d$$

由上述分析可知，与共射极放大电路类似，共源极放大电路具有一定的电压放大能力，且输出电压与输入电压反相，故被称为反相电压放大器；共源极放大电路的输入电阻很高，输出电阻主要由漏极电阻 R_d 决定。适用于作多级放大电路的输入级或中间级。

【例 2-7】 已知图 2-37a 所示电路中，已知 $V_{DD} = 15\text{V}$，$R_d = 5\text{k}\Omega$，$R_s = 2.5\text{k}\Omega$，$R_{g1} = 300\text{k}\Omega$，$R_{g2} = 200\text{k}\Omega$，$R_{g3} = 10\text{M}\Omega$，负载电阻 $R_L = 5\text{k}\Omega$。设电容 C_1、C_2、C_s 足够大。已知场效应晶体管的转移特性和输出特性分别如图 2-38a 和图 2-38b 所示。

（1）试用图解法分析求解静态工作点 Q；　（2）用微变等效电路估算法求解 $\dot{A}_u$、R_i 和 R_o。

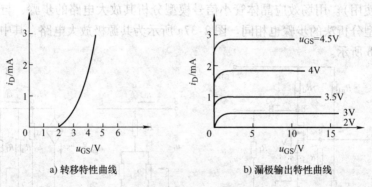

a) 转移特性曲线　　　　　b) 漏极输出特性曲线

图 2-38　例 2-7 图 1

解：（1）根据栅极回路可以列出以下表达式

$$u_{GS} = \frac{R_{g2}}{R_{g1} + R_{g2}} V_{DD} - i_D R_s = \left(\frac{200}{200 + 300} \times 15 - 2.5 i_D \right) \text{V} = (6 - 2.5 i_D) \ \text{V}$$

由此表达式可在转移特性中作直线如图 2-39a，此直线与转移特性的交点即为 Q 点；由图得出 $I_{DQ} = 1\text{mA}$，$U_{GSQ} = 3.5\text{V}$。

然后根据漏极回路列出以下直流负载方程

$$u_{DS} = V_{DD} - i_D(R_d + R_s) = (15 - 7.5i_D)\,\text{V}$$

由此表达式可在输出特性曲线中作直流负载线如图 2-39b，直流负载线与 $u_{GS} = U_{GSQ} = 3.5\text{V}$ 时的一条输出特性的交点即为 Q 点；由图得出 $U_{DSQ} = 7.5\text{V}$，$I_{DQ} = 1\text{mA}$。

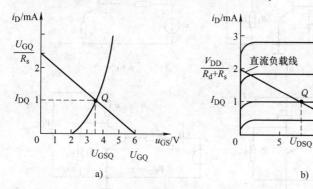

图 2-39　例 2-7 图 2

（2）由图 2-38a 的转移特性可以看出，场效应晶体管的开启电压 $U_{GS(th)} = 2\text{V}$，当 $u_{GS} = 2U_{GS(th)} = 4\text{V}$ 时，$i_D = 1.9\text{mA} = I_{DO}$，根据

$$g_m = \frac{\partial i_D}{\partial u_{GS}}\Big|_{u_{DS}} = \frac{2}{U_{GS(th)}}\sqrt{I_{DO}I_{DQ}} = \frac{2}{2}\sqrt{1.9 \times 1}\,\text{mS} = 1.38\text{mS}$$

则电压放大倍数为

$$\dot{A}_u = -g_m(R_d /\!/ R_L) = -1.38 \times \frac{5 \times 5}{5 + 5} = -3.45$$

输入电阻和输出电阻分别为

$$R_i = R_{g3} + (R_{g1} /\!/ R_{g2}) = \left(10 + \frac{0.2 \times 0.3}{0.2 + 0.3}\right)\text{M}\Omega \approx 10.1\text{M}\Omega$$

$$R_o = R_d = 5\text{k}\Omega$$

练习与思考

2.9.1　为什么绝缘栅场效应晶体管放大电路无法采用自给偏压？

2.9.2　比较共源极晶体管放大电路和共发射极晶体管放大电路，在结构上有何相似之处？为什么前者的输入电阻较高？

习　　题

2-1　判断图 2-40 中各电路是否有放大作用？如果没有放大作用，则说明理由并将错误加以改正。

2-2　共射级放大电路与晶体管 3DG8 的输出特性如图 2-41 所示。试求：（1）画出直流负载线，确定静态工作点；（2）R_c 由 2kΩ 增大到 4kΩ，工作点将移到何处？（3）R_b 由 10kΩ 变为 5kΩ，工作点将到何处？（4）电源 V_{CC} 由 12V 变到 16V，工作点将移到何处？

2-3　电路参数如题图 2-42 所示，$\beta = 30$，试求静态工作点。

2-4　在图 2-43a 的放大电路中，用示波器测得输出电压 u_o 波形如图 2-43b 所示。（1）说明是哪一种失真？（2）要消除失真，R_b 应如何改变？

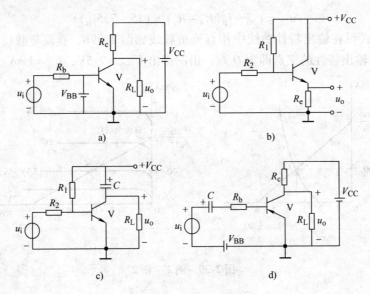

图 2-40 习题 2-1 图

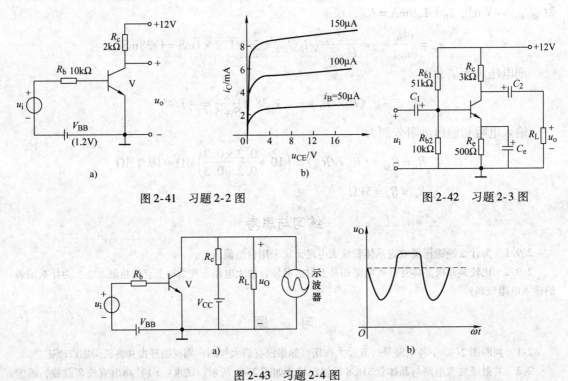

图 2-41 习题 2-2 图

图 2-42 习题 2-3 图

图 2-43 习题 2-4 图

2-5 电路如图 2-44 所示，试求：

（1）如果换上一只 $\beta = 60$ 的管子，估计放大电路能否工作在正常的状态；（2）估算该电路的电压放大倍数。

2-6 放大电路如图 2-45 所示。晶体管的 $\beta = 80$，$U_{BE} = 0.7V$。（1）求输入电阻 R_i 和输出电阻 R_o；

（2）电压放大倍数 $\dot{A}_u$。

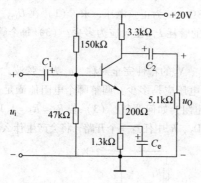

图 2-44　习题 2-5 图

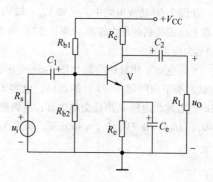

图 2-45　习题 2-6 图

2-7　放大电路如图 2-45 所示。已知 $V_{CC} = 12V$，$R_c = 2k\Omega$，$\beta = 50$，$U_{BEQ} = 0.7V$，$U_{EQ} = 1/2U_{CQ} = 1/3V_{CC}$，试选择 R_e、R_{b1}、R_{b2} 的阻值。

2-8　共集电极放大电路如图 2-46 所示。晶体管 V 的 $\beta = 50$，$r'_{bb} = 300\Omega$，$U_{BE} = 0.7V$。求（1）若使 $U_{CEQ} = 5V$，R_{b1} 应选多大阻值？（2）R_{b1} 取（1）中确定的阻值，画出微变等效电路后计算 A_u，R_i，R_o。

2-9　电路如图 2-47 所示，已知晶体管 V 的 $\beta = 50$，$r_{be} = 1k\Omega$，（1）画出电路的微变等效电路；（2）计算电路的电压放大倍数和输入电阻，输出电阻；（3）根据以上计算结果，试简要说明电路的特点和应用场合。

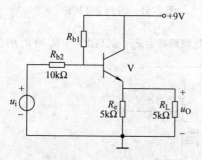

图 2-46　习题 2-8 图

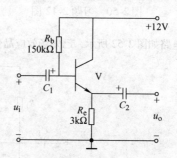

图 2-47　习题 2-9 图

2-10　两级阻容耦合放大电路如图 2-48 所示，晶体管的 β 均为 50，$U_{BE} = 0.6V$：（1）用估算法计算第二级的静态工作点；（2）画出两级放大电路的微变等效电路；（3）写出整个电路的电压放大倍数 A_u，输入电阻 R_i 和输出电阻 R_o 的表达式。

2-11　电路如图 2-49 所示，V_1 与 V_2 管的特性相同，所有晶体管的 β 均相同，R_{c1} 远大于二极管的正向电阻，当 $u_{i1} = u_{i2} = 0V$ 时，$u_o = 0V$。（1）求解电压放大倍数的表达式；（2）当有共模输入电压时，$u_o = ?$ 简述理由。

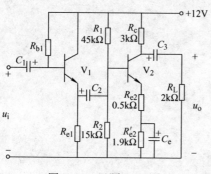

图 2-48　习题 2-10 图

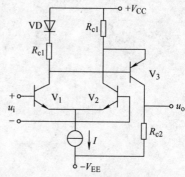

图 2-49　习题 2-11 图

2-12 在图 2-50 功放电路中，已知 $V_{CC} = 12V$，$R_L = 8\Omega$。u_i 为正弦电压，求：（1）在 $U_{CE(sat)} = 0$ 的情况下，负载上可能得到的最大输出功率；（2）每个管子的管耗 P_{CM} 至少应为多少？（3）每个管子的耐压 $|U_{(BR)CEO}|$ 至少应为多少？

2-13 一单电源互补对称电路如图 2-51 所示，设 V_1、V_2 的特性完全对称，u_o 为正弦波，$V_{CC} = 12V$，$R_L = 8\Omega$。试回答下列问题：（1）静态时，电容 C_2 两端电压应是多少？调整哪个电阻能满足这一要求？（2）动态时，若输出电压 u_o 出现交越失真，应调整哪个电阻？如何调整？（3）若 $R_1 = R_3 = 1.1k\Omega$，V_1 和 V_2 的 $\beta = 40$，$|U_{BE}| = 0.7V$，$P_{CM} = 400mW$，假设 VD_1、VD_2、R_2 中任意一个开路，将会产生什么后果？

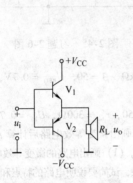

图 2-50 习题 2-12 图

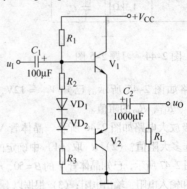

图 2-51 习题 2-13 图

2-14 电路如图 2-52 所示，已知场效应晶体管的低频跨导为 g_m，试写出 $\dot{A}_u$、R_i 和 R_o 的表达式。

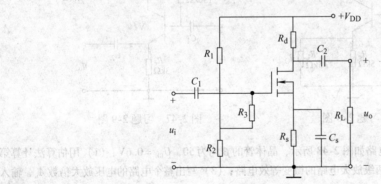

图 2-52 习题 2-14 图

第 3 章

集成运算放大器

◀ 本 章 概 要 ▶

　　集成运算放大器实质上是高增益的直接耦合多级放大电路。本章首先介绍集成运算放大器的组成及主要技术指标等，然后重点介绍集成运算放大器的应用。

　　重点：比例、加法、减法、微分和积分等几种运算电路和电压比较器的工作原理及应用。

　　难点：集成运算放大器在线性区和非线性区的工作特点。

3.1　集成运算放大器简介

　　集成运算放大器是集成电路的一种，实质上是高增益的多级直接耦合放大电路，简称集成运算放大器。它常用于各种模拟信号的运算，如比例运算、微分运算、积分运算等。由于它的高性能和低价位，在模拟信号处理和发生电路中几乎完全取代了分立元件放大电路。

3.1.1　集成运算放大器的组成及其特点

1. 集成运算放大器的组成

　　集成运算放大器组成框图如图 3-1 所示，包含输入级、中间级、输出级和偏置电路 4 个基本组成部分。

图 3-1　集成运算放大器组成框图

　　输入级为高性能差分放大电路，对共模信号有很强的抑制作用；中间级提供高的电压增益，以保证运算放大器的运算精度；输出级通常由 PNP 型和 NPN 型两种极性的晶体管或复合管组成，以获得正负两个极性的输出电压或电流。偏置电路提供稳定的偏置电流，以稳定工作点。

2. 集成运算放大器的特点

　　集成运算放大器的主要特点与其制造工艺是密切相关的，主要有以下几点：

　　1）由于在集成电路工艺中还难以制造大容量电容，所以集成运算放大器各级之间均采用直接耦合方式。

2）集成电路中各个晶体管是通过同一工艺过程制作在同一硅片上的，容易获得特性相似的差分对管。又由于管子在同一硅片上，温度性能基本保持一致。因此，集成运算放大器中大量采用差动放大电路和恒流源电路，用以抑制漂移和稳定工作点。

3）集成电路中，比较适合的阻值为 $100\Omega \sim 30\text{k}\Omega$，制作高阻值电阻成本高，占用面积大且阻值偏差大（$10\% \sim 20\%$），因此，集成运算放大器中常用有源元件（晶体管、场效应晶体管或恒流源）代替大阻值的电阻。

4）常用复合晶体管代替单个晶体管，用以提高集成运算放大器的性能。

3. 集成运算放大器的符号

集成运算放大器的常用符号如图 3-2 所示。集成运算放大器具有两个输入端和 1 个输出端。两个输入端分别为同相端和反相端。这里同相和反相只是指输入信号和输出信号之间的相位（极性）关系。若输入信号从同相端输入，则输出信号和输入信号为同相（或两者极性相同）；若输入信号从反相端输入，则输出信号和输入信号为反相（或两者极性相反）。

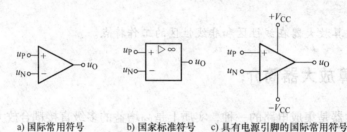

a) 国际常用符号   b) 国家标准符号   c) 具有电源引脚的国际常用符号

图 3-2　集成运算放大器常用符号

3.1.2　集成运算放大器的主要技术指标

集成运算放大器的性能可用具体参数表示，了解这些参数有助于正确选择和使用各种不同类型的集成运算放大器。主要技术指标有输入失调电压 U_{IO}、输入偏置电流 I_{IB}、输入失调电流 I_{IO}、开环差模电压增益 A_{uo}、最大差模输入电压 U_{idmax}、差模输入电阻 R_{id}、共模抑制比 K_{CMRR} 和最大共模输入电压 U_{icmax}。

1. 输入失调电压 U_{IO}

对于理想集成运算放大器，当输入电压 $u_{\text{P}} = u_{\text{N}} = 0$ 时，输出电压 $u_{\text{O}} = 0$。实际上，由于差动输入级在制作上很难达到完全对称，导致零输入电压时，输出并不为零。在室温及标准电压下，当输入电压为零时，为了使输出电压为零，必须在输入端加一个很小的补偿电压，称为输入失调电压 U_{IO}。U_{IO} 大小反映了集成运算放大器的对称程度。U_{IO} 越大，说明对称程度越差。一般 U_{IO} 的值为 $1\mu\text{V} \sim 20\text{mV}$，集成运算放大器 F007 的 U_{IO} 为 $1 \sim 5\text{mV}$。

2. 输入偏置电流 I_{IB}

当集成运算放大器输入电压 $u_{\text{P}} = u_{\text{N}} = 0$ 时，两个输入端静态电流 I_{BN} 和 I_{BP} 的平均值称为输入偏置电流。即

$$I_{\text{IB}} = \frac{1}{2}(I_{\text{BN}} + I_{\text{BP}}) \tag{3-1}$$

差动输入级集电极电流一定时，输入偏置电流反映了差动管 β 值的大小。I_{IB} 越小，表明集成运算放大器的输入阻抗越高。I_{IB} 太大，不仅在不同信号源内阻时对静态工作点有较大的影响，而且也影响温漂和运算精度。

3. 输入失调电流 I_{IO}

当集成运算放大器输入电压 $u_P = u_N = 0$ 时，两输入的静态基极电流 I_{BN} 和 I_{BP} 之差称为输入失调电流 I_{IO}，即 $I_{IO} = |I_{BN} - I_{BP}|$。$I_{IO}$ 反映了输入级差动管输入电流的对称性，一般希望 I_{IO} 越小越好。普通集成运算放大器的 I_{IO} 为 $1nA \sim 0.1\mu A$，F007 的 I_{IO} 为 $50 \sim 100nA$。

4. 开环差模电压放大倍数 A_{uo}

在无外接反馈回路的情况下所测出的差模电压放大倍数，称为开环电压放大倍数，它是决定运算精度的重要指标，通常用分贝表示为

$$A_{uo} = 20\lg \frac{\Delta u_O}{\Delta(u_P - u_N)} \tag{3-2}$$

A_{uo} 越高所构成的运算电路越稳定，运算精度也越高。不同功能的集成运算放大器，A_{uo} 相差悬殊，F007 的 A_{uo} 为 $100 \sim 106dB$，高质量的运算放大器可达 $140dB$。

5. 最大差模输入电压 U_{idmax}

U_{idmax} 指集成运算放大器反相和同相输入端所能承受的最大电压值，超过这个值输入级差动管中的管子将会出现反相击穿，甚至损坏。利用平面工艺制成的硅 NPN 型管的 U_{idmax} 约为 $\pm 5V$，而横向 PNP 型管的 U_{idmax} 可达 $\pm 30V$。

6. 差模输入电阻 R_{id}

差模输入电阻 $R_{id} = \dfrac{\Delta U_{id}}{\Delta I_i}$，是衡量差动管向输入信号源索取电流大小的标志。F007 的 R_{id} 约为 $2M\Omega$，用场效应晶体管作差动输入级的集成运算放大器，R_{id} 可达 $10^6 M\Omega$。

7. 共模抑制比 K_{CMR}

共模抑制比的定义与差动电路中介绍的相同，F007 的 K_{CMRR} 为 $80 \sim 86dB$，高质量的可达 $180dB$。

8. 最大共模输入电压 U_{icmax}

U_{icmax} 指集成运算放大器所能承受的最大共模输入电压，共模电压超过一定值时，将会使输入级工作不正常，因此要加以限制。F007 的 U_{icmax} 为 $\pm 13V$。

3.1.3　集成运算放大器的电压传输特性

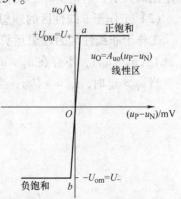

集成运算放大器输出电压 u_O 与输入电压 u_I（$u_P - u_N$）之间的关系曲线称为电压传输特性。对于采用正负电源供电的集成运算放大器，电压传输特性如图 3-3 所示。$+U_{OM}$ 为集成运算放大器的正向最大输出电压，$-U_{OM}$ 为集成运算放大器的负向最大输出电压。

从传输特性可以看出，集成运算放大器有两个工作区，线性区和非线性区。在线性区，曲线的斜率就是集成运算放大器的电压放大倍数，在非线性区域，输出电压不

图 3-3　集成运算放大器的传输特性

是 $+U_{OM}$ 就是 $-U_{OM}$。由传输特性可知集成运算放大器的放大倍数为

$$A_{uo} = \frac{u_O}{u_P - u_N}$$ (3-3)

一般情况下，运算放大器的放大倍数很高，可达几十万，甚至上百万倍。

3.1.4 集成运算放大器的理想化模型

1. 理想集成运算放大器的技术指标

由于集成运算放大器具有开环差模电压增益高、输入阻抗高、输出阻抗低及共模抑制比高等特点，实际中为了分析方便，常将它的各项指标理想化。理想运算放大器的各项技术指标为

1）开环差模电压放大倍数 $A_{uo} \rightarrow \infty$。

2）输入电阻 $R_{id} \rightarrow \infty$。

3）输出电阻 $R_o \rightarrow 0$。

4）共模抑制比 $K_{CMR} \rightarrow \infty$。

5）输入偏置电流 $I_{BN} = I_{BP} = 0$。

6）失调电压 U_{IO}、失调电流 I_{IO} 及它们的温漂均为零。

由于实际集成运算放大器的技术指标与理想集成运算放大器比较接近，因此，在分析电路的工作原理时，用理想集成运算放大器代替实际集成运算放大器所带来误差并不严重，在一般的工程计算中是允许的。

2. 理想集成运算放大器的工作特性

理想集成运算放大器的电压传输特性如图 3-4 所示。工作于线性区和非线性区的理想集成运算放大器具有不同的特性。

（1）工作于线性区的理想集成运算放大器的工作特性

当理想集成运算放大器工作于线性区时，$u_O = A_{uo}(u_P - u_N)$，而 $A_{uo} \rightarrow \infty$，因此 $u_P - u_N = 0$，即 $u_P = u_N$，又由输入电阻 $R_{id} \rightarrow \infty$ 可知，流进运算放大器同相输入端和反相输入端的电流 i_P 和 i_N 满足 $i_P = i_N = 0$。可见，当理想运算放大器工作于线性区时，同相输入端与反相输入端的电位相等，流进同相输入端和反相输入端的电流为 0，$u_P = u_N$ 就是 u_P 和 u_N 两个电位点短路，但是由于没有电流，所以称为虚短路，简称**虚短**。而 $i_P = i_N = 0$ 表示流过电流 i_P、i_N 的电路断开了，但是实际上没有断开，所以称为虚断路，简称**虚断**。

（2）工作于非线性区的理想集成运算放大器的工作特性

工作于非线性区的理想运算放大器仍然有输入电阻 $R_{id} \rightarrow \infty$，因此 $i_P = i_N = 0$；但由于 $u_O \neq A_{uo}(u_P - u_N)$，不存在 $u_P = u_N$，由电压传输特性可知其特点为

当 $u_P > u_N$ 时，$u_O = +U_{OM}$；当 $u_P < u_N$ 时，$u_O = -U_{OM}$；$u_P = u_N$ 为 $+U_{OM}$ 与 $-U_{OM}$ 的转折点。

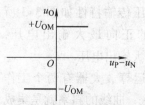

图 3-4 理想运算放大器的电压传输特性

练习与思考

3.1.1　集成运算放大器由哪几部分组成？其特点是什么？

3.1.2　为什么说运算放大器的两个输入端的一个为反相输入端，一个为同相输入端？

3.1.3　什么是"虚短"？什么是"虚断"？

3.2　集成运算放大器的线性应用

集成运算放大器的线性应用是指运算放大器工作在线性区，即输出电压与输入电压是线性关系，主要用以实现对各种模拟信号进行比例、求和、积分、微分等数学运算。线性应用的条件是必须引入深度负反馈。

3.2.1　比例运算电路

1. 反相比例运算电路

反相比例运算电路如图 3-5 所示。由于运算放大器的同相端经电阻 R 接地，利用"虚断"的概念，该电阻上没有电流，所以没有电压降，就是说运算放大器的同相端是接地的；利用"虚短"的概念，同相端与反相端的电位相同，所以反相端也是接地的，由于没有实际接地，所以通常称为"虚地"。

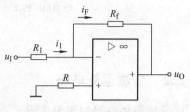

图 3-5　反相比例运算电路

利用"虚地"概念有：$i_1 = \dfrac{u_I - u_N}{R_1} = \dfrac{u_I}{R_1}$，$i_F = \dfrac{u_N - u_0}{R_f} = -\dfrac{u_0}{R_f}$

利用"虚断"概念，由图 3-5 得：$i_1 = i_F$

所以有：$u_0 = -\dfrac{R_f}{R_1} u_I$

图 3-5 中，电阻 R 称为平衡电阻，通常取 $R = R_1 // R_f$，以保证其输入端的电阻平衡，从而提高差动电路的对称性。

反相输入比例运算电路的特点：

1）输入信号加在反相输入端，A_{uo} 为负值，即 u_0 与 u_I 极性相反。

2）A_{uo} 只与外部电阻 R_1、R_f 有关，与运算放大器本身参数无关。

3）A_{uo} 可大于 1，也可等于 1 或小于 1。

2. 同相比例运算电路

常用同相比例运算电路如图 3-6a 所示，信号从同相端输入。

利用"虚断"的概念有：$i_1 = i_F$

利用"虚短"的概念有：$i_1 = \dfrac{0 - u_N}{R_1} = \dfrac{-u_P}{R_1} = \dfrac{u_I}{R_1}$；$i_F = \dfrac{u_N - u_0}{R_f} = \dfrac{u_I - u_0}{R_f}$

输出电压的表达式：$u_0 = \left(1 + \dfrac{R_f}{R_1}\right) u_I$

同反相输入比例运算电路一样，为了提高差动电路的对称性，平衡电阻 $R = R_1 // R_f$。

若将反馈电阻 R_f 和 R_1 电阻去掉，就变成图 3-6b 所示的电路，该电路的输出全部反馈到输入端。由 $R_1 = \infty$ 和 $R_f = 0$ 可知 $u_O = u_I$，即输出电压跟随输入电压的变化，简称电压跟随器。

同相比例运算电路的特点：

1）输入信号加在同相输入端。A_{uo} 为正值，即 u_O 与 u_I 极性相同。

2）A_{uo} 只与外部电阻 R_1、R_f 有关，与运算放大器本身参数无关。

3）$A_{uo} \geq 1$，即 A_{uo} 不能小于 1，只能大于或等于 1。

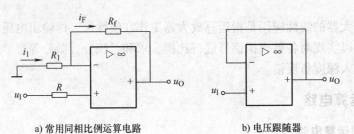

a) 常用同相比例运算电路   b) 电压跟随器

图 3-6 同相比例运算电路

3.2.2 加法运算电路

反相加法电路如图 3-7 所示。根据运算放大器工作在线性区的两条分析依据可知：

$$i_F = i_1 + i_2$$

其中，$i_1 = \dfrac{u_{I1}}{R_1}$，$i_2 = \dfrac{u_{I2}}{R_2}$，$i_F = -\dfrac{u_O}{R_f}$。

由此可得 $u_O = -\left(\dfrac{R_f}{R_1} u_{I1} + \dfrac{R_f}{R_2} u_{I2} \right)$

若 $R_1 = R_2 = R_f$，则 $u_O = -(u_{I1} + u_{I2})$

可见输出电压与两个输入电压之间是一种反相输入加法运算关系。这一运算关系可推广到有更多个信号输入的情况。平衡电阻 $R = R_1 // R_2 // R_f$。

3.2.3 减法运算电路

利用差动放大电路实现减法运算的电路如图 3-8 所示。

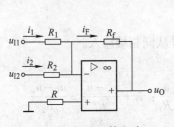

图 3-7 加法运算电路

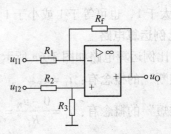

图 3-8 减法运算电路

由图 3-8 可得

$$\frac{u_{I1} - u_N}{R_1} = \frac{u_N - u_O}{R_f}$$

$$\frac{u_{I2} - u_P}{R_2} = \frac{u_P}{R_3}$$

由于 $u_N = u_P$，所以 $u_O = \left(1 + \frac{R_f}{R_1}\right)\left(\frac{R_3}{R_2 + R_3}\right)u_{I2} - \frac{R_f}{R_1}u_{I1}$。

当 $R_1 = R_2 = R_3 = R_f$ 时，$u_O = u_{I2} - u_{I1}$。

由此可见，输出电压与两个输入电压之差成正比，实现了减法运算。

3.2.4　积分运算电路

反相积分运算电路如图 3-9 所示。利用"虚地"的概念，有 $i_1 = i_F = \frac{u_I}{R_1}$，所以

$$u_O = -u_C = -\frac{1}{C}\int i_F dt = -\frac{1}{CR}\int u_1 dt = -\frac{1}{\tau}\int u_1 dt$$

上式表明，u_O 与 u_1 的积分成比例，式中的负号表示两者反相。$\tau = RC$ 称为积分时间常数。

当输入信号 u_1 为阶跃电压（图 3-10 所示）时，这时的输出为

$$u_O = -\frac{U_I}{RC}t + u_C \big|_{t_0}$$

若 $t_0 = 0$ 时刻电容两端电压为零，则输出为

$$u_O = -\frac{U_I}{RC}t = -\frac{U_I}{\tau}t$$

当 $t = \tau$ 时，$u_O = -U_I$，随着时间增加，u_O 值增大，直到 $u_O = -U_{OM}$，这时运算放大器进入饱和状态积分作用停止，保持不变，如图 3-10 所示。

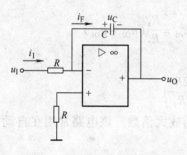

图 3-9　反相积分运算电路

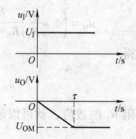

图 3-10　积分运算电路的阶跃响应

3.2.5　微分运算电路

将积分电路中的 R 和 C 互换，就可得到微分运算电路如图 3-11 所示。下面介绍该电路输出电压的表达式。

根据"虚短"、"虚断"的概念，$u_P = u_N = 0$，为"虚地"，电容两端的电压 $u_C = u_1$，所以有

$$i_F = i_C = C\frac{\mathrm{d}u_I}{\mathrm{d}t}$$

输出电压 $u_O = -i_F R = -RC\frac{\mathrm{d}u_I}{\mathrm{d}t}$

上式表明，输出电压为输入电压对时间的微分，且相位相反。微分运算电路波形图如图 3-12 所示。

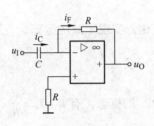

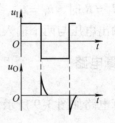

图 3-11　微分运算电路　　　　　图3-12　微分运算电路波形图

【例3-1】　图 3-13 是一个由三级集成运算放大器组成的仪用放大器电路，试分析该电路的输出电压与输入电压的关系式。

解： 由图 3-13 得

$$u_I = u_{I1} - u_{I2} = u_A - u_B$$

所以

$$u_I = u_A - u_B = \frac{R_1}{2R_2 + R_1}(u_{O1} - u_{O2})$$

得

$$u_{O1} - u_{O2} = \left(1 + \frac{2R_2}{R_1}\right)u_I$$

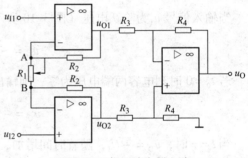

图 3-13　仪用放大器电路

由叠加原理得

$$u_O = \left(1 + \frac{R_4}{R_3}\right)\frac{R_4}{R_3 + R_4}u_{O2} - \frac{R_4}{R_3}u_{O1} = \frac{R_4}{R_3}(u_{O2} - u_{O1})$$

将前式代入得

$$u_O = -\frac{R_4}{R_3}\left(1 + \frac{2R_2}{R_1}\right)$$

滑动改变电阻 R_1 的数值，就可以改变该电路的放大倍数。该电路常用在自动控制和非电量测量系统中。

练习与思考

3.2.1　什么是"虚地"？同相比例运算电路是否存在"虚地"？

3.2.2　简述减法运算电路的工作原理。

3.3　集成运算放大器的非线性应用

前面讨论的是集成运算放大器在线性区的应用，以下将讨论集成运算放大器工作在非线性区的应用。

3.3.1　电压比较器

电压比较器是用来比较两个输入电压的大小，据此决定其输出是高电平还是低电平。电压比较器通常用于 A/D 转换和波形变换等场合。

1. 过零电压比较器

同相过零电压比较器如图 3-14 所示。

当同相端接 u_I 时，反相端 $u_N = 0$，所以输入电压是和零电压进行比较。当 $u_I > 0$ 时，$u_O = +U_{OM}$；当 $u_I < 0$ 时，$u_O = -U_{OM}$。

该电路常用于检测正弦波的零点，当正弦波电压过零时，比较器输出发生跃变。

2. 任意电压比较器

同相任意电压比较器如图 3-15 所示。

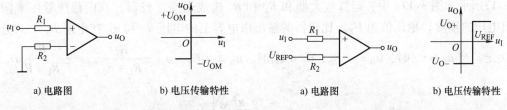

图 3-14　同相过零电压比较器　　　　　图 3-15　同相任意电压比较器

同相端接 $u_P = u_I$，反相端 $u_N = U_{REF}$，所以输入电压是和 U_{REF} 电压进行比较。当 $u_I > U_{REF}$ 时，$u_O = +U_{OM}$，输出为正饱和值；当 $u_I < U_{REF}$ 时，$u_O = -U_{OM}$，输出为负饱和值。

上述的开环单门限比较器电路简单，灵敏度高，但是抗干扰能力较差，当干扰叠加到输入信号上而在门限电压值上下波动时，比较器就会反复地动作，如果去控制一个系统的工作，会出现误动作。

3. 迟滞比较器

迟滞电压比较器如图 3-16 所示。迟滞比较器是一个具有迟滞回环特性的比较器。图 3-16a 所示为反相输入迟滞比较器原理电路。如将 u_I 与 U_{REF} 位置互换，就可组成同相输入迟滞比较器。

从集成运算放大器输出端的限幅电路可以看出 $u_O = \pm U_Z$，集成运算放大器反相输入端电位 $u_N = u_I$，同相端的电位为

$$u_P = \frac{R_f}{R_2 + R_f} U_{REF} \pm \frac{R_2}{R_2 + R_f} U_Z$$

令 $u_N = u_P$，则阈值电压为

$$U_T = \frac{R_f}{R_2 + R_f} U_{REF} \pm \frac{R_2}{R_2 + R_f} U_Z$$

该电路的传输特性如图 3-16b 所示。

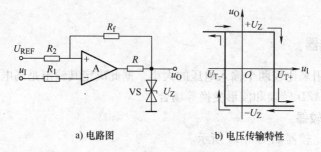

a) 电路图   b) 电压传输特性

图 3-16 迟滞电压比较器

3.3.2 方波发生器

方波发生器是能够直接产生方波信号的非正弦波发生器。由于方波中包含有极丰富的谐波，方波发生器又称为多谐振荡器。由迟滞比较器和 RC 积分电路组成的方波发生器如图 3-17 所示。图 3-17a 中，运算放大器和 R_1 和 R_2 构成迟滞比较器，双向稳压管用来限制输出电压的幅度，稳压值为 U_Z。比较器的输出由电容上的电压 u_C 和 u_O 在电阻 R_1 上的分压 u_{R1} 决定。当 $u_C > u_{R1}$ 时，$u_O = -U_Z$，$u_C < u_{R1}$ 时，$u_O = +U_Z$。$u_{R1} = \dfrac{R_1}{R_1 + R_2} u_O = \pm \dfrac{R_1}{R_1 + R_2} U_Z$。

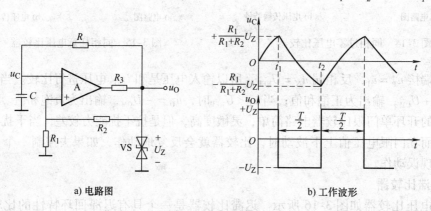

a) 电路图   b) 工作波形

图 3-17 方波发生器

假设接通电源瞬时，$u_O = +U_Z$，$u_C = 0$，那么有 $u_{R1} = \dfrac{R_1}{R_1 + R_2} U_Z$，电容充电，$u_C$ 上升。当 $u_C = \dfrac{R_2}{R_1 + R_2} U_Z$ 时，即 $u_N > u_P$，输出 u_O 变为 $-U_Z$，$u_{R1} = -\dfrac{R_1}{R_1 + R_2} U_Z$，充电过程结束；接着，由于 u_O 由 $+U_Z$ 变为 $-U_Z$，电容开始放电，同时 u_C 下降。当下降到 $u_C = -\dfrac{R_2}{R_1 + R_2} U_Z$ 时，即 $u_N < u_P$，输出 u_O 由 $-U_Z$ 变为 $+U_Z$，重复上述过程。工作过程波形如图 3-17b 所示。方波的周期为

$$T = 2RC\ln\left(1 + \frac{2R_1}{R_2}\right)$$

练习与思考

3.3.1 试说明电压比较器中的运算放大器是工作在线性区还是饱和区?

3.3.2 在图 3-17a 方波发生器电路中，设 $R = R_2 = 10\text{k}\Omega$，$R_1 = 20\text{k}\Omega$，$C = 0.1\mu\text{F}$，求方波频率 f。

习　题

3-1 什么叫"虚短"和"虚断"?

3-2 理想运算放大器工作在线性区和饱和区时各有什么特点? 分析方法有何不同?

3-3 电路如图 3-18 所示，集成运算放大器输出电压的最大幅值为 $\pm 14\text{V}$，按条件完成表 3-1。

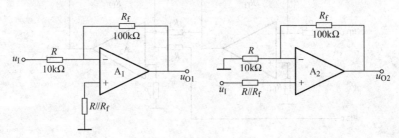

图 3-18　习题 3-3 图

表 3-1　习题 3-3 表

u_1/V	0.1	0.5	1.0	1.5
u_{O1}/V				
u_{O2}/V				

3-4 电路如图 3-19 所示，求输出电压 u_O 与输入电压 u_I 之间运算关系的表达式。

3-5 如图 3-20 所示电路，设集成运算放大器为理想元件。试计算电路的输出电压 u_O 和平衡电阻 R 的值。

3-6 如图 3-21 所示是一个电压放大倍数连续可调的电路，试问电压放大倍数 A_{uf} 的可调范围是多少?

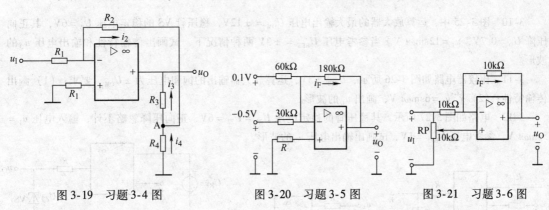

图 3-19　习题 3-4 图　　　图 3-20　习题 3-5 图　　　图 3-21　习题 3-6 图

3-7 电路如图 3-22 所示，若已知 $u_O = -3u_I$，$u_I/i_I = 7.5\text{k}\Omega$，$R_1 = R_6$，求电阻 R_6 为多少?

3-8 试写出图 3-23 所示电路 u_O 的表达式。

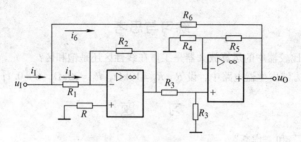

图 3-22   习题 3-7 图

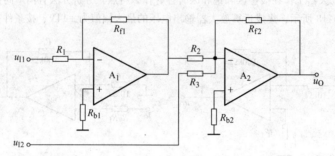

图 3-23   习题 3-8 图

3-9   试分别求解图 3-24 所示各电路的运算关系。

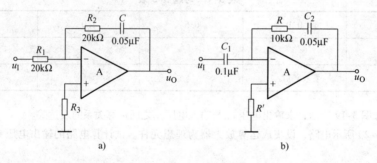

图 3-24   习题 3-9 图

3-10   图 3-25 中，运算放大器的最大输出电压 $U_{OM} = \pm 12V$，稳压管 VS 的稳定电压 $U_Z = 6V$，其正向压降 $U_D = 0.7V$，$u_I = 12\sin\omega t$ V。当参考电压 $U_{REF} = \pm 3V$ 两种情况下，试画出传输特性和输出电压 u_O 的波形。

3-11   比较器电路如图 3-26 所示，$U_{REF} = 3V$，运算放大器输出的饱和电压为 $\pm U_{OM}$，要求：（1）画出传输特性；（2）若 $u_I = 6\sin\omega t$ V，画出 u_O 的波形。

3-12   电路如图 3-27 所示，其稳压管的稳定电压 $U_{Z1} = U_{Z2} = 6V$，正向压降忽略不计，输入电压 $u_I = 5\sin\omega t$ V，参考电压 $U_{REF} = 1V$，试画出输出电压 u_O 的波形。

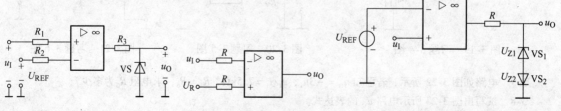

图 3-25   习题 3-10 图   图 3-26   习题 3-11 图   图 3-27   习题 3-12 图

第4章

负反馈放大电路

※ 本章概要 ※

本章首先介绍反馈的基本概念及负反馈放大电路的类型，然后介绍负反馈对放大电路性能的影响，最后讨论负反馈放大电路的稳定性问题。

重点： 反馈的基本概念；反馈类型的判断；负反馈对放大器性能的影响。

难点： 反馈类型的判断。

4.1 反馈的基本概念

前面各章在讨论放大电路的输入信号与输出信号间的关系时，只涉及输入信号对输出信号的控制作用，然而，放大电路的输出信号也可能对输入信号产生反作用，简单地说，这种反作用就是反馈。

4.1.1 反馈的定义

将放大电路的输出量（电压或电流）的一部分或全部通过一定的方式回送到放大电路的输入端，对送入到放大电路的净输入信号（电压或电流）产生影响，这个过程称为**反馈**（Feed back）。

实际上，反馈的现象和运用在本书前面几章已经多次出现，如图4-1所示接有发射极电阻 R_e 的单管放大电路就是反馈的一个简单的例子。

在电路中，发射极电阻 R_e 两端的电压反映输出回路中电流的大小和变化。如果由于环境温度升高或其他因素的变化使晶体管的集电极电流 i_C 增大，则发射极电流 i_E 也随之增大，于是 $u_E = i_E R_e$ 升高。由图4-1可见，晶体管输入回路中基极与发射极之间的电压 $u_{BE} = u_B - u_E$，故 u_{BE} 将随之减少，从而使 i_B 减小，i_C 也随之减小，最后牵制了 i_C 和 i_E 的增大，使它们基本上不随外界因素的变化而改变，因而比较稳定。

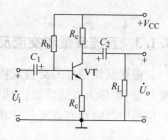

图4-1　接有发射极电阻 R_e 的单管放大电路

通常，如欲稳定放大电路中的某一个电量，则应采取措施将此电量反馈回去。如果由于某些因素引起该电量发生变化时，这种变化将反映到放大电路的输入回路，从而牵制原来的电量，使之基本保持稳定。

4.1.2　正反馈和负反馈

根据反馈的效果可以把反馈分为正反馈和负反馈。使放大电路净输入信号增大的反馈称为正反馈(Positive Feedback),使放大电路净输入信号减小的反馈称为负反馈(Negative Feedback)。

判断反馈是正反馈还是负反馈,可采用瞬时极性法。先假定输入信号某一瞬时极性为正(或者为负),然后根据中频段各级电路输入和输出电压的相位关系,逐级推出其他相关各点的瞬时极性,最后判断反馈到输入端的信号是增强了还是减弱了净输入信号,若反馈信号使净输入信号减弱,那么就是负反馈;反之,则为正反馈。

图 4-2a 所示电路中,假设输入信号 u_1 在某一瞬时的极性为正,由于输入信号加在集成运算放大器的反相输入端,故输出电压 u_0 的瞬时极性为负,而反馈电压 u_F 是经电阻分压 u_0 后得到的,因此反馈电压 u_F 的瞬时极性也为负,并且加在了集成运算放大器的同相输入端。集成运算放大器的净输入电压即差模输入电压为 $u_1' = u_{1d} = u_P - u_N = u_1 - u_F$,$u_F$ 的瞬时极性为负,表示电位下降,则 u_1' 增大,所以引入的反馈是正反馈。

图 4-2b 所示电路中,假设输入信号 u_1 在某一瞬时极性为正,由于输入信号加在集成运算放大器的同相输入端,故输出电压 u_0 的瞬时极性为正,则 u_0 经电阻分压后得到的反馈电压 u_F 的瞬时极性也为正,表示电位上升,此时集成运算放大器的净输入电压 $u_1' = u_1 - u_F$ 减小,因此引入的反馈是负反馈。

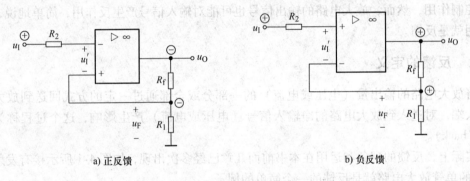

a) 正反馈　　　　　　　　　　　　　　　　b) 负反馈

图 4-2　正负反馈的判断

4.1.3　直流反馈和交流反馈

根据反馈信号的交直流特性,反馈可分为直流反馈和交流反馈。如果反馈信号中只有直流分量,则称为直流反馈;如果反馈信号中仅有交流分量,则称为交流反馈。在很多情况下,反馈信号中同时存在直流信号和交流信号,即交流和直流反馈并存。

4.1.4　电压反馈和电流反馈

根据反馈信号在放大电路输出端的采样方式,反馈可分为电压反馈和电流反馈。若反馈信号取自输出电压,或者说反馈信号与输出电压成正比,则该反馈称为电压反馈;若反馈信号取自输出电流,或者说反馈信号与输出电流成正比,则该反馈称为电流反馈。

判断反馈是电压反馈还是电流反馈,可采用负载短路法。假设将放大电路的负载 R_L 短路，此时输出电压为零，若反馈信号也同时为零，则说明反馈信号与输出电压成正比，因而是电压反馈；反之，如果输出电压为零时，反馈信号依然存在，那么表示反馈信号不与输出电压成正比，因此就是电流反馈。

4.1.5　串联反馈和并联反馈

根据放大电路输入端的输入信号和反馈信号的比较方式，可分为串联反馈和并联反馈。如果反馈信号与输入信号进行电压比较，即反馈信号与输入信号是串联连接，则称为串联反馈。如果反馈信号与输入信号在输入端进行电流比较，即反馈信号与输入信号并联连接，则称为并联反馈。

判断反馈是串联反馈还是并联反馈，可采用输入回路的反馈节点对地短路法。若反馈节点对地短路，输入信号作用仍存在，则说明反馈信号和输入信号相串联，故所引入的反馈是串联反馈。若反馈节点接地，输入信号作用消失，则说明反馈信号和输入信号相并联，故所引入的反馈是并联反馈。

在图 4-3a 中，假设将输入回路反馈节点 a 接地，输入信号 u_I 无法进入放大电路，而只是加在电阻 R_1 上，故所引入的反馈为并联反馈；在图 4-3b 中，如果将反馈节点 a 接地，输入信号 u_I 仍然能够加到放大电路中，即加在集成运算放大器的同相输入端，由图可见输入电压 u_I 与反馈电压 u_F 进行电压比较，其差值为集成运算放大器的差模输入电压，故所引入的反馈为串联反馈。

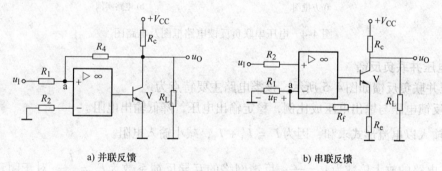

a) 并联反馈　　　　　　　　　　b) 串联反馈

图 4-3　串并联反馈的判断

练习与思考

4.1.1　什么是反馈？什么是正反馈？什么是负反馈？

4.1.2　直流反馈和交流反馈的作用是什么？

4.1.3　什么是电压反馈和电流反馈？如何判断引入的反馈是电压反馈还是电流反馈？

4.2　负反馈放大电路的 4 种组态和反馈的一般表达式

根据反馈信号在放大电路输出端的采样方式和输入端的比较方式，反馈放大电路可分为串联电压负反馈、并联电压负反馈、串联电流负反馈和并联电流负反馈 4 种基本组态。本章将着重分析各种形式的交流负反馈。

4.2.1 负反馈的 4 种组态

1. 电压串联负反馈

电压串联负反馈如图 4-4 所示，该类电路的主要特点为

1）反馈电压与输出电压成比例，稳定输出电压，降低输出电阻。

2）输入以电压形式求和，$\dot{U}_i = \dot{U}'_i + \dot{U}_f$，增大输入电阻。

基本放大电路的电压放大倍数为 $\dot{A}_u = \dfrac{\dot{U}_o}{\dot{U}'_i}$；反馈网络的反馈系数为 $\dot{F}_u = \dfrac{\dot{U}_f}{\dot{U}_o}$；对于闭环放

大电路，输入信号是 $\dot{U}_i$，输出信号是 $\dot{U}_o$，因此闭环电压放大倍数是 $\dot{A}_{uf} = \dfrac{\dot{U}_o}{\dot{U}_i}$。

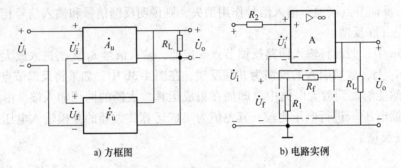

a) 方框图   b) 电路实例

图 4-4   电压串联负反馈电路框图及电路图

2. 电压并联负反馈

电压并联负反馈如图 4-5 所示，该类电路主要特点为

1）反馈电压与输出电压成比例，稳定输出电压，降低输出电阻。

2）输入以电流形式求和，因为 $\dot{I}_i = \dot{I}'_i + \dot{I}_f$，减小输入电阻。

基本电路的放大倍数为 $\dot{A}_r = \dfrac{\dot{U}_o}{\dot{I}'_i}$；反馈网络的互导反馈系数为 $\dot{F}_g = \dfrac{\dot{I}_f}{\dot{U}_o}$；对于闭环放大电

路，输入信号是 $\dot{I}_i$，输出信号是 $\dot{U}_o$，因此闭环互阻放大倍数为 $\dot{A}_{rf} = \dfrac{\dot{U}_o}{\dot{I}_i}$。

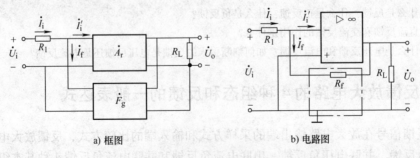

a) 框图   b) 电路图

图 4-5   电压并联负反馈电路的框图及电路图

3. 电流串联负反馈

电流串联负反馈如图 4-6 所示，该类电路主要特点为

1）反馈电流与输出电流成比例，稳定输出电流，增大输出电阻。

2）输入以电压形式求和，$\dot{U}_i = \dot{U}'_i + \dot{U}_f$，增大输入电阻。

基本放大电路的放大倍数为 $\dot{A}_g = \dfrac{\dot{I}_o}{\dot{U}'_i}$；反馈网络的互阻反馈系数为：$\dot{F}_r = \dfrac{\dot{U}_f}{\dot{I}_o}$；对于闭环

放大电路，输入信号是 $\dot{U}_i$，输出信号是 $\dot{I}_o$，因此闭环互导放大倍数为 $\dot{A}_{gf} = \dfrac{\dot{I}_o}{\dot{U}_i}$。

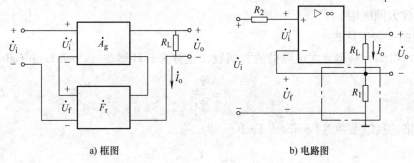

a) 框图　　　　　　　　　　　b) 电路图

图 4-6　电流串联负反馈

4. 电流并联负反馈

电流并联负反馈如图 4-7 所示，该类电路主要特点为

1）反馈电流与输出电流成比例，稳定输出电流，增大输出电阻。

2）输入以电流形式求和，因为 $\dot{I}_i = \dot{I}'_i + \dot{I}_f$，减小输入电阻。

基本放大电路的放大倍数为：$\dot{A}_i = \dfrac{\dot{I}_o}{\dot{I}'_i}$；反馈网络的电流反馈系数为：$\dot{F}_i = \dfrac{\dot{I}_f}{\dot{I}_o}$；对于闭

环放大电路，输入信号是 $\dot{I}_i$，输出信号是 $\dot{I}_o$，因此闭环电流放大倍数为 $\dot{A}_{if} = \dfrac{\dot{I}_o}{\dot{I}_i}$。

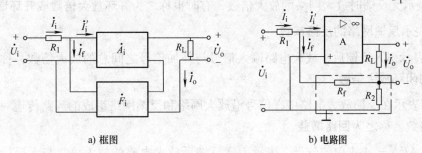

a) 框图　　　　　　　　　　　b) 电路图

图 4-7　电流并联负反馈

4.2.2　反馈的一般表达式

1. 反馈的框图

为便于更深一步的研究放大电路中反馈的一般规律，将各种不同极性、不同组态的反馈

统一用框图来表示，反馈放大电路的框图如图4-8所示。

方框图中的输入信号、输出信号和反馈信号分别用正弦相量$\dot{X}_i$，$\dot{X}_o$和$\dot{X}_f$表示，它们可能是电压量，也可能是电流量。图中上面的方框表示放大网络，无反馈时放大网络的放大倍数用复数符号$\dot{A}$表示。下面一个方块表示反馈网络，反馈系数用复数符号$\dot{F}$表示。信号在放大网络中为正向传递，在反馈网络中为反向传递。信号传递的方向如图中箭头所

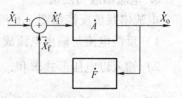

图4-8　反馈放大电路的框图

示。图中符号$\oplus$表示求和环节，外加输入信号与反馈信号经过求和环节后得到净输入信号$\dot{X}'_i$，再送入放大网络中。

2. 反馈的一般表达式

由图4-8可知，基本放大电路的放大倍数，也称为开环增益（Open Loop Gain）为

$$\dot{A} = \frac{\dot{X}_o}{\dot{X}'_i} \tag{4-1}$$

反馈网络的反馈系数（Feedback Factor）为

$$\dot{F} = \frac{\dot{X}_f}{\dot{X}_o} \tag{4-2}$$

净输入信号为 $\qquad \dot{X}'_i = \dot{X}_i - \dot{X}_f \tag{4-3}$

由式（4-1）、式（4-2）、式（4-3）可得

$$\dot{X}_o = \dot{A}\dot{X}'_i = \dot{A}(\dot{X}_i - \dot{X}_f) = \dot{A}(\dot{X}_i - \dot{F}\dot{X}_o)$$

整理上式可得**反馈的一般表达式**为

$$\dot{A}_f = \frac{\dot{X}_o}{\dot{X}_i} = \frac{\dot{A}}{1 + \dot{A}\dot{F}} \tag{4-4}$$

由反馈的一般表达式，引出几个有关反馈的重要术语，它们的含义如下：

1）$\dot{A}$表示无反馈时放大网络的放大倍数，有时也称之为**开环放大倍数**或**开环增益**。

2）$\dot{F}$表示反馈网络的**反馈系数**。

3）$\dot{A}_f$表示引入反馈后，放大电路输入信号与外加信号之间总的放大倍数，称之为反馈放大电路的**闭环放大倍数**。

4）$\dot{A}\dot{F}$表示在反馈放大电路中，信号沿放大网络和反馈网络组成的环路传递一周后所得到的放大倍数。称之为**回路增益**。

5）$1 + \dot{A}\dot{F}$是式4-4中的分母，表示引入反馈后放大电路的放大倍数与无反馈时相比所变化的倍数。称之为**反馈深度**。反馈深度是一个十分重要的参数，

当$|1 + \dot{A}\dot{F}| > 1$时，$|\dot{A}_f| < |\dot{A}|$，即引入反馈后，放大倍数减小了，说明放大电路引入的是负反馈；当$|1 + \dot{A}\dot{F}| < 1$时，$|\dot{A}_f| > |\dot{A}|$，即引入反馈后，放大倍数比原来增大了，说明放大电路引入的是正反馈；当$1 + \dot{A}\dot{F} = 0$，即$\dot{A}\dot{F} = -1$时，$\dot{A}_f \to \infty$，说明放大电路在没有

输入信号时，也有输出信号，放大电路产生了**自激振荡**。当反馈放大电路发生自激振荡时，输出信号将不受输入信号控制，也就是说，放大电路失去了放大的作用，不能正常工作。但是，有时为了产生正弦波或其他波形信号，有意识地在放大电路中引入一个正反馈，并使之满足自激振荡的条件，关于各种波形发生电路，将在本书第 5 章进行介绍。

练习与思考

4.2.1　负反馈有哪几种类型？如何判断？

4.2.2　串联负反馈和并联负反馈各有什么特点？

4.2.3　简述反馈的重要术语的含义。

4.3　负反馈对放大电路性能的影响

4.3.1　稳定放大倍数

放大电路的放大倍数取决于放大电路中放大器件的性能参数以及电路元件的参数。当环境温度发生变化、元器件老化、电源电压波动以及负载变化时，都会引起放大倍数发生变化。为了提高放大倍数的稳定性，常常在放大电路中引入负反馈。

为了从数量上表示放大倍数的稳定程度，常常用有反馈和无反馈两种情况下放大倍数的相对变化量的比值来衡量。

放大电路的闭环放大倍数为

$$\dot{A}_{\mathrm{f}} = \frac{\dot{A}}{1 + \dot{A}\dot{F}} \tag{4-5}$$

如果放大电路工作在中频范围，且反馈网络为纯电阻性，则 $\dot{A}$ 和 $\dot{F}$ 均为实数，上式可表示为

$$A_{\mathrm{f}} = \frac{A}{1 + AF} \tag{4-6}$$

将闭环放大倍数 A_{f} 对 A 取导数得

$$\frac{\mathrm{d}A_{\mathrm{f}}}{\mathrm{d}A} = \frac{(1 + AF) - AF}{(1 + AF)^2} = \frac{1}{(1 + AF)^2} \tag{4-7}$$

则

$$\mathrm{d}A_{\mathrm{f}} = \frac{\mathrm{d}A}{(1 + AF)^2}$$

将上式等号两边分别除以闭环放大倍数 A_{f}，可得

$$\frac{\mathrm{d}A_{\mathrm{f}}}{A_{\mathrm{f}}} = \frac{1}{1 + AF} \frac{\mathrm{d}A}{A} \tag{4-8}$$

引入负反馈后，A_{f} 的相对变化量 $\dfrac{\mathrm{d}A_{\mathrm{f}}}{A_{\mathrm{f}}}$ 仅为其基本放大电路放大倍数 A 的相对变化量的 $\dfrac{1}{1 + AF}$，也就是说 A_{f} 的稳定性是 A 的 $(1 + AF)$ 倍。

4.3.2 减小非线性失真

由于放大器均存在非线性传输特性，如图 4-9 所示。特别是输入信号幅度较大的情况下，放大器可能工作到它的传输特性的非线性部分，使输出波形产生非线性失真。引入负反馈后，可以使这种失真减少。在深度负反馈的情况下，负反馈放大器的增益与基本放大器的增益无关，所以电压放大器的闭环传输特性可以近似用一条直线表示，如图 4-9 中的曲线 2。与曲线 1 相比，在同样输出电压幅度的情况下，斜率（即增益）下降了，但增益随输入信号的大小而改变的程度却大为减小，着说明输出与输入之间几乎呈线性关系，即减少了非线性失真。

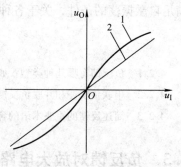

图 4-9　放大器的传输特性
1—开环特性　2—闭环特性

注意：负反馈减少非线性失真是指反馈环内的失真。

4.3.3 改变输入电阻和输出电阻

1. 负反馈对输入电阻的影响

输入电阻是从放大电路输入端看进去的等效电阻，因而负反馈对输入电阻的影响取决于基本放大电路和反馈网络在输入端的连接方式，即取决于所引入的反馈是串联负反馈还是并联负反馈。

（1）串联负反馈使输入电阻增大

串联负反馈放大电路框图如图 4-10 所示。根据输入电阻的定义，基本放大电路的输入电阻（开环输入电阻）$R_i = \dfrac{\dot{U}'_i}{\dot{I}_i}$，而负反馈放大电路的输入电阻（闭环输入电阻）$R_{if} = \dfrac{\dot{U}_i}{\dot{I}_i} = \dfrac{\dot{U}'_i + \dot{U}_f}{\dot{I}_i}$。

上式中反馈电压 $\dot{U}_f$ 是净输入电压经基本放大电路放大后，再经反馈网络后得到，所以

$$R_{if} = \frac{\dot{U}'_i + \dot{A}\dot{F}\dot{U}'_i}{\dot{I}_i} = (1 + \dot{A}\dot{F})R_i \tag{4-9}$$

（2）并联负反馈使输入电阻减小

并联负反馈放大电路框图如图 4-11 所示。根据输入电阻的定义，开环输入电阻 $R_i = \dfrac{\dot{U}_i}{\dot{I}'_i}$，而闭环输入电阻 $R_{if} = \dfrac{\dot{U}_i}{\dot{I}_i} = \dfrac{\dot{U}_i}{\dot{I}' + \dot{I}_f}$。

上式中 $\dot{I}_f$ 是净输入电流经基本放大电路和反馈网络后得到的，即

$$\dot{I}_f = \dot{A}\dot{F}\dot{I}'$$

$$R_{if} = \frac{\dot{U}_i}{\dot{I}' + \dot{A}\dot{F}\dot{I}'} = \frac{R_i}{1 + \dot{A}\dot{F}} \tag{4-10}$$

表明引入并联负反馈后，将使输入电阻减小，并等于基本放大电路输入电阻的 $1/(1+\dot{A}\dot{F})$

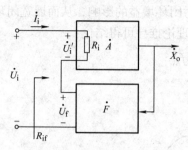 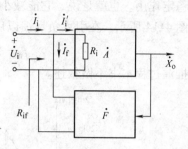

图 4-10 串联负反馈放大电路框图   图 4-11 并联负反馈放大电路框图

2. 负反馈对输出电阻的影响

输出电阻是从放大电路输出端看进去的等效电阻，因而负反馈对输出电阻的影响取决于反馈网络在输出端的取样方式，即取决于所引入的反馈是电压负反馈还是电流负反馈。

1）电压负反馈放大电路的框图如图 4-12 所示。电压负反馈稳定输出电压，并使输出电阻减小，其值为 $R_{of} = \dfrac{\dot{U}_o}{\dot{I}_o} = \dfrac{R_o}{1+\dot{A}\dot{F}}$。

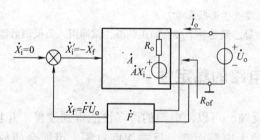

图 4-12 电压负反馈放大电路的框图

2）电流负反馈放大电路的框图如图 4-13 所示。电流负反馈稳定输出电流，并使输出电阻增大，其值为 $R_{of} = \dfrac{\dot{U}_o}{\dot{I}_o} = (1+\dot{A}\dot{F})R_o$。

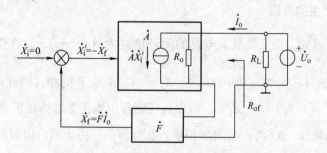

图 4-13 电流负反馈放大电路的框图

4.3.4 展宽频带

从本质上说，频带限制是由于放大电路对不同频率的信号呈现出不同的放大倍数而造成的。反馈具有稳定闭环增益的作用，因而对于频率增大（或减小）引起的放大倍数下降，同样具有稳定作用。也就是说，它能减小频率变化对闭环增益的影响，从而展宽闭环增益的频率，如图 4-14 所示。在引入负反馈以后，由相关理论推导可得结论：

$$f_{BWf} = (1 + \dot{A}_m \dot{F}) f_{BW} \qquad (4\text{-}11)$$

具体推演过程本书不做叙述。

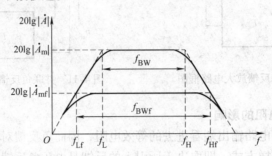

图 4-14 负反馈对通频带的影响

练习与思考

4.3.1 负反馈对放大电路产生哪些影响？

4.3.2 如果输入信号本身已经是一个失真的正弦波，试问引入负反馈后能否改善失真？为什么？

4.4 负反馈放大电路的稳定性

放大电路中引入负反馈，可以使电路的许多性能得到改善，并且反馈深度越深，改善效果越好。但是对于多级放大电路而言，反馈深度过深，可能会使放大电路当输入信号为零时，输出端也会出现具有一定频率和幅值的输出信号，这种现象称为放大电路的**自激振荡**，它使放大电路不能正常工作。

4.4.1 负反馈放大电路产生自激振荡的原因和条件

1. 自激振荡产生的原因

由前面的分析可知，负反馈放大电路的闭环增益为 $\dot{A}_f = \dfrac{\dot{A}}{1 + \dot{A}\dot{F}}$。在中频段，由于 $\dot{A}\dot{F} >$ 0，A 和 F 的相角 $\varphi_A + \varphi_F = 2n\pi$（$n = 0$，1，2，$\cdots$），$A$ 与 F 同相，因此净输入量 $\dot{X}'_i$ 是两者的差值，即 $|\dot{X}'_i| = |\dot{X}_i| - |\dot{X}_f|$，所以负反馈作用能正常地体现出来。

在低频段和高频段，$\dot{A}\dot{F}$ 将产生附加相移。在低频段，由于耦合电容和旁路电容的作用，$\dot{A}\dot{F}$ 将产生超前相移；在高频段，由于半导体器件存在极间电容，$\dot{A}\dot{F}$ 将产生滞后相移。假设在某一频率 f_0 下，$\dot{A}\dot{F}$ 的附加相移达到 180°，即 $\varphi_A + \varphi_F = (2n + 1)\pi$（$n = 0$，1，2，$\cdots$），则 $\dot{X}'_i$ 和 $\dot{X}_f$ 必然会由中频时的同相变为反相，即 $|\dot{X}'_i| = |\dot{X}_i| + |\dot{X}_f|$，这说明净输入信号 $|\dot{X}'_i|$ 大于输入信号 $|\dot{X}_i|$，输出量 $|\dot{X}_o|$ 增大，所以反馈的结果使放大倍数增大。

如果在输入信号为零时，由于某种含有频率 f_0 的扰动信号（如电源合闸通电），使 $\dot{A}\dot{F}$ 产生了 180° 的附加相移，因此产生了输出信号 $\dot{X}_o$，$\dot{X}_o$ 经过反馈网络和比较电路后，得到净输入信号 $\dot{X}'_i = 0 - \dot{X}_f = -\dot{F}\dot{X}_o$，送到基本放大电路后再放大，得到一个增强了的 $\dot{A}\dot{F}\dot{X}_o$，$\dot{X}_o$ 将不断增大，其过程如图 4-15 所示。最终，由于半导体器件的非线性电路达到动态平衡，即反馈信号维持着输出信号，而输出信号又维持着反馈信号，称电路产生了自激振荡。可见，负反馈放大电路产生自激振荡的根本原因之一是 $\dot{A}\dot{F}$ 的附加相移。

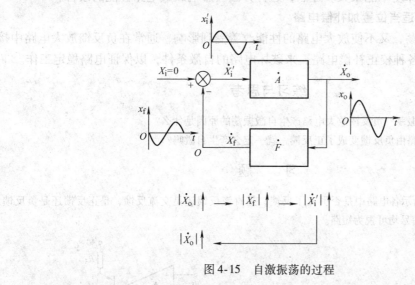

图 4-15 自激振荡的过程

2. 产生自激振荡的条件

由于自激振荡是由于某种扰动导致使 $\dot{A}\dot{F}$ 产生了 180° 的附加相移而产生，故有

$$\dot{A}\dot{F} = -1 \tag{4-12}$$

幅值条件：

$$|\dot{A}\dot{F}| = 1 \tag{4-13}$$

相位条件：

$$\varphi_A + \varphi_F = (2n+1)\pi \qquad (n = 1,2,\cdots) \tag{4-14}$$

放大电路只有同时满足上述两个条件，才会产生自激振荡。电路在起振过程中，$|\dot{X}_o|$ 有一个从小到大的过程，故起振条件为 $|\dot{A}\dot{F}| > 1$。

4.4.2 负反馈放大电路自激振荡的消除方法

通过以上分析可知，要保证负反馈放大电路稳定工作，必须破坏自激条件。通常是在相位条件满足，即反馈为正时，破坏振幅条件，使反馈信号幅值不满足原输入量；或者在振幅条件满足，反馈量足够大时，破坏相位条件，使反馈无法构成正反馈。根据这两个原则，克服自激振荡的方法有：

1. 减小反馈环内放大电路的级数

反馈环内放大电路的级数越多，由于耦合电容和半导体器件的极间电容所引起的附加相移越大，负反馈越容易过渡成正反馈。一般来说，两级以下的负反馈放大电路产生自激的可能性较小，因为其附加相移的极限值为±180°，当达到此极限值时，相应的放大倍数已趋于零，振幅条件不满足。所以实际使用的负反馈放大电路的级数一般不超过两级，最多三级。

2. 减小反馈深度

当负反馈放大电路的附加相移达到±180°，满足自激振荡的相位条件时，能够防止电路自激的唯一方法是不再让它满足振幅条件，即限制反馈深度，使它不能大于或等于1，这就限制了中频时的反馈深度不能太大。显然，这种方法会影响放大电路性能的改善。

3. 在放大电路的适当位置加补偿电路

为了克服自激振荡，又不使放大电路的性能改善受到影响，通常在负反馈放大电路中接入由 C 或 RC 构成的各种校正补偿电路，来破坏电路的自激条件，以保证电路稳定工作。

练习与思考

4.4.1 什么是自激振荡？负反馈放大电路产生自激振荡的原因是什么？

4.4.2 只要放大电路由负反馈变成了正反馈，就一定会产生自激吗？

习 题

4-1 判断图4-16所示各电路中是否引入了反馈，是直流反馈还是交流反馈，是正反馈还是负反馈。设图中所有电容对交流信号均可视为短路。

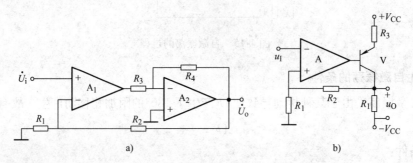

图4-16 习题4-1图

4-2 判别图4-17中各电路所引入的反馈哪些是正反馈？哪些是负反馈？

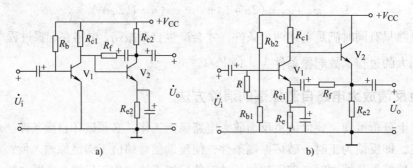

图4-17 习题4-2图

4-3 电路如图4-18所示，指出图中的反馈电路，判断反馈极性（正、负反馈）和反馈类型。

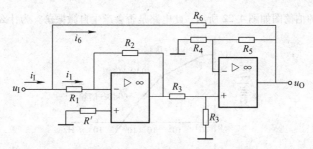

图 4-18　习题 4-3 图

4-4　电路如图 4-19 所示，A 是放大倍数为 1 的隔离器（缓冲器）。

（1）指出电路中的反馈类型（正或负，交流或直流，电压或电流，串联或并联）；（2）试从静态与动态量的稳定情况（如稳定静态工作点、稳定输出电压或电流）、输入与输出电阻的大小以及对信号源内阻的要求等方面分析电路有什么特点。

4-5　图 4-20 所示为高输出电压音频放大电路，$R_{e1} = 4.7\text{k}\Omega$，$R_{f1} = 150\text{k}\Omega$，$R_{f2} = 47\text{k}\Omega$。解答如下问题：（1）$R_{f1}$ 引入了何种反馈，其作用如何？（2）R_{f2} 引入了何种反馈，其作用如何？

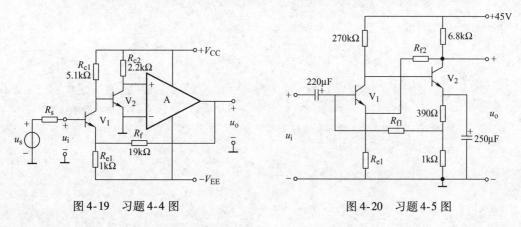

图 4-19　习题 4-4 图　　　　　　　　　图 4-20　习题 4-5 图

4-6　由集成运算放大器 N 及 V_1、V_2 组成的放大电路如图 4-21 所示，将信号源 u_s、电阻 R_f 正确接入该电路，使电路引入电压并联负反馈。

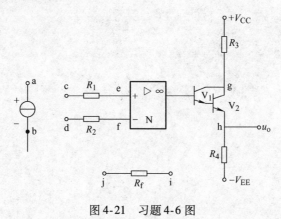

图 4-21　习题 4-6 图

4-7　如果要达到以下要求，应分别选用哪 5 种反馈？（1）稳定静态工作点；（2）稳定输出电压；（3）稳定输出电流；（4）提高输入电阻；（5）降低输出电阻。

4-8　某放大电路的伯德图如图 4-22 所示。此电路是否会产生自激振荡？为什么？

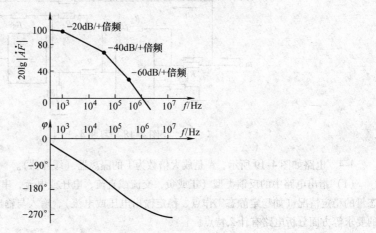

图 4-22　习题 4-8 图

第 5 章

正弦波振荡电路

◀ 本 章 概 要 ▶

　　与前面章节中的内容相比，本章出现了较大的跨度，虽然也存在放大电路的身影，但是重点在"振荡"环节。本章首先讲述正弦波如何在没有输入的条件下产生波形输出的原理，然后介绍低频正弦波振荡电路与 LC 高频正弦波振荡电路的结构与工作原理。

　　重点：掌握产生正弦波振荡的条件，理解文氏电桥电路的工作原理，了解 LC 正弦波振荡电路的结构、分类及工作原理。

　　难点：根据相位特性判断正弦波振荡电路能否起振。

5.1　产生正弦波振荡的条件

　　前面几章主要讲述信号的放大，在第 4 章的结尾部分提及到负反馈深度愈大，对放大电路性能改善就愈明显，但是当反馈深度过大时，将引起放大电路产生自激振荡现象，输出某些交流波形。

　　本章所讲述的正弦波振荡电路正是利用上述自激振荡的原理，直接将深度负反馈调整为正反馈，再通过引入一定的频率稳定和幅度稳定措施，使电路在不需要外加输入信号的情况下，输出一定频率和幅值的交流信号。

5.1.1　正弦波振荡电路的组成

　　正弦波振荡电路的结构框图如图 5-1 所示，电路的基本结构是引入正反馈的反馈网络和放大电路。

　　当振荡电路接通电源时，基本放大电路单元 $\dot{A}$ 的输入端将产生微弱的扰动信号，为了使该信号能够以一定幅度输出，系统振荡电路中应该包含有放大电路单元和正反馈网络单元，前者使微弱信号能够被放大，后者使信号放大的速度加快。扰动信号往往会包含一系列频率不同的正弦信号分量，为了得到单一频率的正弦信号输出，振荡电路

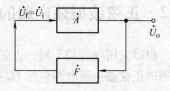

图 5-1　正弦波振荡电路结构框图

中必须包含有选频网络，以选择出期望的频率信号。为了使输出的正弦信号趋于稳定而不至于无限增长至饱和，电路中还需要设置稳幅环节。

5.1.2 自激振荡条件

在图 5-1 中，放大电路的电压放大倍数为

$$\dot{A} = \frac{\dot{U}_o}{\dot{U}_i} = \frac{\dot{U}_o}{\dot{U}_f} \tag{5-1}$$

反馈电路的反馈系数为

$$\dot{F} = \frac{\dot{U}_f}{\dot{U}_o} \tag{5-2}$$

综合式（5-1）与式（5-2）可以得到

$$\dot{A}\dot{F} = \frac{\dot{U}_f}{\dot{U}_i} = 1 \tag{5-3}$$

式（5-3）表明，振荡电路要能够产生自激的条件为

1）反馈电压 $\dot{U}_f$ 与输入电压 $\dot{U}_i$ 同相，也就是说，必须接成正反馈。这是振荡产生的相位条件。

2）为了使电路在没有外加信号时能够产生输出信号，反馈电压输出 $\dot{U}_f$ 要大到等于电路需要的输入电压 $\dot{U}_i$，使 $|\dot{A}\dot{F}| = 1$ 等式成立。这是振荡产生的幅值条件。

综上所述，一个正弦波自激振荡电路的完整工作过程为：在满足初始 $|\dot{A}\dot{F}| > 1$ 的条件下，电路在接通电源后所产生的微弱扰动信号经过选频网络，经由正反馈电路反馈到输入端，在满足振荡产生的相位条件后，反馈输出的信号经过放大电路放大后得到更大的输出取代原有的微弱扰动信号。经过反馈→放大→再反馈→再放大，多次循环往复，最后在稳幅环节的作用下，输出一个波动范围较小的稳定值。

练习与思考

5.1.1 简述振荡电路从起振到稳定工作的过程。

5.1.2 正弦波振荡电路的选频网络具有什么功能？如果振荡电路中缺乏选频网络，则系统可能输出怎样的波形？

5.2 正弦波振荡电路的类型

根据应用场合的不同，正弦波振荡电路的频率输出范围可能从 1Hz 至几千 MHz 以上。常用的正弦波振荡电路包括 LC 振荡电路与 RC 振荡电路两大类。RC 振荡电路的电路结构相对较为简单，产生的振荡频率范围相对较低，一般在几百 kHz 以内；LC 振荡电路的电路参数调节相对较为繁琐，输出频率的范围相对较高，一般在 1MHz 以上。

5.2.1 RC 桥式振荡电路

RC 正弦波振荡电路是用 RC 电路作为正反馈和选频网络的振荡器，根据 RC 电路的形式可分为：RC 桥式、RC 移相式以及双 T 形网络式正弦波振荡器。其中，RC 桥式正弦波振荡器电

路较为成熟，波形输出的失真较小，应用最为广泛。

RC 桥式正弦波振荡电路结构如图 5-2 所示。

作为由集成运算放大器构成的同相比例运算放大电路，RC 串并联电路既是正反馈网络，又是选频网络。输出电压 u_o 经 RC 串并联电路分压后在 RC 并联电路的两端得到反馈电压 u_f，u_f 同时也是放大器的输入信号 u_i。

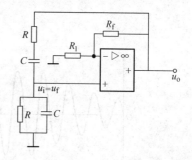

图 5-2　RC 桥式正弦波振荡电路结构

根据串联分压原理，RC 桥式正弦振荡电路相应的反馈系数为

$$\dot{F} = \frac{\dot{U}_i}{\dot{U}_o} = \frac{\dfrac{jRX_C}{R - jX_C}}{R - jX_C + \dfrac{jRX_C}{R - jX_C}} = \frac{1}{3 + j\left(\dfrac{R^2 - X_C^2}{RX_C}\right)} \tag{5-4}$$

为了满足自激振荡的相位条件，使 u_o 与 u_i 同相，式（5-4）中分母的虚部必须为 0，即

$$R^2 - X_C^2 = 0 \tag{5-5}$$

从而可得到电阻、电容与频率之间的关系：

$$R = X_C = \frac{1}{2\pi f C} \tag{5-6}$$

即

$$f = f_0 = \frac{1}{2\pi RC} \tag{5-7}$$

式（5-4）中，分母虚部为 0 后，则反馈系数的大小变为

$$|\dot{F}| = \frac{|\dot{U}_i|}{|\dot{U}_o|} = \frac{1}{3} \tag{5-8}$$

在图 5-2 中，运算放大器被连接成同相比例运算放大电路的形式，其电压放大倍数的计算公式为

$$|\dot{A}| = \frac{|\dot{U}_o|}{|\dot{U}_i|} = 1 + \frac{R_f}{R_1} \tag{5-9}$$

电路如果要能满足自激振荡的幅值条件，则 R_f 的取值应该为 R_1 的 2 倍。如果需要调整 RC 桥式正弦波振荡电路的振荡频率，则应该同时调节 R 和 C 的参数来实现。

实际的振荡电路在起振阶段，一般要求 $|\dot{A}| > 3$，即 $|\dot{A}\dot{F}| > 1$，随着输出电压振荡幅度的逐渐增大，$|\dot{A}|$ 自动减小，直到满足 $|\dot{A}| = 3$ 时，输出电压幅度达到稳定。正弦波振荡电路起振及稳幅的工作示意图如图 5-3 所示。

如前所述，二极管的特性曲线表现为强烈的非线性，利用这一特性构成的二极管稳幅电路如图 5-4 所示，可以较好地实现正弦波振荡电路的自动稳幅。

图 5-4 中，电阻 R_f 取值略大于 2 倍 R_1。在 R_f 两端正反并联的两只二极管，分别在输出电压 u_o 的正负半周轮流导通。起振时 u_o 幅值很小，不足以使二极管导通，正向二极管近似等效为开路状态；此时由于 $R_f > 2R_1$，电路得以顺利起振。但随着输出电压振荡幅度的不断增大，二极管开始正向导通；随着导通程度的逐渐加大，二极管的正向等效电阻值逐渐减小，

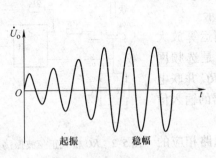

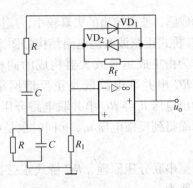

图 5-3　正弦波振荡电路起振及稳幅的工作示意图　　　　图 5-4　二极管稳幅电路

当达到 $R_f = 2R_1$ 时，振荡趋于平衡，从而稳定了输出电压的幅度。

5.2.2　变压器反馈式 LC 振荡电路

  LC 振荡电路和 RC 振荡电路的原理基本相同，但 RC 振荡电路的选频网络由电阻和电容构成，产生的振荡频率不高；而 LC 振荡电路的选频电路由电感和电容构成，可以产生几百千赫以上的高频振荡。由于输出频率较高，一般不采用集成运算放大器作为放大单元，而多采用频带较宽的晶体管。

  LC 振荡电路按照反馈方式的不同可分为变压器反馈式、电容三点式和电感三点式等常见类型。

  变压器反馈式 LC 振荡电路如图 5-5 所示。变压器反馈式振荡器又称互感耦合振荡器，典型应用电路如图 5-5a 所示，主要包括晶体管构成的共射放大单元、变压器正反馈和 LC 选频网络，同时振荡器还利用了晶体管的非线性实现输出电压波形的稳幅。在变压器反馈式振荡器中，LC 并联回路中的电感元件 L 是变压器的一个绕组 w_1，变压器的另一个绕组 w_2 作为振荡器的反馈网络，绕组 w_3 通过互感耦合，将正弦波输出电压直接提供给负载电阻 R_L。从电路结构不难看出，振荡信号的输出和反馈信号的传递都是靠变压器的磁耦合完成的，变压器反馈式振荡器也由此而得名。

  图中的 C_b 为隔直耦合电容，C_e 为发射极旁路电容。通过变压器互感耦合，变压器 w_2 绕组感应出的反馈电压 $\dot{U}_f$ 经 C_b 耦合至放大器输入端（晶体管的基极）。

  图 5-5a 中的 w_1 与 w_2、w_3 标注黑点的一侧为同名端，同名端的线圈绕制方向如图 5-5b 所示。

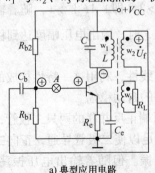

a）典型应用电路

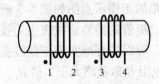

b）同名端的线圈绕制方向

图 5-5　变压器反馈式 LC 振荡电路

振荡器的交流通路中，LC 并联电路在谐振时呈纯电阻性，由于晶体管接成共射放大器的形式，基极与发射极信号的相位相反，故 $\varphi_a = 180°$。振荡器要能够正常起振，必须要求使 $\varphi_f = 180°$。因此，与晶体管集电极相连的变压器绕组端点和与基极相连的绕组端点必须互为异极性端。只有这样，才能使 u_f 与 u_i 同相，满足相位平衡条件。

在图 5-5 中，电容器 C_b 隔断开反馈输出端与放大器的信号输入端，在图中的 A 点处断开信号的连接，并假设信号输入端的瞬时极性为 " + "则晶体管集电极的瞬时极性为 " – "，再根据 w_1 与 w_2 的同名端标注可知，反馈输出端的瞬时极性为 " + "，该信号经电容 C_b 耦合至 A 点后仍为 " + " 极性，故 u_f 与 u_i 同相，即为正反馈。

当发生并联谐振时，谐振频率为

$$f_0 = \frac{1}{2\pi\sqrt{LC}} \tag{5-10}$$

当振荡电路接通电源后，扰动信号中只有频率为 f_0 的正弦信号分量才会发生谐振。这是因为 LC 回路发生并联谐振时，并联回路呈纯电阻性，且阻抗最大；LC 回路在晶体管放大电路中充当集电极负载，集电极负载的大小与共射放大电路的放大倍数呈正比。因此，谐振时共射放大器的放大倍数最高，在相位条件满足的情况下就很容易起振。对于其他频率的扰动信号分量而言，由于未发生谐振，无法被放大器有效放大并反馈回放大器的输入端，LC 并联回路从而起到了选频的作用。

当负载很轻而 LC 回路的 Q 值较高时，振荡频率近似等于 LC 并联回路的谐振频率 f_0，当 L 或 C 任意一个参数发生改变时，电路输出振荡信号的频率也发生相应的改变，频率调节比较方便，频率调节范围也比较宽。

稳幅环节利用晶体管非线性实现。在振荡的初期，输出信号和反馈信号都很小，基本放大器工作在线性放大区，使输出电压 u_o 的幅度不断增大。当 u_o 增大到一定程度时，晶体管进入非线性区，其电流放大系数 β 将逐渐减小，使得共射放大器的电压放大倍数随之降低，当达到 $|\dot{A}F| = 1$ 时，振荡输出就稳定在了某一个固定的值上。

变压器反馈式 LC 振荡电路利用变压器作为正反馈耦合元件，它的优点是便于实现阻抗匹配，因此振荡电路效率高、起振容易。但要注意变压器绕组同名端接线必须正确，才能满足相位平衡条件，否则成为负反馈后电路无法满足自激振荡条件，直接导致电路不能起振。

练习与思考

5.2.1　产生高于 1MHz 的正弦信号，应优先选择哪种类型的正弦波振荡器？

5.2.2　简述利用二极管正向伏安特性的非线性实现正弦波振荡电路自动稳幅的过程。

5.3　非正弦波发生器

正弦波发生器能够产生一定频率与幅值的正弦波输出，但在很多电路中往往还需要三角波和矩形波等非正弦波输出。

5.3.1　矩形波发生电路

矩形波发生器是一种能够直接产生方波的非正弦波发生电路，常被用做数字电路的信号源。

图5-6为一种常用的矩形波发生电路，两只特性和参数一致的稳压二极管 VS₁ 和 VS₂ 反向串联，构成双向稳压二极管的结构形式，工作时的稳定电压为单只稳压二极管的稳压值加0.7V。

输出电压 u_O 经电阻 R 和电容 C 组成的积分电路反馈到比较器的反相输入端。R_2 和 R_3 构成电路的正反馈环节，R_2 上得到的反馈电压（同时是运算放大器的同相输入端电压 u_+）由双向稳压二极管的稳定输出电压 U_Z 分压后获得

$$u_+ = \pm \frac{R_2}{R_2 + R_3} U_Z \tag{5-11}$$

u_+ 作为矩形波发生器的参考电压，与始终处在充放电过程中的电容两端电压 u_C 进行比较，根据不同的比较结果，由运算放大器输出对应的高电平或者低电平。

图5-6所示电路工作稳定后，u_+ 与 u_C 的电压大小存在差别。假设 $u_+ > u_C$，运算放大器输出电压 u_O 为高电平，经 R_2、R_3 分压后，使 u_+ 保持正电压值，则输出电压 u_O 经过 R 对 C 充电，u_C 按照指数规律增长。当 u_C 升高到刚超过 u_+ 时，运算放大器输出电压 u_O 从高电平跳变为低电平，u_+ 同时也跳变为负电压值。电容 C 储存的电荷开始经电阻器 R 放电，然后开始被输出电压 u_O 进行反向充电，如图5-7中 $t_1 - t_2$ 段所示。直到 u_C 电压刚好低于已经变为负电压值的 u_+ 时，运算放大器输出电压 u_O 从低电平翻转为高电平，开始新一轮的循环。

矩形波发生器中运算放大器输出端波形与电容充放电波形如图5-7所示。

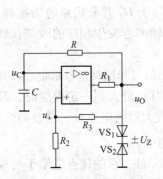

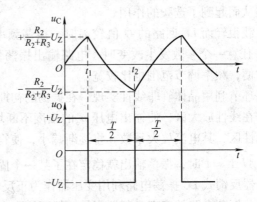

图5-6　矩形波发生器电路　　　图5-7　运算放大器输出端波形与电容充放电波形

从图5-7可以看出，运算放大器输出方波 u_O 的占空比不是50%，如果需要获得占空比可调的矩形波，可以利用二极管的单向导电性，使电容器 C 的充电与放电通道分离，占空比可调的矩形波发生器电路如图5-8所示。

运算放大器输出为正电压时，经由电位器 RP 的下半部分和二极管 VD₂ 对电容器正向充电；当运算放大器输出负电压时，电容存储的电荷经由二极管 VD₁ 和电位器 RP 的上半部分放电和后续的反向充电。调节电位器 RP 触点在不同的位置，即可获得不同占空比的矩形波输出。

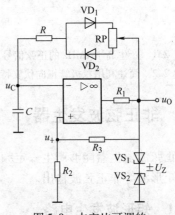

图5-8　占空比可调的
矩形波发生器电路

5.3.2　三角波发生电路

将图 5-6 中矩形波发生器的输出端连接至一个有
源积分电路，替代原图中的无源积分元件 R 与 C，同时将 R_2 的接地端转接至积分电路的输出端，这样就可以构成一个如图 5-9 所示的三角波发生电路。

图 5-9 所示电路中，运算放大器 A_1 接为比较器的形式，A_2 则构成有源积分电路，输出的积分电压为

$$u_0 = -\frac{1}{RC}\int u_{O1}\mathrm{d}t \tag{5-12}$$

由于比较器的输出 u_{O1} 只有正向饱和电压 $+U_{OM}$ 与反向饱和电压 $-U_{OM}$ 两种，因此电容 C 将以恒流方式进行分段充电，使输出电压 u_0 与时间 t 成近似的线性关系。三角波发生电路的工作波形如图 5-10 所示。

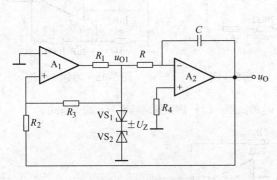

图 5-9　三角波发生电路

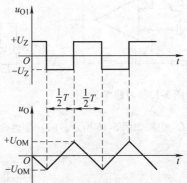

图 5-10　三角波发生电路的工作波形

当 u_{O1} 发生极性跳变时，由于电容器两端的电压不能突变，因此输出电压 u_0 只能从跳变前沿的电压值开始反向变化，如此往复，从而得到线性度较好的三角波波形。

练习与思考

5.3.1　三角波发生电路中有源积分单元的作用是什么？

5.3.2　两只稳压二极管的阴极反串连接与阳极反串连接在电路中有无明显区别？

习　　题

5-1　试用相位条件判断图 5-11 所示电路能否满足正弦波振荡电路的相位条件，并简要说明理由。

5-2　标出图 5-12 所示电路中变压器的同名端，使之满足正弦波振荡的相位条件。

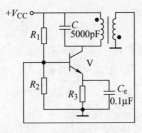

图 5-11　习题 5-1 图

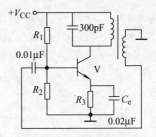

图 5-12　习题 5-2 图

5-3 电路如图5-13所示。（1）为使电路产生正弦波振荡，标出集成运算放大器A的同相输入端"＋"和反相输入端"－"；并说明该电路是哪种形式的正弦波振荡电路；（2）若 R_1 短路，则电路将产生什么现象？（3）若 R_1 断路，则电路将产生什么现象？

5-4 在图5-14所示正弦波振荡电路中，（1）为保证电路正常工作，节点 K、J、L、M 应该如何连接？（2） R_2 的阻值参数应该选多少 kΩ 电路才能振荡？（3） $u_。$ 输出信号的振荡频率是多少？（4） R_2 应该使用哪种温度系数的热敏电阻？

5-5 电路如图5-15所示，双向稳压管 VS 起稳幅的作用，其稳定电压 $\pm U_Z = \pm 6V$。试估算：（1）输出电压在不失真情况下的有效值；（2） $u_。$ 输出振荡频率。

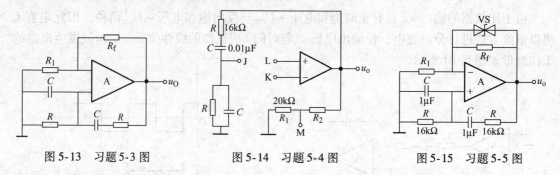

图5-13 习题5-3图　　　　图5-14 习题5-4图　　　　图5-15 习题5-5图

5-6 电路如图5-16所示。（1）定性画出 u_{o1} 和 u_{o2} 的波形；（2）估算振荡频率与 u_i 的关系式。

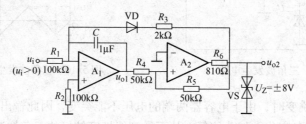

图5-16 习题5-6图

第6章

直流电源电路

◀❖ 本 章 概 要 ❖▶

　　本章首先介绍小功率直流电源的基本组成及各部分的工作原理，然后按照整流、滤波和稳压 3 个单元对直流稳压电源内部的三大主要结构进行分析，最后讲述利用晶闸管实现可控整流的关键器件与相关电路的工作原理。

　　重点：整流电路、滤波电路的工作原理及对应波形；串联型稳压电路稳定输出电压的原理及输出电压范围的计算。

　　难点：晶闸管的可控整流原理及对应波形。

6.1　直流电源的组成

　　在电子电路中，通常都需要电压稳定的直流电源供电。一般电子设备中最常用的小功率稳压直流电源是通过把 220V 交流电源经过降压、整流、滤波和稳压电路变换后而获得的，直流电源的组成框图如图 6-1 所示。

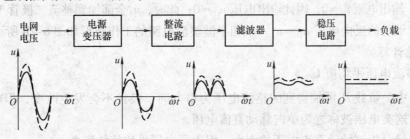

图 6-1　直流电源的组成框图

　　整流电路将交流电压变换为单向脉动的直流电压；滤波电路用来滤除整流后单向脉动直流电压中的交流成分，使之变得更加平滑；在输入交流电源电压波动、负载和温度变化时，稳压电路能够维持稳定的直流电压输出。

6.2　整流电路

　　整流电路将交流电压转变为脉动的直流电压。目前绝大多数的低压及小功率直流稳压电源都是利用二极管的单向导电性进行工作。常见的整流电路包括半波整流、全波整流、桥式整流和倍压整流 4 种类型。

6.2.1 单相半波整流电路

1. 电路结构与工作原理

半波整流电路利用二极管的单向导电性，使经变压器输出的交流电压 u_2 只能有半个周期到达负载，从而保证负载电压具有单一极性。

单相半波整流电路结构及工作波形如图 6-2 所示。

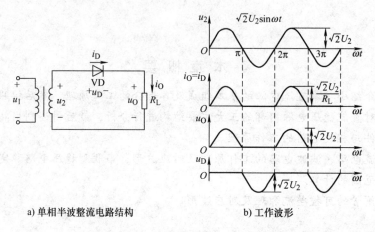

a) 单相半波整流电路结构   b) 工作波形

图 6-2   单相半波整流电路结构及工作波形

在图 6-2a 中，设 $u_2 = \sqrt{2}U_2\sin\omega t$，当 u_2 的极性为上正下负时，整流二极管 VD 因正向偏置而导通，流过二极管的电流 i_D 同时流过负载 R_L，极性为上正下负，负载电阻 R_L 两端的电压 $u_0 \approx u_2$。

当 u_2 处在负半周时，其极性为上负下正，整流二极管 VD 因反向偏置而截止，流过二极管的电流 $i_D \approx 0$，输出电流 $i_0 \approx 0$，因此输出电压 $u_0 \approx 0$；此时，u_2 全部加到整流二极管 VD 的两端，该二极管所承受的反向电压 $u_D \approx u_2$。单相半波整流电路的工作波形如图 6-2b 所示。

2. 参数计算

（1）整流电压平均值 U_0

图 6-2 中，负载 R_L 两端得到的整流电压为单方向，极性不会发生改变，但电压的大小是变化的，这类电压被称之为单向脉动直流电压。

为了定量分析该脉动直流电压的大小，引入了电压平均值的概念：

$$U_0 = \frac{1}{2\pi}\int_0^{2\pi} \sqrt{2}U\sin\omega\, t\,d(\omega t) \qquad (6\text{-}1)$$

对半波整流的波形而言，只有半个周期有正弦信号输出，故

$$U_0 = \frac{1}{2\pi}\int_0^{\pi} \sqrt{2}U_2\sin\omega\, t\,d(\omega t) = 0.45U_2 \qquad (6\text{-}2)$$

式（6-2）表明，半波整流电路中负载上所得到的直流电压只有变压器二次绕组电压有效值的 45%。如果考虑二极管的正向电阻和变压器等效电阻上的压降，则 U_0 的数值还要减小，因而半波整流的效率很低。

（2）整流电流平均值 I_0

在半波整流电路中，二极管的工作电流等于流经负载电阻 R_L 的输出电流

$$I_{\mathrm{O}} = I_{\mathrm{D}} = \frac{U_{\mathrm{O}}}{R_{\mathrm{L}}} = 0.45 \frac{U_2}{R_{\mathrm{L}}} \tag{6-3}$$

（3）二极管承受的最高反向电压 U_{DRM}

在 u_2 的负半周期间，整流二极管 VD 截止，此时二极管需要承受的最高反向电压就是变压器次级输出交流电压 u_2 的峰值，即

$$U_{\mathrm{DRM}} = \sqrt{2} U_2 \tag{6-4}$$

根据 I_{O} 和 U_{DRM} 这两个参数的大小就能够选择合适的整流二极管。二极管的最大整流电流 $I_{\mathrm{F}} > I_{\mathrm{D}}$，二极管的最大反向工作电压 $U_{\mathrm{R}} \geqslant U_{\mathrm{RM}} = \sqrt{2} U_2$。

半波整流电路的优点是电路结构简单、元件使用较少，但由于只使用了交流电源的半个周期输出，因此电源利用率较低，输出波形的脉动较大，故半波整流主要用在输出电流较小、电流质量要求不高的场合。

6.2.2　单相桥式整流电路

1. 单相桥式整流电路的结构及工作波形

单相桥式整流电路如图 6-3a 所示，4 只二极管按照一定规律连接并给负载提供直流电压，图 6-3b 是桥式整流电路的常用等价画法。单相桥式整流电路的工作波形如图 6-4 所示。

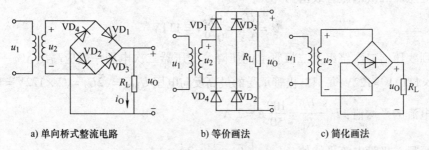

a) 单向桥式整流电路　　　　b) 等价画法　　　　c) 简化画法

图 6-3　单相桥式整流电路的结构

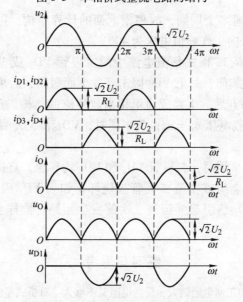

图 6-4　单相桥式整流电路的工作波形

2. 参数计算

与半波整流电路类似，单相桥式整流电路的输出电压平均值为

$$U_0 = \frac{1}{\pi}\int_0^\pi \sqrt{2}U_2\sin\omega t\,d(\omega t) = 0.9U_2 \tag{6-5}$$

整流电流的平均值为

$$I_0 = \frac{U_0}{R_L} = 0.9\frac{U_2}{R_L} \tag{6-6}$$

桥式整流电路充分利用了电源变压器的整个周期，输出直流电压的平均值较高；输出电压的脉动程度也较小；由于整流二极管按"两两相串"方式进行工作，每只二极管承受的最大反向电压与半波整流的相同，使用较为广泛。

如图6-3a、b所示，桥堆中的4只二极管连接具有唯一性，错误的连接将会导致短路、极性反接等严重故障出现；为此，半导体器件生产厂家常常将4只整流二极管封装在一起，制成单相硅整流桥堆。单相硅整流桥堆只有交流输入和直流输出共计4根引线，其简化画法如图6-3c所示，使用起来非常方便。

【例6-1】 单相桥式整流电路的结构如图6-3a所示，已知交流电网电压为220V，负载电阻 $R_L = 50\Omega$，负载电压 $U_0 = 100V$，选择合适的二极管。

解：变压器二次电压有效值为

$$U = \frac{U_0}{0.9} = \frac{100}{0.9}V = 111V$$

考虑到变压器二次绕组及二极管上的压降，变压器二次电压一般应高出5%～10%，即 $U_2 = (1.1 \times 111)V \approx 122V$；每只二极管承受的最高反向电压 $U_{DRM} = \sqrt{2}U_2 = \sqrt{2} \times 122V = 172V$

整流电流的平均值：$I_0 = \frac{U_0}{R_L} = \frac{100}{50}A = 2\ A$

流过每只二极管电流平均值：$I_D = \frac{1}{2}I_0 = \frac{1}{2} \times 2A = 1A$

由于每只二极管仅导通半个周期，故根据上面的计算结构，可选用二极管1N5392，其最大整流电流为1.5A，反向工作峰值电压为400V。

【例6-2】 试分析图6-3a桥式整流电路中的二极管 VD_2 或 VD_4 断开时负载电压的波形。如果 VD_2 接反，后果如何？如果 VD_4 因击穿发生而短路，后果又如何？

解：当 VD_2 或 VD_4 断开后，电路成为单相半波整流的结构。正半周时，VD_1 和 VD_3 导通，负载中有电流过，负载电压 $u_0 = u_2$；负半周时，VD_1 和 VD_3 截止，负载中无电流通过，负载两端无电压，$u_0 = 0$。

如果 VD_2 接反，则负半周时，二极管 VD_4 和 VD_2 均导通，直接引起变压器二次侧短路，电流很大，将造成变压器绕组或整流二极管被烧坏。如果 VD_4 因击穿而发生短路故障时，则在正半周时，VD_4 与 VD_2 将引起变压器二次侧发生短路，同样会造成变压器绕组或整流二极管损坏。

练习与思考

6.2.1 整流二极管电路的正向电阻偏大、反向电阻又不够大，对桥式整流的结果会产生什么影响？

6.2.2　整流二极管正向导通时存在 0.7V 左右的压降，对整流输出波形有何影响？

6.2.3　桥式整流电路中的任意一只二极管被反接，对电路的影响有何不同？

6.3　滤波电路

交流电压经整流后输出的是脉动直流，其中既有直流成分又有交流成分。滤波电路利用储能元件电容（或电感）两端的电压（或通过电感中的电流）不能突变的特性，过滤整流电路输出电压中的交流成分，保留其直流成分，以达到平滑输出电压波形的目的。

6.3.1　电容滤波电路

电容滤波电路如图 6-5 所示，电容与负载 R_L 并联。

电容滤波的波形如图 6-6 所示。其工作原理如下（不考虑二极管 $VD_1 \sim VD_4$ 的正向压降）：

① $u_2 > u_C$ 时，二极管导通，电源 u_2 在给负载 R_L 供电的同时也给电容充电，u_C 逐步增加，$u_o = u_C$。

② $u_2 < u_C$ 时，二极管截止，电容通过负载 R_L 放电，u_C 按指数规律逐步下降，直至 $u_2 = u_C$ 后又开始上一步的循环，二极管承受的最高反向电压为

$$U_{DRM} = 2\sqrt{2}U_2 \tag{6-7}$$

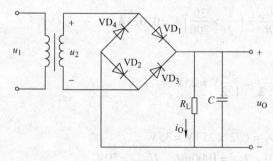

图 6-5　电容滤波电路

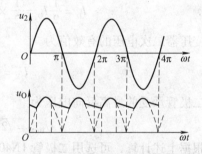

图 6-6　电容滤波的波形

整流电路经过电容滤波以后，提高了输出直流电压，同时降低了输出电压的脉动成分。输出直流电压脉动程度的改善与输出直流电压平均值的提高均与电路放电时间常数 $R_L C$ 有关，即：$R_L C$ 越大→电容器充放电越慢→输出电压的平均值 U_0 越大，波形越平滑。

在实际工作中，为了得到比较好的滤波效果，常常根据下式来选择滤波电容的容量（在桥式整流情况下）

$$R_L C \geqslant (2 \sim 3)\frac{T}{2}$$

式中 T 为电网交流电压的周期。由于电容值比较大，一般为几十至几千微法，通常可选用电解电容，连线时注意极性不能接反。当滤波电容满足上式时，可以按照 $U_0 \approx 1.2U_2$（桥式、全波），$U_0 \approx 1.0U_2$（半波）进行滤波电压的近似估算；当负载 R_L 开路时，$U_0 \approx \sqrt{2}U_2$。$R_L C$ 对电容滤波的影响如图 6-7 所示。

电容滤波电路的输出电压 U_0 不是固定不变的，而是随着输出电流 I_0 的改变而变化，电容滤波电路的外特性如图 6-8 所示。

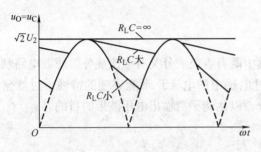

图 6-7 $R_L C$ 对电容滤波的影响

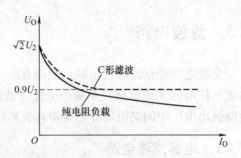

图 6-8 电容滤波电路的外特性

桥式整流电路经过电容滤波后，其输出电压 U_0 在 $\sqrt{2} U_2 \sim 0.9 U_2$ 之间。一般条件下，可按 $U_0 \approx 1.2 U_2$ 进行估算。采用电容滤波时，输出电压受负载变化影响较大，即带负载能力较差。因此电容滤波主要适用于负载电流较小、负载变化不大的场合。

【例 6-3】 有一单相桥式整流滤波电路，已知交流电源频率 $f = 50$Hz，负载电阻 $R_L = 200\Omega$，若求直流输出电压 $U_0 = 30$V，选择整流二极管及滤波电容器。

解：（1）选择整流二极管

流过二极管的电流为

$$I_D = \frac{1}{2} I_0 = \frac{1}{2} \times \frac{U_0}{R_L} = \left(\frac{1}{2} \times \frac{30}{200} \right) A = 0.075A$$

变压器二次电压的有效值为

$$U_2 = \frac{U_0}{1.2} = \frac{30}{1.2} V = 25V$$

二极管承受的最高反向电压为

$$U_{DRM} = \sqrt{2} U_2 = (\sqrt{2} \times 25) V = 35V$$

根据上述计算，可选用二极管 1N4001，$I_{OM} = 1000$mA，$U_{DRM} = 50$V。

（2）选择滤波电容

取 $R_L C = 5 \times T/2$，带入条件得 $R_L C = \left(5 \times \frac{1/50}{2} \right) s = 0.05s$

已知 $R_L = 200\Omega$，则

$$C = \frac{0.05s}{R_L} = \frac{0.05}{200} F = 250 \times 10^{-6} F = 250 \mu F$$

针对上述计算结果，可选用容量为 330μF 和耐压 50V 的有极性电解电容器。

6.3.2 其他滤波电路

电容器具有通高频和阻低频的特性，因而电容是并联在负载上进行滤波。而电感具有通低频和阻高频的特性，因而可以将电感串联于负载电路中，利用电感阻止电流变化的特点实现滤波。这种滤波方式特别适用于大电流输出或输出电流变化范围较大的场合。电感滤波电路如图 6-9 所示。

电感滤波相比电容滤波而言，其优点显著：整流管的导电角较大，无峰值电流，输出特性较为平坦。但由于电感器本身为漆包铜线绕制而成，加之存在铁心或磁心，造成滤波电路笨重和体积庞大，同时容易引发电磁干扰。

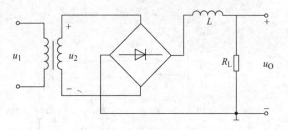

图 6-9　电感滤波电路

为了进一步减小负载电压中的纹波、改善滤波效果，可在电感之后再并联一只电解电容，构成倒"L"形 LC 滤波电路，如图 6-10a 所示；或者在电感的前后各并联一只电解电容构成"π"形 LC 滤波电路，如图 6-10b 所示。

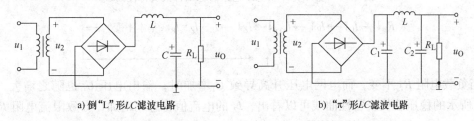

a) 倒"L"形LC滤波电路　　　　　b) "π"形LC滤波电路

图 6-10　倒"L"形和"π"形 LC 滤波电路

练习与思考

6.3.1　电容滤波电路中的滤波电容与负载是串联关系还是并联关系？

6.3.2　采用滤波电路的主要目的是什么？电感滤波电路与电容滤波电路有何异同点？

6.4　稳压电路

稳压电路的输出基本与电网电压、负载及环境温度的变化无关，从而为电路或负载提供稳定的输出电压。理想的稳压电路是输出阻抗为零的恒压源，实际的稳压电路是内阻很小的电压源。内阻越小，稳压性能就越好。

6.4.1　稳压管稳压电路

稳压管稳压电路的优点是电路简单，稳压性能较好，适用于负载电流很小且变化幅度不大的场合；但稳压管稳压电路的输出电压由稳压二极管的型号决定，不能随意调节；如果需要调节输出电压，只能更换稳压二极管。

稳压管并联稳压电路如图 6-11a 所示，假设输入电压 U_I 保持不变，当负载电阻 R_L 的阻值减小而导致负载电流 I_L 增大时，根据欧姆定律可知，限流电阻 R 上的压降将升高，直接导致输出电压 U_O 下降。由于稳压管并联在输出端，从图 6-11b 所示的稳压管伏安特性曲线可以看出，当稳压管两端的电压出现小幅度下降时，电流 I_Z 将急剧减小，而 $I_R = I_L + I_Z$，所以 I_R 基本可以维持不变，限流电阻 R 上的压降也就相应维持不变，从而保证输出电压 U_O 在一定范围内基本维持不变，即

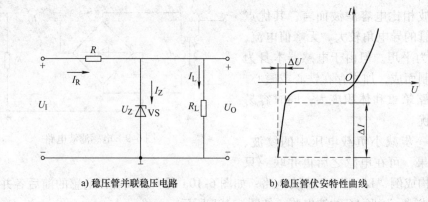

a) 稳压管并联稳压电路   b) 稳压管伏安特性曲线

图 6-11 稳压管并联稳压电路与稳压管伏安特性曲线

$$R_\mathrm{L}\downarrow \to I_\mathrm{L}\uparrow \to I_\mathrm{R}\uparrow \to U_\mathrm{O}\downarrow \to I_\mathrm{Z}\downarrow \to I_\mathrm{L}+I_\mathrm{Z}=I_\mathrm{R}（基本不变）$$
$$U_\mathrm{O}\uparrow \longleftarrow$$

当负载电阻 R_L 不变，而电网电压升高导致 U_I 增加时，输出电压 U_O 也随之增大，由图 6-11b 所示的稳压管伏安特性曲线可以看出，I_Z 的电流值将急剧增加，导致限流电阻 R 上的压降增大，$U_\mathrm{O}=U_\mathrm{I}-U_\mathrm{R}$，从而使输出电压在一定范围内基本保持不变，即

$$U_\mathrm{I}\uparrow \to U_\mathrm{O}\uparrow \to I_\mathrm{Z}\uparrow \to I_\mathrm{R}\uparrow \to U_\mathrm{R}\uparrow$$
$$U_\mathrm{O}\downarrow \longleftarrow$$

6.4.2　串联型稳压电路

受稳压二极管功率的限制，图 6-11 这类稳压电路的输出电流很小，为了获得性能更好、输出电流更大的稳压电路，目前多采用了晶体管串联型稳压电路，串联型稳压电路结构框图如图 6-12 所示。

串联型稳压电路是由调整管、基准电压、取样网络和比较放大环节 4 部分组成。"调整管" V 是整个稳压电路的关键元件，调整管基极电流的"比较放大环节"受输出电压控制，进而控制管压降 U_CE 发生变化，把输出电压拉回到变化前的近似值，起到调整、稳定输出电压的作用，"调整管"也由此而得名。该稳压电路中调整管与负载以串联形式连接，故称为"串联型稳压电路"。

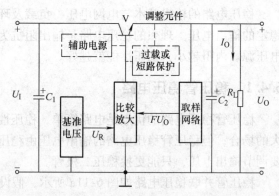

图 6-12 串联型稳压电路结构框图

图 6-12 中的"基准电压"单元一般采用硅稳压管，可为电路提供一个比较稳定的基准电压 U_REF。"取样网络"单元一般由电阻串联而成，将输出电压 U_O 的变化量经串联分压后转换为 FU_O，"比较放大"单元是串联型稳压电路的核心由运算放大器或晶体管等有源器件构成，它将输出电压的变化量与基准电压

U_{REF} 进行比较放大后，得到一个差值电压加到"调整管" V 的基极，控制其管压降 U_{CE}，以维持输出电压保持基本不变。

为了电路可靠地工作，串联型稳压电路中一般还设置有"过载或短路保护单元"，以保护调整管不至于因电流过大而损坏；如果"基准电压"单元与"比较放大"单元需要额外供电时，串联型稳压电路中还需要设置"辅助电源"单元。

图 6-13 是采用晶体管做比较放大单元、采用硅稳压二极管作为基准电压的串联型稳压电路示例。

当输入电压 U_{I} 或负载电阻 R_{L} 发生改变时，电路的输出电压 U_0 将随之发生改变。相应地，稳压单元将产生一个负反馈的调整过程，最终稳定输

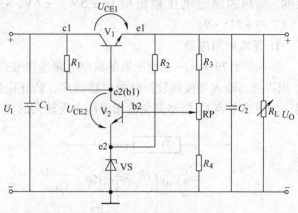

图 6-13　串联型稳压电路示例

出电压，这里分别从 U_{I} 和 R_{L} 两方面的变化来分析稳压过程。

1) 当输入电压 U_{I} 波动（如：增大）时，电路将引起如下的调节过程，从而使 U_0 趋于稳定。

$$U_{\text{I}} \uparrow \rightarrow U_{\text{O}} \uparrow \rightarrow U_{\text{B2}} \uparrow \rightarrow I_{\text{B2}} \uparrow \rightarrow U_{\text{CE2}} \downarrow \rightarrow U_{\text{C2}} \downarrow \rightarrow U_{\text{B1}} \downarrow \rightarrow I_{\text{B1}} \downarrow \rightarrow U_{\text{CE1}} \uparrow$$

$$\downarrow U_{\text{O}} = (U_{\text{I}} - U_{\text{CE1}}) \longleftarrow$$

2) 当负载电阻 R_{L} 变化（如：减小）时，电路将引起如下的调节过程，同样使 U_0 趋于稳定。

$$R_{\text{L}} \downarrow \rightarrow U_{\text{O}} \downarrow \rightarrow V_{\text{B2}} \downarrow \rightarrow I_{\text{B2}} \downarrow \rightarrow U_{\text{CE2}} \uparrow \rightarrow U_{\text{C2}} \uparrow \rightarrow U_{\text{B1}} \uparrow \rightarrow I_{\text{B1}} \uparrow \rightarrow U_{\text{CE1}} \downarrow$$

$$\uparrow U_{\text{O}} = (U_{\text{I}} - U_{\text{CE1}}) \longleftarrow$$

综上所述，串联型稳压电路是根据输出电压的变化来控制调整管集电极与发射极之间的电压降 U_{CE}，最终实现输出电压的稳定。

稳压电源的输出电压可利用电位器 RP 进行调节。当 RP 的滑动端置于最上端时，输出电压最低，根据串联分压的计算原理，可计算出此时电路的输出电压：

$$U_{\text{Omin}} = (U_{\text{Z}} + U_{\text{BE2}}) \frac{R_3 + R_4 + R_{\text{RP}}}{R_{\text{RP}} + R_4} \tag{6-8}$$

当 RP 的滑动端移到最下端时，输出电压为最大值，即

$$U_{\text{Omax}} = (U_{\text{Z}} + U_{\text{BE2}}) \frac{R_3 + R_4 + R_{\text{RP}}}{R_4} \tag{6-9}$$

调节电位器的滑动触点，可以使稳压电路的输出电压在 U_{Omin} 至 U_{Omax} 的范围内变化。

6.4.3 三端集成稳压器

集成稳压器件把调整管、比较放大器和基准电压等集成在同一硅片内，只引出少量的管脚，具有体积小、可靠性高、使用灵活和价格低廉等优点，已经得到了广泛应用。最常用的

固定电压集成稳压电源只有电源输入端，稳压输出端和公共（接地）端，习惯称之为三端集成稳压器。

固定输出电压的三端集成稳压器包括输出正电压的 $78\times\times$ 系列与输出负电压的 $79\times\times$ 系列。常用的固定电压输出值有 $\pm5V$、$\pm6V$、$\pm8V$、$\pm9V$、$\pm10V$、$\pm12V$、$\pm15V$、$\pm18V$ 与 $\pm24V$ 等。

1. 基本应用电路

$78\times\times$、$79\times\times$ 三端稳压器的典型电路连接分别如图 6-14a 和 6-14b 所示。输入端电容 C_1 用以抵消输入端接线较长时的电感效应，防止电路出现自激振荡。负载电流在瞬时增减时，输出端电容 C_2 能够避免输出电压出现较大的波动。

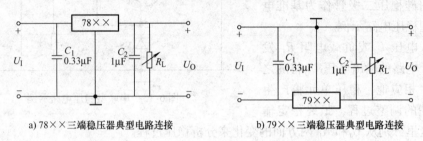

a) $78\times\times$三端稳压器典型电路连接　　　　b) $79\times\times$三端稳压器典型电路连接

图 6-14　$78\times\times$、$79\times\times$三端稳压器的典型电路连接

2. 提高/改变输出电压

三端集成稳压器件的输出电压是固定的，利用电阻串联分压的思路，可以改变三端集成稳压器件的输出电压，电路如图 6-15 所示。

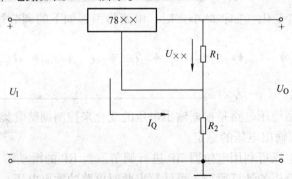

图 6-15　三端集成稳压器提高输出电压的应用电路

R_1 上的电压为 $78\times\times$ 的标称输出电压 $U_{\times\times}$，输出端对地的电压为

$$U_O = U_{\times\times} + \frac{U_{\times\times}}{R_1}R_2 + I_Q R_2 = \left(1 + \frac{R_2}{R_1}\right)U_{\times\times} + I_Q R_2 \tag{6-10}$$

式中，I_Q 为 $78\times\times$ 的静态工作电流，通常可以忽略不计，故电路输出电压近似为：

$$U_O \approx \left(1 + \frac{R_2}{R_1}\right)U_{\times\times} \tag{6-11}$$

3. 提高输出电流

三端集成稳压器件的输出电流一般不超过 1A，对此可以利用晶体管的电流放大能力，通过外接功率晶体管的方式来扩大集成稳压器件的输出电流，电路如图 6-16 所示。

电路中电流 I_2 的值很小，可以忽略不计，故 $I_1 \approx I_3$，则负载电流为

$$I_O = I_3 + I_C \approx I_1 + I_C = I_R + I_B + I_C = \frac{U_{BE}}{R} + I_C(H\beta)$$

(6-12)

当 I_O 较小时，R 两端压降较小，晶体管 V 处于截止状态，$I_C = 0$，负载电流由 78×× 提供。随着负载电流加大，导致电阻 R 两端的电压降超过 0.7V 时，晶体管 T 导通，负载电流由 78×× 与功率晶体管共同提供。

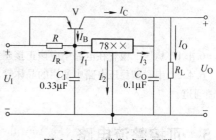

图 6-16 三端集成稳压器
提高输出电流电路

6.4.4 直流稳压电源电路示例

某种黑白 CRT 显示器的电源电路示例如图 6-17 所示。

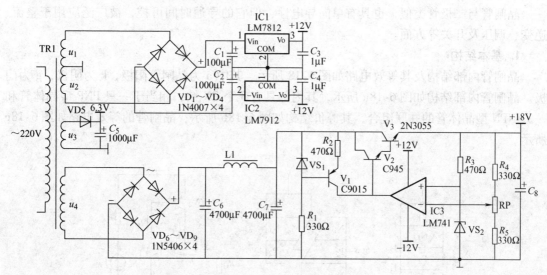

图 6-17 黑白 CRT 显示器的电源电路示例

黑白 CRT 显示器本质上是一只电子管，其灯丝供电电压为 6.3V，对电源的纹波等参数要求不高，但要求不受系统其他部分电源电压波动的影响，因此这里将单独的一个变压器绕组经半波整流、电容滤波后得到 6.3V 左右的直流电对其供电。

黑白 CRT 显示器电路中可能会使用如视频放大器之类的运算放大器，而运算放大器一般需要使用双电源，故系统采用一组带有中间抽头的变压器绕组，产生两组大小相等但相位相反的交流电压，然后经桥式整流、电容滤波后，分别给 LM7812 和 LM7912 三端集成稳压器件供电。分别输出稳定的 +12V 和 –12V 电源电压。

黑白 CRT 显示器内部的行、场扫描电路需要较大的工作电流，如果仍然使用三端集成稳压器件供电则明显驱动负载的能力不足，因此系统采用分立元件构成较大功率的串联型稳压电路。图 6-17 中的大功率调整管 2N3055 最大能够提供 15A 的输出电流，完全可以满足行、场扫描电路的工作电流需要。

练习与思考

6.4.1 稳压二极管在电路中应该正接还是反接？请简要说明理由。

6.4.2 串联型稳压电路中使用的晶体管、运算放大器是工作在正反馈还是负反馈状态，请标出完整的反馈通道。

6.5 可控整流电路

在工业企业中，大功率电源电路一般采用以晶闸管为核心的可控整流方式。

6.5.1 单向晶闸管

晶闸管是在晶体管基础上发展起来的一种大功率半导体器件。它的出现使半导体器件由弱电领域扩展到强电领域。

晶闸管与二极管类似，也具有单向导电性，但它的导通时间可控，被广泛应用于整流、逆变、调压及开关等方面。

1. 基本结构

晶闸管内部结构及其等效电路如图 6-18 所示。其中 a 为晶闸管阳极，k 为阴极，g 为门极。晶闸管内部结构如图 6-18a 所示，其内部具有 3 个 PN 结，相当于一只 PNP 型晶体管和一只 NPN 型晶体管的并联组合，其等价结构如图 6-18b 所示；晶闸管的等效电路如图 6-18c 所示。

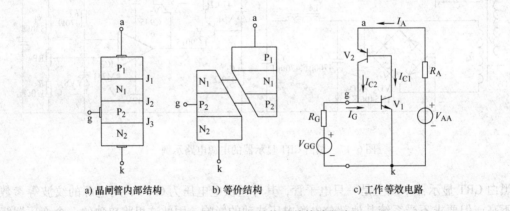

a) 晶闸管内部结构　　　　b) 等价结构　　　　c) 工作等效电路

图 6-18　内部结构及其等效电路

如果在晶闸管 a 和 k 之间接入电源 V_{AA} 后，在门极加入正向 V_{GG}，V_1 管基极产生输入电流 I_G，经 V_1 管放大，形成集电极电流 $I_{C1} = \beta_1 I_G = I_{B2}$，这个电流同时也是 V_2 管的基极电流，经过 V_2 放大后，产生集电极电流 $I_{C2} = \beta_2 I_{C1} = \beta_1 \beta_2 I_G = I_{B1}$，$I_{C2}$ 与 I_G 共同作用，构成 V_1 的基极电流再进行新一轮放大。如此循环往复，形成一个正反馈过程，晶闸管的电流越来越大，内阻急剧下降，管压降减小，直至晶闸管完全导通，此过程称触发导通。晶闸管导通后，门极失去作用，即使去掉 U_{GG}，依靠正反馈产生的 I_{C2}，晶闸管仍可维持导通状态。

导通后的晶闸管 a、k 两极之间正向压降约为 $0.6 \sim 1.2\mathrm{V}$。在正反馈的作用下，管子的导通过程极短，一般 $10\mu s$ 以内。流过晶闸管的电流 I_A 由外加电源 V_{AA} 和负载电阻 R_A 决定，

大小为

$$I_{\mathrm{A}} \approx \frac{V_{\mathrm{AA}}}{R_{\mathrm{A}}} \qquad (6\text{-}13)$$

2. 晶闸管的伏安特性曲线

单向晶闸管的伏安特性如图 6-19 所示。曲线分布在坐标轴的一、三象限，包括了正向阻断、负阻、触发导通、反向阻断和反向击穿 5 种不同的工作状态。

（1）正向阻断状态

若晶闸管的控制极不加任何信号，即 $I_{\mathrm{G}}=0$，阳极加 V_{AA}，晶闸管呈现较大的电阻值，称为正向阻断状态，如图 6-19 中的 OA 段。

（2）负阻状态

当晶闸管的正向阳极电压继续增加到某一电压值后，图 6-18 中晶闸管的 $\mathrm{J_2}$ 结发生击穿，正向导通电压迅速下降，出现负阻特性，如图 6-19 的曲线 AB 段，此时的正向阳极电压称之为正向转折电压，用 U_{BO} 表示。

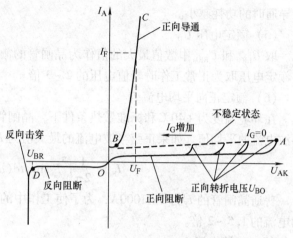

图 6-19　单向晶闸管的伏安特性

这种不是由门极控制的导通称为误导通，单向晶闸管在使用过程中应尽量避免误导通情况的出现。晶闸管阳极与阴极之间加上正向电压的同时，门极所加正向触发电流 I_{G} 越大，则晶闸管由阻断状态转为导通状态所需的正向转折电压 U_{BO} 就越小。

（3）触发导通状态

图 6-19 中 BC 段为晶闸管导通后的正向特性，与普通二极管的正向特性基本相似，即通过晶闸管的电流很大，而导通压降却很小，在 1V 左右。

（4）反向阻断状态

晶闸管加反向电压后处于反向阻断状态，如图 6-19 中 OD 段。晶闸管的反向阻断状态与普通二极管的反向特性类似。

（5）反向击穿状态

当晶闸管所加的反向电压增加到 U_{BR} 时，PN 结被击穿，流经晶闸管的反向电流急剧增加，将造成晶闸管的永久性损坏。

3. 晶闸管的主要参数

（1）正向转折电压 U_{BO}

在额定结温（工作电流在 100A 以上取 115℃，工作电流在 50A 以下取 100℃）和控制极断开的条件下，阳极、阴极间加正弦半波正向电压，使器件由阻断状态发生正向转折，变成导通状态所对应的电压峰值，称为正向转折电压 U_{BO}。

（2）正向重复峰值电压 U_{DRM}

在额定结温及控制极开路的条件下，重复施加于晶闸管两端的最大正向峰值电压，称为正向断态重复峰值电压 U_{DRM}。

（3）反向重复峰值电压 U_{RRM}

在额定结温及门极开路的条件下，可以重复加在晶闸管两端的最大反向峰值电压，称为反向重复峰值电压 U_{RRM}。

（4）通态平均电压 U_F

在规定条件下，晶闸管正向通以额定通态平均电流时，其阳极与阴极两端电压降的平均值称之为通态平均电压 U_F，又称"管压降"，一般在 0.4 ~ 1.2V 的范围内。U_F 越小，晶闸管导通时的功耗越小。

（5）额定电压 U_D

取 U_{DRM} 和 U_{RRM} 中数值最大的值作为晶闸管的额定电压 U_D。为了安全，实际使用中一般将额定电压取为正常工作时峰值电压的 2 ~ 3 倍。

（6）额定正向平均电流 I_F

在环境温度为 +40℃ 和标准散热条件下，晶闸管处于全导通时可以连续通过的工频正弦半波电流的平均值。如果正弦半波电流的最大值为 I_m，则

$$I_F = \frac{1}{2\pi}\int_0^\pi I_m \sin\omega t \mathrm{d}(\omega t) = \frac{I_m}{\pi} \tag{6-14}$$

普通晶闸管的 I_F 为 1 ~ 1000A，为了使工作中的管子不至于过热，一般 I_F 取正常工作平均电流的 1.5 ~ 2 倍。

（7）维持电流 I_H

在室温和门极开路的条件下，晶闸管维持导通状态所必须的最小电流为 I_H。相对而言，维持电流比较小的晶闸管工作比较稳定。

（8）门极触发电压 U_G 和触发电流 I_G

在规定的环境温度下，在阳极与阴极间施加一定的正向电压，使晶闸管从阻断状态转变为导通状态所需的最小门极直流电压、最小门极直流电流分别称为门极触发电压、触发电流。触发电压小的晶闸管，灵敏度高，便于控制，一般 U_G 约为 1 ~ 5V，I_G 约为几毫安至几百毫安，为保证可靠触发，实际值应大于额定值。

（9）门极反向电压 U_{GR}

在规定结温条件下，门极与阴极之间所能加载的最大反向电压峰值叫做门极反向电压 U_{GR}。U_{GR} 一般不超过 10V。

4. 晶闸管操作过程、现象及结论

单向晶闸管连接图如图 6-20 所示，连接单向晶闸管电路时，按照如图 6-21 所示的单向晶闸管工作示意图的步骤进行操作。

1）S 断开，V_{AA} 加正向电压，灯泡 EL 不亮，称为正向阻断，如图 6-21a 所示。

2）S 断开，V_{AA} 加反向电压，灯泡 EL 不亮，称为反向关断，如图 6-21b 所示。

3）S 闭合，V_{GG} 加正向电压，V_{AA} 加反向电压，灯泡 EL 不亮，称为反向阻断，如图 6-21c 所示。

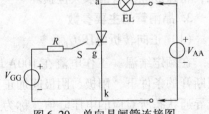

图 6-20 单向晶闸管连接图

4）S 闭合，V_{GG} 加正向电压，V_{AA} 加正向电压，灯泡 EL 亮，称之为触发导通，如图 6-21d所示。

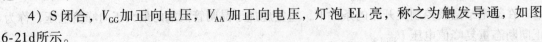

5）在第 4 步的基础上，断开 S，灯泡 EL 仍维持点亮状态，称之为维持导通，如图 6-21e 所示。

6）在第 5 步的基础上，逐渐减小 V_{AA} 的正向电压值，灯泡 EL 亮度逐渐变暗，直到最终熄灭，如图 6-21f 所示。

7）S 闭合，V_{GG} 加反向电压，V_{AA} 加正向电压，灯泡 EL 不亮，称之反向触发，如图 6-21g 所示。

8）S 闭合，V_{GG} 加反向电压，V_{AA} 加反向电压，灯泡 EL 不亮，晶闸管处于反向关断状态，如图 6-21h 所示。

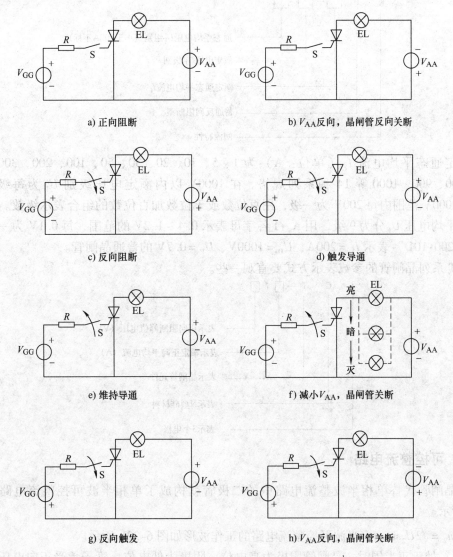

图 6-21　单向晶闸管工作示意图

根据图 6-21c 和图 6-21d 所示晶闸管的工作示意图，不难发现，晶闸管具有单向导电性。而结合图 6-21a、图 6-21b、图 6-21d、图 6-21g 和图 6-21h 不难发现，只有在晶闸管的阳极 a 与阴极 k 之间施加有正向电压、门极 g 与阴极 k 之间加上正向偏置电压或正向脉冲进行触发时，晶闸管的单向导电性才能得以实现。

从图 6-21e 可以看出，导通的晶闸管即使去掉门极电压，仍然可以维持导通状态。由图 6-21f 可以看出，要使导通的晶闸管关断，必须降低晶闸管正向阳极电压，使晶闸管阳极电流减小，直到图 6-18c 中所述的正反馈效应不能继续维持。断开阳极电源或者在晶闸管的阳极 a 和阴极 k 之间加上反向电压也能够有效地关断晶闸管。

5. 晶闸管的型号

国产晶闸管有 KP 系列和 3CT 系列两大类。KP 系列晶闸管参数的标注方式为

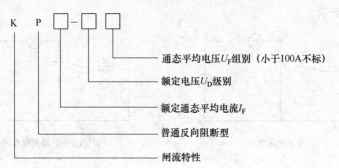

额定通态平均电流 I_F（单位：A）为 1、5、10、20、30、50、100、200、300、400、500、600、900、1000 等 14 种系列规格。在 1000V 以内额定电压级别 U_D 为每级 100V；1000 ~ 3000V 范围内每 200V 为一级，用百位数或千位数加百位数的组合表示级数。晶闸管的通态平均电压 U_F 分为 9 级，用 A ~ I 各字母表示 0.4 ~ 1.2V 的范围，每 0.1V 为一级。型号"KP200-10D"表示 $I_F = 200A$、$U_D = 1000V$、$U_F = 0.7V$ 的普通晶闸管。

3CT 系列晶闸管的参数表示方式要直观一些。

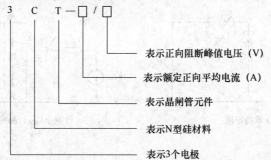

6.5.2 可控整流电路

用晶闸管代替单相半波整流电路中的二极管就构成了单相半波可控整流电路，如图 6-22a 所示。

设 $u_2 = \sqrt{2}U_2\sin\omega t$，半波可控整流电路的工作波形如图 6-22b 所示。

1）u_2 处于正半周时，晶闸管阳极为高电位，阴极为低电位，管子承受正向电压，但在 $0 \sim \omega t_1$ 期间，因门极未加触发脉冲 u_G，因而不导通，没有电流流过负载 R_L，负载两端电压 $u_0 = 0$，晶闸管承受 u_2 的全部电压。在 $\omega t_1 = a$ 时，触发脉冲 u_G 加到门极，晶闸管导通，由于晶闸管导通后的管压降仅为 1V 左右，与 u_2 的大小相比基本可忽略不计，因此在 $\omega t_1 \sim \pi$ 期间，负载两端电压与 u_2 电压波形基本相似，并有相应的电流流过。当交流电压 u_2 接近 0V

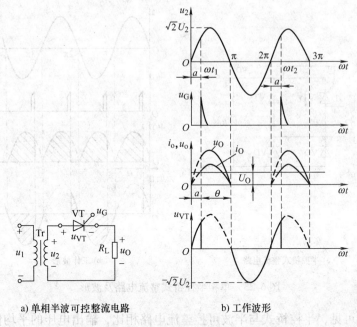

a) 单相半波可控整流电路　　　　b) 工作波形

图 6-22　单相半波整流电路及波形

时，流过晶闸管的电流小于维持电流，晶闸管自行关断，负载两端的输出电压为零。

2）在 u_2 为负半周时，晶闸管阳极电位低于阴极，管子承受反向工作电压，无论门极加或不加触发电压，晶闸管均不会导通，呈反向阻断状态，输出电压为零。

加入门极电压 u_G 使晶闸管开始导通的角度 α 称为触发延迟角，α 的变化范围为 $0 \sim \pi$。$\theta = \pi - \alpha$ 称为导通角，触发延迟角 α 越小，导通角 θ 就越大，当 $\alpha = 0$ 时，导通角 $\theta = \pi$，称为全导通。

改变触发脉冲在波形周期内的不同位置也就控制了晶闸管的导通角 θ，负载上得到的电压平均值也随之改变：α 增大 θ 减小，输出电压减小；α 减小 θ 增大，输出电压增加，从而实现可控整流。

由图 6-22b 可知，负载电压 u_O 是正弦波正半周的一部分，在一个周期内整流输出电压的平均值用 U_O 表示，其大小为

$$U_O = \frac{1}{2\pi}\int_{\alpha}^{\pi} \sqrt{2}U_2\sin\omega t\,\mathrm{d}(\omega t) = \frac{\sqrt{2}}{2\pi}U_2(1 + \cos\alpha) = 0.45U_2\frac{1 + \cos\alpha}{2} \tag{6-15}$$

当 $\alpha = 0$，$\theta = \pi$ 时，晶闸管全导通，相当于二极管单相半波整流电路，输出电压平均值最大可至 $0.45U_2$，当 $\alpha = \pi$，$\theta = 0$ 时，晶闸管全阻断，$u_O = 0$。负载电流的平均值为

$$I_O = \frac{U_O}{R_L} = 0.45U_2\frac{1 + \cos\alpha}{2R_L} \tag{6-16}$$

显然，改变触发延迟角 α，也就改变了输出电压 U_O 的大小。

如果将二极管桥式整流电路中的两只二极管用两只晶闸管替换，就构成了半控桥式整流电路，如图 6-23a 所示，设 $u_2 = \sqrt{2}U_2\sin\omega t$，电路各点的工作波形如图 6-23b 所示。

半控桥式整流电路输出电压的平均值为

$$U_O = 0.9U_2\frac{1 + \cos\alpha}{2} \tag{6-17}$$

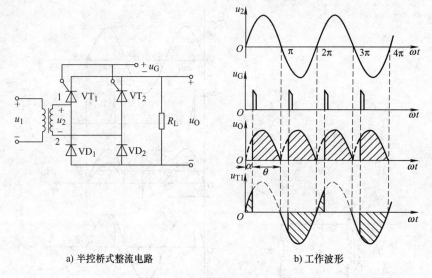

a) 半控桥式整流电路　　　　　　　　b) 工作波形

图 6-23　单相半控桥式整流电路及波形

从图 6-23b 可见，半控桥式与半波可控整流电路相比，输出电压的平均值大了 1 倍。相应地，输出电流的平均值为

$$I_0 = \frac{U_0}{R_L} \tag{6-18}$$

6.5.3　双向晶闸管

双向晶闸管的内部结构如图 6-24a 所示，由 N-P-N-P-N 五层半导体材料构成。

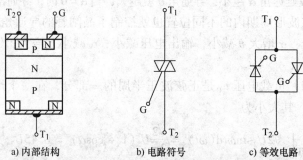

a) 内部结构　　　　　b) 电路符号　　　　　c) 等效电路

图 6-24　双向晶闸管的内部结构、电路符号及等效电路

双向晶闸管对外引出 3 只电极：接在 P 型半导体材料上的主电极为第一阳极 T_1，接在 N 型半导体材料上的电极为第二阳极 T_2 和门极 G。双向晶闸管的电路符号如图 6-24b 所示。双向晶闸管相当于两只单向晶闸管反向并联，其等效电路如图 6-24c 所示，因此双向晶闸管一般在交流电路中作无触点的开关使用。

双向晶闸管与单向晶闸管类似，同样具有触发控制特性。但双向晶闸管的触发控制特性与单向晶闸管有较大区别：无论在第一阳极 T_1 和第二阳极 T_2 之间接入何种极性的电压，只要在管子的门极加上一个触发脉冲，也不管这个脉冲是什么极性，都可以使双向晶闸管导通。

由于双向晶闸管的两个主电极没有正负之分，所以双向晶闸管的参数中也就没有正向峰值电压与反同峰值电压之分，而只使用一个最大峰值电压的参数。双向晶闸管的其他参数与单向晶闸管类似。

6.5.4 实用可控整流电路实例

电子式调光台灯和电子式风扇调速器在家庭日常生活中很常见，其核心器件都使用了晶闸管。采用单向晶闸管的调光台灯电路如图 6-25 所示。

调光台灯主回路中采用单向晶闸管 VT 控制负载（灯泡 EL）电压的调整。台灯的供电电源为 220V 交流，但由于单向晶闸管只能工作在直流电路中，因此增加了 4 只整流二极管 $VD_1 \sim VD_4$ 组成桥式整流电路，使加到单向晶闸管阳极和阴极两端的电压为单向的脉动直流电压，该电压同时通过电位器 RP 给电容 C_1 充电。当电容 C_1 正极的电压上升至晶闸管门极的触发电压时，晶闸管导通，电流通过 EL，点亮 EL 灯泡负载。旋转电位器 RP 改变其自身的阻值，从而调节 RP 与电容 C_1 构成 RC 电路的充放电时间常数，通过控制单向晶闸管的导通角，即可改变流经 EL 的电流大小，从而实现灯泡亮度的可调。

采用双向晶闸管的调光台灯电路如图 6-26 所示。由于采用了工作在交流状态下的双向晶闸管，省去了整流电路，因而大大简化了电路结构。

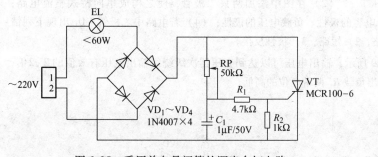

图 6-25 采用单向晶闸管的调光台灯电路

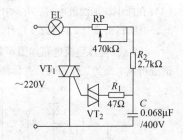

图 6-26 采用双向晶闸管
的调光台灯电路

在图 6-26 中，灯泡负载 EL 和双向晶闸管 VT_1（可选型号如 MAC97A6）呈串联状态连接至 220V 的交流市电中。灯泡 EL 的发光亮度受双向晶闸管 VT_1 的导通角控制，改变 VT_1 在交流电压正、负周期内的导通角，就能相应改变流过灯泡的电流和灯泡两端的电压，从而实现灯泡亮度可调。

晶闸管 VT_1 的导通角由 RC 阻容充放电电路和双向触发二极管 VT_2 等元器件控制。RC 阻容充放电电路由 R_2、RP 和 C_1 组成。双向触发二极管 VT_2 相当于两只双向并联的稳压二极管，管子两端的电压差只要达到其阈值电压即可导通，而不用考虑管子哪一端的电压更高，因而特别适用在交流电路中。

电路通电后，无论在交流电压的正半周还是负半周，当电容 C 两端电压经 R_2、RP 充电上升到双向触发管 VT_2 的导通（转折）电压时，VT_2 触发导通，电路产生正向或负向触发脉冲，使双向晶闸管 VT_1 触发导通，从而将相应导通角的交流电压加到灯泡 EL 上，使其发出相应的光亮。旋转电位器 RP，改变 RC 阻容充放电电路的时间常数，从而改变电容 C 两端电压达到双向触发管 VT_2 导通电压值的时刻，使双向晶闸管 VT_1 在交流电正、负半周时的导通角发生相应改变，最终实现灯泡发光亮度可调。

练习与思考

6.5.1 晶闸管导通条件是什么？晶闸管从工作原理上看，更接近二极管还是晶体管？

6.5.2 怎样关断导通的晶闸管？

6.5.3 晶闸管的正向伏安特性可以划分为哪几个部分，每个部分具有怎样的特点？

习　题

6-1 电路如图6-27所示，请合理连线，构成5V输出的直流稳压电源。

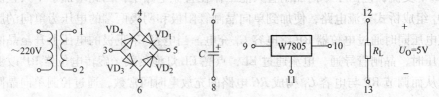

图6-27 习题6-1图

6-2 单相桥式整流电路如图6-28所示，已知$R_L = 50\Omega$，R_L两端的电压$U_o = 16V$，试求：

（1）估算变压器二次侧的电压u_2；　（2）在图中添加两只二极管，使之构成单向桥整流电路；（3）在图中添加滤波电容，并标出电容的极性、负载电压的极性；（4）若电路中二极管VD_1出现下列情况，电路将出现什么问题？1）开路；2）短路；3）极性反接。

6-3 二倍压整流电路如图6-29所示，输出电压可以达到变压器次级绕组输出电压有效值的$2\sqrt{2}$倍，请分析该电路的工作原理，并标注出负载R_L两端电位的高低。

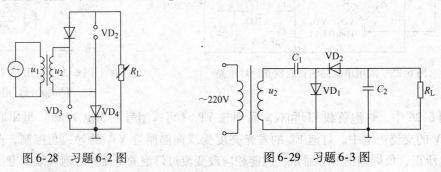

图6-28 习题6-2图　　　　　图6-29 习题6-3图

6-4 串联型稳压电路如图6-30所示，指出电路中存在的多处错误并修改。

6-5 串联型稳压电路如图6-31所示，已知$R_1 = 620\Omega$，$R_2 = 390\Omega$，$R_3 = 510\Omega$，$I_{Zmin} = 100mA$。

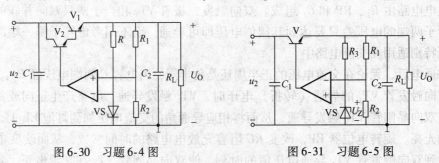

图6-30 习题6-4图　　　　　图6-31 习题6-5图

（1）分析运算放大器 A 的作用；（2）若 $U_Z = 5.1\text{V}$，U_0 为多少？（3）如果希望增大输出电压 U_0，则需要增大还是减小 R_1 的阻值？

6-6 由固定输出三端集成稳压器 W7815 组成的稳压电路如图 6-32 所示。其中 $R_1 = 1\text{k}\Omega$，$R_2 = 1.5\text{k}\Omega$，三端集成稳压器本身的工作电流 $I_Q = 1\text{mA}$，U_1 值足够大，试求输出电压 U_0 的值。

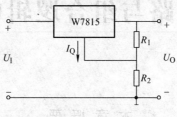

图 6-32 习题 6-6 图

6-7 现有一不知引脚排列的小功率晶闸管，请根据晶闸管内部 PN 结的结构特点，使用万用表判断出各电极的排列。

6-8 阻值为 2Ω 的 200W 电阻，如果需要采用 220V 工频电网电压对其供电，为了不致于损坏该电阻，则在对应的单相半波可控整流电路中，晶闸管的导通角需设定为多少？

第7章

门电路与组合逻辑电路

本章概要

本章首先介绍数字电路的基本单元——逻辑门，然后讲述基本逻辑运算关系——与、或、非以及复合逻辑运算，最后讲解组合逻辑电路的分析方法和设计方法。

重点：掌握与、或、非基本逻辑关系；卡诺图法化简逻辑函数的步骤及注意事项；组合逻辑电路的分析；组合逻辑电路的设计。

难点：公式法化简逻辑函数的技巧。

7.1 数字电路与基本逻辑门电路

7.1.1 逻辑门

逻辑门是数字电路的基本单元。逻辑门实际上是一种特殊的开关，按照一定的逻辑关系控制数字信号是否能够通过。基本逻辑关系包括与逻辑、或逻辑、非逻辑 3 种，对应的逻辑门称为"与门"、"或门"和"非门"。

1. 与逻辑

只有当决定结果的条件同时具备，结果才会发生，这种因果关系被定义为**与逻辑**。与逻辑运算如图 7-1 所示。如图7-1a所示的电路是反映与逻辑关系最简单的例子，图中只有开关 A、B 同时闭合，灯泡 L 才会被点亮。根据电路中的有关定理，可以很容易的列出对应状态表，如图7-1c所示。

在图 7-1a 中，经过设定变量和状态赋值后，便可以得到反映开关状态和电灯亮灭之间因果关系的逻辑表达形式——逻辑真值表，简称真值表，如图 7-1d 所示。

（1）设定变量

用英文字母表示开关和电灯的过程，称为变量设定。现用 A、B、L 分别表示开关 A、B 和灯 L。

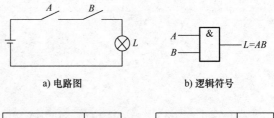

a) 电路图　　　　　　　b) 逻辑符号

A	B	灯 L
不闭合	不闭合	不亮
不闭合	闭合	不亮
闭合	不闭合	不亮
闭合	闭合	亮

c) 状态表

A	B	L
0	0	0
0	1	0
1	0	0
1	1	1

d) 逻辑真值表

图 7-1　与逻辑运算

（2）状态赋值

用0和1分别表示开关和电灯状态的过程，称为状态赋值。这里用1代表开关闭合和灯亮，0代表开关断开和灯灭。

（3）列真值表

根据变量设定和状态赋值的情况，可以很容易的得到如7-1d所示的真值表。

将这种控制灯泡亮、灭的因果关系（逻辑关系）用逻辑表达式来描述，则为

$$L = A \cdot B \tag{7-1}$$

在数字电路中能实现上述与逻辑运算的电路称为**与门**，其逻辑符号如图7-1b所示。与逻辑运算可以推广到更多输入变量：

$$L = A \cdot B \cdot C \cdot \cdots \cdots$$

2. 或逻辑

决定事物结果的条件中，只要有一个或一个以上的条件具备，结果就会发生。这种因果关系被称为**或逻辑**，或逻辑运算如图7-2所示。在7-2a所示的电路图中，两只开关A、B有一只闭合或同时闭合，灯泡L就会被点亮。或逻辑的状态表如图7-2c所示，或逻辑的真值表如图7-2d所示。或逻辑的逻辑表达式为

$$L = A + B \tag{7-2}$$

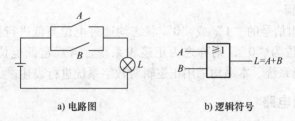

a) 电路图　　　　　　　　　b) 逻辑符号

开关A	开关B	灯L
不闭合	不闭合	不亮
不闭合	闭合	亮
闭合	不闭合	亮
闭合	闭合	亮

A	B	$L=A+B$
0	0	0
0	1	1
1	0	1
1	1	1

c) 状态表　　　　　　　　　d) 逻辑真值表

图7-2　或逻辑运算

实现或运算的电路称为**或门**，其逻辑符号如图7-2b所示。或运算也同样可以推广为多变量输入：

$$L = A + B + C + \cdots \cdots$$

3. 非逻辑

条件具备时结果不发生，而条件不具备时结果才发生，这种因果关系被称为**非逻辑**。

非逻辑运算如图7-3所示，在图7-3a所示的电路图中，当开关A闭合时，灯L不亮；而当A断开时，灯L点亮。其功能表如图7-3c所示，逻辑真值表如图7-3d所示。非逻辑的逻辑表达式中仅有一个输入变量

$$L = \overline{A} \tag{7-3}$$

实现非逻辑运算的电路称为**非门**，其逻辑符号如图 7-3b 所示。

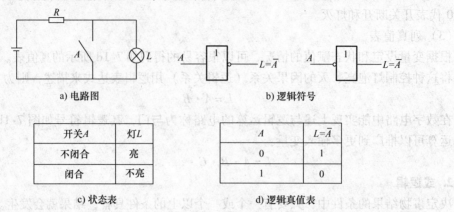

| a) 电路图 | | b) 逻辑符号 |

开关 A	灯 L
不闭合	亮
闭合	不亮

A	$L = \overline{A}$
0	1
1	0

c) 状态表　　　　　　　　　d) 逻辑真值表

图 7-3　非逻辑运算

4. 复合逻辑运算

将与门和非门串联，可得到与非逻辑，同理还可得到或非、与或、与或非、异或、同或等复合逻辑运算。

5. 正逻辑和负逻辑

门电路输入、输出信号的"1"或"0"状态均通过电位高低进行标志和定义。若规定高电位为"1"，低电位为"0"，则称之为正逻辑系统。若规定低电位为"1"，高电位为"0"，则称之为负逻辑系统。本书均采用正逻辑对数字系统进行表述。

7.1.2　集成元件门电路

常见的集成元件门电路有 TTL 门电路与 CMOS 门电路两类。

TTL 门电路有 74 系列（基本型），74S 系列（肖特基型，开关速度比基本型高），74LS 系列（低功耗的肖特基型）等多种产品系列。

CMOS 门电路的集成度比 TTL 门电路高、功耗更低、电源电压范围更宽。CMOS 门电路主要有 74HC 与 4000 两个系列。74HC 系列与 74 系列 TTL 门电路的逻辑功能、管脚排列基本一致，很多场合下可以互换，但前者性能更好，价格更低廉；4000 系列为低功耗和低速的另一类独立 CMOS 门电路产品，具体参数与指标可以查阅有关资料。

练习与思考

7.1.1　正逻辑与负逻辑具有怎样的联系与区别？

7.1.2　请列出三变量与逻辑、四变量或逻辑的逻辑真值表。

7.2　逻辑代数基础

逻辑代数又称为布尔代数，是分析和设计逻辑电路的基本数学工具。逻辑代数和普通代数同样是用字母代表变量，但变量的取值只有逻辑"0"和逻辑"1"两种，并且使用一套完整的运算规则对逻辑函数式进行化简、变换、分析与设计。

逻辑代数中的变量取值"0"和"1"并不反映数值的大小，而是表示两种相互对立的逻辑状态，这是逻辑代数与普通代数的本质区别。

7.2.1　基本逻辑运算

逻辑代数包括"与逻辑"、"或逻辑"、"非逻辑"3 种基本逻辑运算，这 3 种逻辑还可以进行任意组合，构成其他复杂的逻辑运算关系。在进行组合逻辑运算时，遵循的运算优先级别为：先"与"再"或"，最后"非"。根据基本逻辑运算关系和优先级关系可以推导出逻辑运算的一些基本法则和定理。

7.2.2　逻辑代数的基本公式

逻辑代数的基本法则和定律如表 7-1 所示，其中某些定律与普通代数相似，而有的定律与普通代数是矛盾的，使用时切勿混淆。

表 7-1　逻辑代数的基本法则和定律

名　称	公　式　1	公　式　2
0-1 律	$A \cdot 1 = A$ $A \cdot 0 = 0$	$A + 0 = A$ $A + 1 = 1$
互补律	$A \bar{A} = 0$	$A + \bar{A} = 1$
重叠律	$AA = A$	$A + A = A$
自等律	$A + 0 = A$	$A \cdot 1 = A$
交换律	$AB = BA$	$A + B = B + A$
结合律	$A(BC) = (AB)C$	$A + (B + C) = (A + B) + C$
分配律	$A(B + C) = AB + AC$	$A + BC = (A + B)(A + C)$
反演律	$\overline{AB} = \bar{A} + \bar{B}$	$\overline{A + B} = \bar{A}\,\bar{B}$
吸收律	$A(A + B) = A$ $A(\bar{A} + B) = AB$	$A + AB = A$ $A + \bar{A}B = A + B$
冗余律	$(A + B)(\bar{A} + C)(B + C) = (A + B)(\bar{A} + C)$	$AB + \bar{A}C + BC = AB + \bar{A}C$
还原律	$\bar{\bar{A}} = A$	

表 7-1 中略为复杂的公式可用表中其他简单的公式进行推导。

【例 7-1】　证明：吸收律 $A + \bar{A}B = A + B$

证：$A + \bar{A}B = A(B + \bar{B}) + \bar{A}B = AB + A\bar{B} + \bar{A}B = AB + AB + A\bar{B} + \bar{A}B$
　　　　$= A(B + \bar{B}) + B(A + \bar{A}) = A + B$

【例 7-2】　证明：反演律 $\overline{AB} = \bar{A} + \bar{B}$ 和 $\overline{A + B} = \bar{A}\,\bar{B}$

证：由于真值表具有唯一性，故表 7-1 中的所有公式都可以通过真值表来证明，即分别列出等号两边函数的真值表，再检验两个逻辑函数的真值表是否完全一致即可得证。

对比表 7-2 和表 7-3 中的数据，即可得证：$\overline{AB} = \bar{A} + \bar{B}$ 和 $\overline{A + B} = \bar{A}\,\bar{B}$。

反演律也称为摩根定律，是逻辑代数中非常重要的公式之一，它经常用于逻辑函数的变换，式（7-4）和式（7-5）是反演律的两个变形公式，也很常用。

$$AB = \overline{\bar{A} + \bar{B}} \tag{7-4}$$

$$A + B = \overline{\bar{A}\,\bar{B}} \tag{7-5}$$

表7-2　证明 $\overline{AB} = \overline{A} + \overline{B}$

A	B	$\overline{AB}$	$\overline{A} + \overline{B}$
0	0	1	1
0	1	1	1
1	0	1	1
1	1	0	0

表7-3　证明 $\overline{A + B} = \overline{A}\,\overline{B}$

A	B	$\overline{A + B}$	$\overline{A}\,\overline{B}$
0	0	1	1
0	1	0	0
1	0	0	0
1	1	0	0

【例7-3】　证明：冗余律 $A \cdot B + \overline{A} \cdot C + B \cdot C = A \cdot B + \overline{A} \cdot C$

证：$A \cdot B + \overline{A} \cdot C + B \cdot C = A \cdot B + \overline{A} \cdot C + B \cdot C(A + \overline{A})$

$\quad = A \cdot B + \overline{A} \cdot C + A \cdot B \cdot C + \overline{A} \cdot B \cdot C$

$\quad = A \cdot B \cdot (1 + C) + \overline{A} \cdot C \cdot (1 + B)$

$\quad = A \cdot B + \overline{A} \cdot C$

若两个乘积项中分别包含某变量 X 和该变量的非 $\overline{X}$ 两个因子，而这两个乘积项的其余因子共同组成第三个乘积项的一部分时，则第三个乘积项是冗余项，可以直接消去。

7.2.3　逻辑函数表达式

逻辑函数通常可以用真值表、逻辑表达式、逻辑图和卡诺图4种方法中的任意一种进行表示，它们之间可以进行相互转换，现举例说明。

【例7-4】　有一 T 形走廊，在交点处有一路灯，在进入走廊的 A、B、C 三地各有控制开关，都能独立进行控制。任意闭合其中一只开关，灯亮；任意闭合两只开关，灯灭；3只开关同时闭合，灯亮。

解：（1）列写真值表

设 A、B、C 分别代表3只开关的状态（输入变量）；Y 代表灯的状态（输出变量）。设开关闭合时的状态为"1"，断开时为"0"；设路灯亮时为"1"，灭时为"0"；列出相应的逻辑真值表如表7-4所示。

表7-4　逻辑真值表

A	B	C	Y
0	0	0	0
0	0	1	1
0	1	0	1
0	1	1	0
1	0	0	1
1	0	1	0
1	1	0	0
1	1	1	1

用输入和输出变量的逻辑状态（"1"或"0"）以逻辑真值表的形式来表示逻辑函数较为直观，且表中包含了输入变量的所有可能的取值。逻辑真值表表示的逻辑状态是唯一的。

不同的输入变量有不同的组合结果，本例中，三输入变量有 8 种组合状态；一般地，如果有 n 个输入变量则有 2^n 种组合状态。当输入变量的数量较多时，逻辑真值表可能会变得非常庞大，不便于识读。

（2）真值表与逻辑表达式的转换

逻辑表达式用"与"、"或"、"非"等运算符来表达逻辑关系。在真值表中取 $Y=1$ 的所有组合即可列写出对应的逻辑表达式。具体的方法为：列出在 $Y=1$ 时对应输入变量的任一组组合，若输入变量为"1"，则取输入变量的原变量（如 A），若输入变量为"0"，则取该变量的反变量（如 $\bar{A}$），同一组合内各个输入变量之间为"与"逻辑关系。在各种 $Y=1$ 的输入变量组合之间，遵循"或"逻辑的关系，最终的逻辑式为"与或"的形式。

根据表 7-4 的逻辑真值表可以写出例 7-4 的逻辑表达式：

$$Y=\bar{A}\,\bar{B}C+\bar{A}B\,\bar{C}+A\,\bar{B}\,\bar{C}+ABC \tag{7-6}$$

本例中只有一个输出变量 Y，因此只有一个逻辑函数表达式。如果在逻辑变量真值表中有 n 个输出变量，则需要列出 n 个输出逻辑函数表达式。

7.2.4　逻辑函数的化简

由逻辑真值表直接写出的逻辑表达式以及由该逻辑表达式直接画出的逻辑图，一般均比较复杂；若经过简化，则可使用较少的逻辑门实现完全相同的逻辑功能，从而起到节省逻辑器件、降低成本和提高电路工作可靠性的作用。

逻辑函数式的化简结果一般要求是最简"与-或"表达式形式。最简"与-或"表达式的判定标准为

1）乘积项尽可能少，即表达式中"＋"号最少。

2）每个乘积项中的变量数尽可能少，即表达式中"·"号的个数最少。

对逻辑函数进行化简，可通过公式法和卡诺图法实现。

1. 公式法

公式法化简运用逻辑代数的基本公式和基本规则对逻辑函数进行化简，常用的公式法化简方法有并项法、吸收法、消去法和配项法 4 种。

（1）并项法

运用公式 $A+\bar{A}=1$，将两项合并为一项，消去一个变量，如：

$$L=AB\bar{C}+ABC=AB(\bar{C}+C)=AB$$

（2）吸收法

运用吸收律 $A+AB=A$ 消去多余的乘积项，如：

$$L=A\bar{B}+A\bar{B}(C+DE)=A\bar{B}(1+C+DE)=A\bar{B}$$

（3）消去法

运用吸收律 $A+\bar{A}B=A+B$ 消去多余的因子，如：

$$L=AB+\bar{A}C+\bar{B}C=AB+(\bar{A}+\bar{B})C=AB+\overline{AB}C=AB+C$$

（4）配项法

根据 $B=B(A+\bar{A})$ 或 $A\bar{A}=0$ 的原理，增加必要的乘积项，再进行化简，如：

$$L = AB + \overline{A}C + BCD = AB + \overline{A}C + BCD(A + \overline{A}) = AB + \overline{A}C + ABCD + \overline{A}BCD = AB + \overline{A}C$$

在化简逻辑函数时，并没有唯一的步骤或方法，只有灵活运用上述方法，才能将逻辑函数化为最简。此外需要特别注意的是，逻辑函数化简的结果可能不是唯一的。

2. 卡诺图法

在 n 个变量的逻辑函数中，包含全部变量的乘积项称为最小项。其中每个变量在该乘积项中可能以原变量的形式出现，也可能以反变量的形式出现，每个变量在最小项中必须出现一次，但也只能出现一次。n 变量逻辑函数的全部最小项共有 2^n 个。设 A、B、C 是 3 个输入变量，共有 $2^3 = 8$ 种最小项组合，分别为 $\overline{A}\,\overline{B}\,\overline{C}$、$\overline{A}\,\overline{B}C$、$\overline{A}B\overline{C}$、$\overline{A}BC$、$A\overline{B}\,\overline{C}$、$A\overline{B}C$、$AB\overline{C}$、$ABC$。

卡诺图是和输入变量的最小项相对应、按一定规则排列的方格图，每一个小方格对应一个最小项。在变量数量较少的条件下，运用卡诺图化简逻辑函数比公式法更加简单和直观。

图 7-4、图 7-5、图 7-6 分别为 2 变量卡诺图、3 变量卡诺图和 4 变量卡诺图。在卡诺图的行和列分别标出变量及其状态。变量状态的次序为"00"、"01"、"11"、"10"，这样的排列次序使任意两个相邻最小项之间有且只有一个变量发生改变。

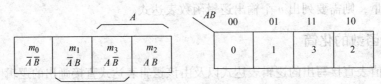

图 7-4　2 变量卡诺图

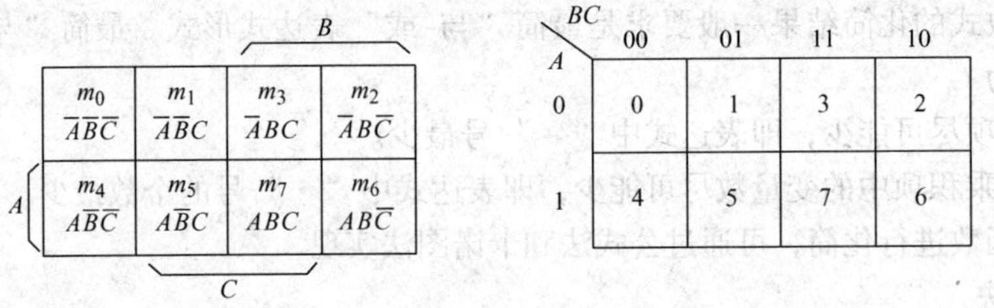

图 7-5　3 变量卡诺图

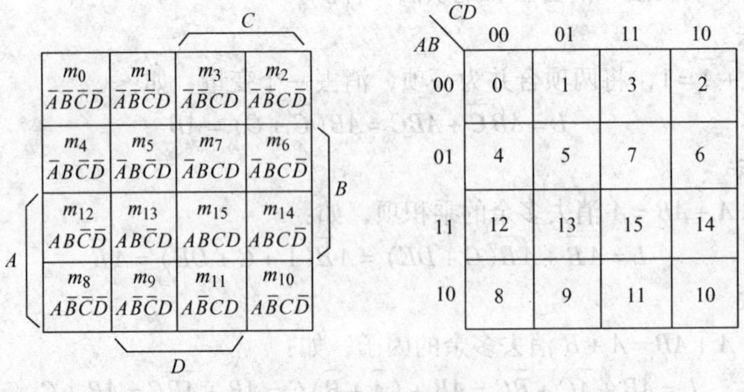

图 7-6　4 变量卡诺图

卡诺图的每个小方格可以用最小项的十进制数值做下角标进行编码，编码时变量本身取"1"，变量的非取"0"，如 m_0、m_1、m_2、…

仔细观察图 7-4、图 7-5、图 7-6 可以发现，卡诺图具有很强的相邻性。首先是直观相邻性，只要小方格在几何位置上相邻，它代表的最小项在逻辑上一定相邻。其次是对边相邻性，即与中心轴对称的左右两个边沿和上下两个边沿的小方格也具有相邻性，即"00"与"01"相邻，"01"与"11"相邻，"11"与"10"相邻，特别地，尾端的"10"也与首端的"00"相邻。

在运用卡诺图化简逻辑函数时，需要在卡诺图中找出相邻的最小项用特定的矩形圈标注并消去某些项及变量。为了将逻辑函数化到最简，画矩形圈时应注意以下几点：

1）每个矩形圈内只能包含 2^n（$n = 0$，1，2，3，…）个相邻项，也就是说，矩形圈内包含的相邻项个数只能为 1、2、4、8、16、…，不能出现 6、10、12、14 这些数量的相邻项。相邻项只能左右相邻，上下相邻，而不允许对角相邻。

2）矩形圈包含的相邻项数量要尽可能多，以便消去更多的变量。例如，能按照 8 个变量画出矩形圈就不要用 4 个变量的矩形圈。

3）首尾相邻和四角相邻是两类特例，化简时需要引起注意。

4）矩形圈的个数应尽可能少，使化简后的逻辑函数乘积项数量最少。

5）卡诺图中所有取值为 1 的方格（最小项）均需要被圈中。

6）取值为 1 的方格（最小项）可以在不同的矩形圈中被重复使用，但是每个矩形圈中至少需要含有 1 个没被其他矩形圈用过的方格（最小项），否则该包围圈是多余的，应该舍去。

矩形圈画完后，根据以下规则即可写出每个圈对应的最简乘积项：取值为 1 的变量用原变量表示，取值为 0 的变量用原变量取反表示，然后将矩形圈中的这些变量相与得到一个乘积项；最后将所有乘积项相或，即可得到最简"与—或"表达式。

【例 7-5】　用卡诺图化简逻辑函数，$L(A, B, C, D) = \sum m(0, 2, 3, 4, 6, 7, 10, 11, 13, 14, 15)$。

解：由表达式画出卡诺图，如图 7-7 所示。

画矩形圈合并最小项，得简化的与—或表达式：

$$L = C + \overline{A}\ \overline{D} + ABD$$

注意：图 7-7 中的矩形圈 $\overline{A}\ \overline{D}$ 利用了首尾相邻性得到。

【例 7-6】　用卡诺图化简逻辑函数，$F = AD + A\ \overline{B}\ \overline{D} + \overline{A}\ \overline{B}\ C\ D + \overline{A}\ BC\ \overline{D}$

解：（1）由表达式画出卡诺图，如图 7-8 所示。

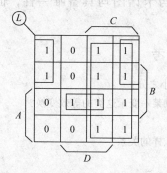

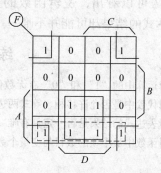

图 7-7　例 7-5 的卡诺图　　　　　图 7-8　例 7-6 的卡诺图

（2）画矩形圈合并最小项，得简化的与—或表达式：

$$F = AD + \overline{B}\,\overline{D}$$

图中的矩形圈$\overline{B}\,\overline{D}$可利用了四角相邻性得到。

注意：图中的点画线矩形圈中所有的最小项都被其他矩形圈使用过，没有自己独有的，因而这个矩形圈是多余的，应舍去。

【例7-7】 某逻辑函数的逻辑真值表如表7-5所示，用卡诺图化简该逻辑函数。

表7-5 例7-7的真值表

A	B	C	L
0	0	0	0
0	0	1	1
0	1	0	1
0	1	1	1
1	0	0	1
1	0	1	1
1	1	0	1
1	1	1	0

解：将逻辑真值表的结果直接填入如图7-9所示卡诺图中。

解法1：如图7-9a所示，画矩形圈合并最小项，得到简化的"与—或"表达式：

$$L = \overline{B}C + \overline{A}B + A\overline{C}$$

解法2：如图7-9b所示，画矩形圈合并最小项，得到简化的"与—或"表达式：

$$L = A\overline{B} + B\overline{C} + \overline{A}C$$

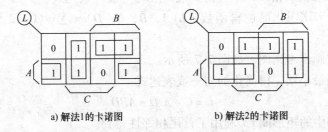

a) 解法1的卡诺图   b) 解法2的卡诺图

图7-9 例7-7的卡诺图

通过例7-7可以看出，逻辑函数的真值表与卡诺图均具备唯一性，但化简出最简"与—或"表达式的结果却可能并不唯一。

练习与思考

7.2.1 逻辑运算中的"1"和"0"有无数值上的大小之分？

7.2.2 逻辑代数中是否允许移相、等式两边同时除以某一变量这类的等效变换？

7.2.3 逻辑表达式的结果是否一定具有唯一性？

7.2.4 逻辑函数中最小项的数目与变量个数具有什么样的关系？

7.3　组合逻辑电路的分析与设计

组合逻辑电路的分析与设计是一个问题的两个方面：组合逻辑电路的分析是根据已有的逻辑电路，通过分析与归纳，总结出该电路的逻辑功能；而组合逻辑电路的设计则是根据某个具体的逻辑功能，设计出与该功能对应的逻辑电路。

7.3.1　组合逻辑电路的分析

根据结构和工作原理的不同，数字电路可分为组合逻辑电路与时序逻辑电路两大类，其中组合逻辑电路在任何时刻的输出状态只取决于该时刻的输入状态，而与该时刻以前的电路状态无关，因而逻辑关系比较简单。

对组合逻辑电路进行分析的目的在于确定该电路的逻辑功能。比较简单的组合逻辑电路一般仅从真值表或逻辑表达式上基本就能够观察出对应的逻辑功能；而对复杂的组合逻辑电路而言，则往往需要一定的经验积累，才能推断出准确的逻辑功能。

组合电路的分析过程可按照下列步骤进行：

1）根据给定的逻辑电路，从输入端开始，逐级推导出每一级门电路输出端的逻辑表达式。

2）运用逻辑代数的定律与公式对逻辑表达式进行化简、变换。

3）根据输出端的逻辑函数表达式列出真值表。

4）根据真值表和逻辑表达式进行综合分析，确定逻辑电路的具体功能。

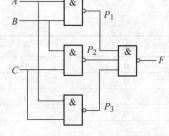

注意：其中第 2）步根据电路实际复杂情况可以相应省略。

【例 7-8】　分析图 7-10 所示组合逻辑电路的逻辑功能。

解：根据给出的逻辑图，逐级推导出输出端的逻辑函数表达式：

图 7-10　例 7-8 的逻辑电路

$$P_1 = \overline{AB},\ P_2 = \overline{BC},\ P_3 = \overline{AC}$$

$$F = \overline{P_1 \cdot P_2 \cdot P_3} = \overline{\overline{AB} \cdot \overline{BC} \cdot \overline{AC}} = AB + BC + AC$$

例 7-8 的真值表如表 7-6 所示。

表 7-6　例 7-8 的真值表

A	B	C	F
0	0	0	0
0	0	1	0
0	1	0	0
0	1	1	1
1	0	0	0
1	0	1	1
1	1	0	1
1	1	1	1

由真值表的输出变量"F"可以看出，3 个输入变量中只要有两个或两个以上的输入变量为 1，则输出函数 F 为 1，否则为 0，它表示了一种"少数服从多数"的简单逻辑关系。因此可以将该电路的功能概括为"三输入变量的表决器"。

【例7-9】 图 7-11a 所示电路中除了常见的非门外，还有两只异或门与一只与或非门。异或门的运算规则是相异为 1，相同为 0，只针对两个输入变量有效，用符号 $\oplus$ 对两个输入变量进行连接。与或非门遵循"先与再或最后非"的运算规则。分析该电路的逻辑功能。

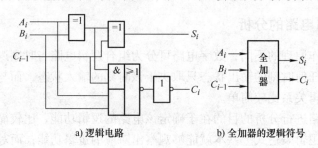

a) 逻辑电路　　　　　b) 全加器的逻辑符号

图 7-11　例 7-9 的电路与全加器的逻辑符号

解：（1）依次写出各个门电路输出端的函数表达式

$$S_i = A_i \oplus B_i \oplus C_{i-1}$$

$$C_i = (A_i \oplus B_i) C_{i-1} + A_i B_i$$

（2）列出真值表（见表 7-7）

表 7-7　例 7-9 的真值表

A_i	B_i	C_{i-1}	C_i	S_i
0	0	0	0	0
0	0	1	0	1
0	1	0	0	1
0	1	1	1	0
1	0	0	0	1
1	0	1	1	0
1	1	0	1	0
1	1	1	1	1

（3）分析电路的逻辑功能

从表 7-7 所示的真值表可以看出，当 3 个输入变量 A_i、B_i、C_i 中有一个为 1 或 3 个同时为 1 时，输出 $S_i = 1$，而当 3 个变量中有两个或两个以上同时为 1 时，输出 $C_i = 1$，实现了 A_i、B_i、C_{i-1} 3 个一位二进制数加法的运算功能，这个电路结构称为一位全加器，逻辑符号如图 7-11b 所示。其中，A_i、B_i 分别为两个一位二进制数相加的被加数、加数，C_{i-1} 为低位向本位的进位，S_i 为和，C_i 是本位向高位的进位。

7.3.2　组合逻辑电路的设计

组合逻辑电路的设计是把某个组合逻辑关系用具体的硬件逻辑电路加以实现的过程，本节主要讲解如何使用集成逻辑门电路来实现组合逻辑关系。

组合逻辑电路的设计一般可以参照下列步骤进行：

1）逻辑抽象：将文字描述的逻辑功能转换成真值表。

首先要分析逻辑关系，确定输入变量与输出变量；然后用二值逻辑的 0、1 两种状态分别对输入变量与输出变量进行逻辑赋值，即确定"0"和"1"所代表的具体含义；最后根据输出与输入之间的逻辑关系列出真值表。

2）选择器件类型。

根据逻辑关系的要求、器件功能及其资源情况决定采用哪些门电路。

3）根据真值表和选用逻辑器件的类型，写出相应的逻辑函数表达式。

当采用 SSI（小规模）集成门电路进行设计时，为了获得最简单的设计结果，应对逻辑函数表达式进行化简，并变换为与第 2 步所选择的门电路（与非门、或非门、与或非门等）相对应的最简表达式。

4）根据逻辑函数表达式及选用的逻辑器件作出逻辑电路图。

5）如有必要，可以进行硬件电路的实物安装调试，以验证设计是否满足给定的组合逻辑关系。

最简逻辑电路设计所遵循的基本原则是：所用器件的种类和数量都尽可能最少，器件之间连线尽可能最少。

【例 7-10】 设计一个一位全减器。

解：（1）列真值表

全减器完成的是一个有借位的减法运算关系，其逻辑符号如图 7-12a 所示。全减器有 3 个输入变量：被减数 A_n、减数 B_n、低位向本位的借位 C_{n-1}；有两个输出变量：差 D_n、本位向高位的借位 C_n。全减器的真值表如表 7-8 所示。

表 7-8　全减器真值表

A_n	B_n	C_{n-1}	C_n	D_n
0	0	0	0	0
0	0	1	1	1
0	1	0	1	1
0	1	1	1	0
1	0	0	0	1
1	0	1	0	0
1	1	0	0	0
1	1	1	1	1

（2）选器件

采用 SSI（小规模）集成门电路进行设计时，可供选择的门电路包括非门、与非门、或非门、异或门、与或非门等多种类型，本例首先考虑选择比较常见的非门、与或非门完成设计。

（3）写逻辑函数式

首先画出 C_n 和 D_n 的卡诺图如图 7-12b 和图 7-12c 所示。

如果直接对卡诺图化简，可得到下列的最简与或表达式：

$$C_n = \overline{A}_n C_{n-1} + B_n C_{n-1} + \overline{A}_n B_n \tag{7-7}$$

$$D_n = \overline{A}_n \overline{B}_n C_{n-1} + \overline{A}_n B_n \overline{C}_{n-1} + A_n \overline{B}_n \overline{C}_{n-1} + A_n B_n C_{n-1} \tag{7-8}$$

而根据选择使用的与或非门，最后有一级非逻辑，故可在图 7-12b 和图 7-12c 中进行圈 0（$\overline{0}=1$）来化简求出相应的最简与或非式为

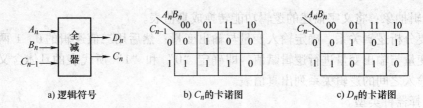

a) 逻辑符号　　　　b) C_n的卡诺图　　　　c) D_n的卡诺图

图 7-12　全减器的逻辑符号与卡诺图

$$D_n = \overline{\overline{A_n}\,\overline{B_n}\,\overline{C_{n-1}} + \overline{A_n}B_nC_{n-1} + A_nB_n\overline{C_{n-1}} + A_n\overline{B_n}C_{n-1}}$$

$$C_n = \overline{\overline{B_n}\,\overline{C_{n-1}} + \overline{A_n}\,\overline{C_{n-1}} + A_n\overline{B_n}}$$

(7-9)

根据式（7-9）画出对应的逻辑电路图如图 7-13a 所示，共使用 3 只非门、两种与或非门。

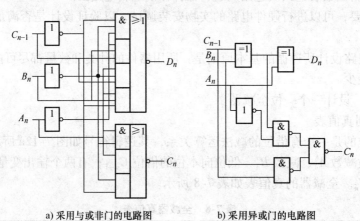

a) 采用与或非门的电路图　　　　b) 采用异或门的电路图

图 7-13　采用不同门电路设计完成的全减器逻辑电路

根据异或的表达式为

$$Y = A \oplus B = \overline{A}B + A\overline{B}$$

则

$$\begin{aligned} Z &= A \oplus B \oplus C \\ &= (\overline{A}B + A\overline{B}) \oplus C \\ &= (\overline{A}B + A\overline{B})\overline{C} + \overline{(\overline{A}B + A\overline{B})}C \\ &= \overline{A}\,\overline{B}\,C + \overline{A}B\,\overline{C} + A\overline{B}\,\overline{C} + ABC \end{aligned}$$

因此可将式（7-8）化简为异或的形式，可得到

$$D_n = A_n \oplus B_n \oplus C_{n-1} \tag{7-10}$$

$$C_n = \overline{\overline{B_n}\,\overline{C_{n-1}} + \overline{A_n}\,\overline{C_{n-1}} + A_n\overline{B_n}} \tag{7-11}$$

根据式（7-10）、式（7-11）画出对应的逻辑电路图如图 7-13b 所示，共使用两只异或门与 4 只二输入与非门（图 7-13b 中的唯一的一个非门可以通过与非门并联输入端后转换为非门，因为 $\overline{A \cdot A} = \overline{A}$）。显然图 7-13b 所示的方案电路连接要比图 7-13a 简洁，因此将"异或门"+"与非门"的设计方案作为最终的逻辑电路方案。

二输入与非门的典型芯片为 74LS00，其内部共集成 4 组功能完全一致的与非门，如图 7-14a 所示。异或门的典型芯片为 74LS86，其内部有集成有 4 组功能完全一致的异或门，如

图 7-14b 所示。

将图 7-13b 所示的逻辑图转换为芯片的硬件连接关系，如图 7-15 所示。

根据 74LS00、74LS86 内部结构及引脚排列图，设计出全减器的 PCB（印制电路板）图，如图 7-16 所示。

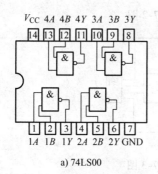

a) 74LS00

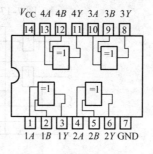

b) 74LS86

图 7-14 74LS00、74LS86 内部结构示意图

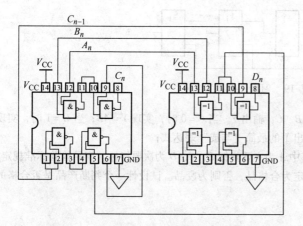

图 7-15 采用异或门、与非门构成全减器
电路的连接示意图

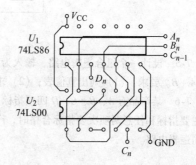

图 7-16 采用异或门、与非门构成
全减器电路的 PCB 图

练习与思考

7.3.1 组合逻辑电路有哪些特点？

7.3.2 简述组合逻辑电路分析的一般步骤。

7.3.3 在组合逻辑电路设计的步骤中，为什么说列出真值表是最关键的一步？

习 题

7-1 化简下列逻辑函数，写出最简与或表达式

(1) $Y(A, B, C, D) = \sum m(0, 1, 8, 9, 10, 11)$；(2) $F = \overline{AB}\,\overline{CD} + A\overline{B}C\overline{D} + AB\overline{C} + ABD + \overline{B}C\overline{D} + \overline{A}BCD + AB\overline{C}\,\overline{D}$

7-2 根据图 7-17 所示的输入波形 A、B、C、D，写出输出函数 F 的逻辑表达式。

7-3 逻辑电路如图 7-18 所示，分析其逻辑功能并进行化简，给出化简后的逻辑电路图。

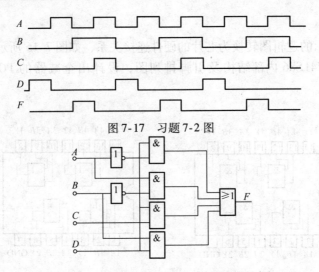

图 7-17　习题 7-2 图

图 7-18　习题 7-3 图

7-4　逻辑电路如图 7-19 所示，写出逻辑函数表达式，并分析电路的逻辑功能。

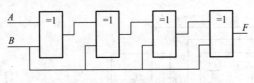

图 7-19　习题 7-4 图

7-5　设计一个组合逻辑电路，输入为 A、B、C，输出 Y。当 $C = 0$ 时，实现 $Y = AB$；当 $C = 1$ 时，实现 $Y = A + B$。要求：（1）列出真值表；（2）求输出 Y 的最简"与或"表达式；

7-6　某产品有 A、B、C、D 四项指标，其中 A 为主要指标 B、C、D 为次要指标。产品检验标准规定：当主要指标和任意两项次要指标合格时，产品定为合格品，否则为废品。试设计一个判断产品是否合格的最简逻辑电路。

第8章

常用集成组合逻辑器件及其应用

✂ 本章概要 ✂

许多常用的组合逻辑电路都提供有专门的集成芯片，而不再使用门电路自行搭建。本章将介绍编码器、译码器、数据选择器、数值比较器和加法器等常用的集成组合逻辑器件，并分析此类器件的基本结构、逻辑功能及简单应用。

重点：译码器的工作原理、优先编码器的工作原理；半加器与全加器的逻辑关系；数据选择器的工作原理；常用组合逻辑器件的级联扩展。

难点：利用集成组合逻辑器件实现逻辑函数。

8.1 编码器

在数字电路中把二进制码按一定规律编排，使每组代码具有某一特定的含义（如十进制数1、2、3、…、9，字符A、B、C、…、Z，运算符号 +、−、= 等），这个编排二进制码的过程称为编码。具有编码功能的组合逻辑电路称为编码器。

一位二进制代码有"0"和"1"两种取值，可以表示两个信号，两位二进制代码"00"、"01"、"10"、"11"共有4种组合，则可以表示4个信号，以此类推，n位二进制代码共有2^n种组合，因而可以表示2^n个信号。按照被编码信号的不同特点和要求，编码器可分为二进制编码器、二-十进制编码器两类。

8.1.1 二进制编码器

用n位二进制代码对$N = 2^n$个信号进行编码的电路，叫做二进制编码器。例如$n = 3$，可以对8个信号进行编码。这种编码器在任何时刻只允许一个输入信号有效，不允许同时出现两个或两个以上的有效输入信号。

图8-1是3位二进制编码器的框图，它具有$I_0 \sim I_7$共8个输入信号，这8个信号每个时刻仅有一个有效，输出3位二进制代码F_2、F_1、F_0，也称为8-3线编码器。

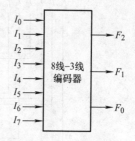

图8-1 3位二进制8线-3线编码器框图

8-3线编码器输出与输入的对应关系有很多种，表8-1列出了其中较为简单的一种。

表 8-1　3 位二进制编码器的功能表

有效输入（高电平）	输 出		
	Y_2	Y_1	Y_0
I_0	0	0	0
I_1	0	0	1
I_2	0	1	0
I_3	0	1	1
I_4	1	0	0
I_5	1	0	1
I_6	1	1	0
I_7	1	1	1

根据表 8-1 可以列出逻辑表达式为

$$\begin{cases} Y_2 = I_4 + I_5 + I_6 + I_7 \\ Y_1 = I_2 + I_3 + I_6 + I_7 \\ Y_0 = I_1 + I_3 + I_5 + I_7 \end{cases} \tag{8-1}$$

根据逻辑表达式的结果可设计出如图 8-2 所示的逻辑图。

8.1.2　二进制优先编码器

　　普通的二进制编码器在任何时刻只允许输入一个有效信号，不允许同时出现两个或两个以上的有效信号，因而其输入信号必须是一组互相排斥的变量。优先编码器在有两个或两个以上的有效信号同时输入时，电路只对其中优先级别最高的一个信号进行编码，对其他优先级别低的信号则不予处理。

　　74LS148 是常用的 8 线-3 线集成优先编码器，省略掉电源、地管脚后得到的逻辑符号如图 8-3 所示，其功能表如表 8-2 所示。

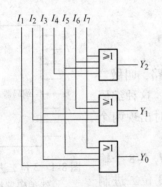

图 8-2　3 位二进制编码器

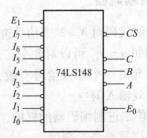

图 8-3　74LS148 逻辑符号

　　图 8-3 中输入端的小圆圈表示输入信号为低电平有效，I_7 的优先级别最高，I_0 的优先级别最低；输出端 C、B、A 的小圆圈表示反码输出，C 为编码的最高位，A 为编码的最低位。

表 8-2　优先编码器 74LS148 的功能表

输　入									输　出				
E_1	I_7	I_6	I_5	I_4	I_3	I_2	I_1	I_0	C	B	A	CS	E_0
1	×	×	×	×	×	×	×	×	1	1	1	1	1
0	1	1	1	1	1	1	1	1	1	1	1	1	0
0	0	×	×	×	×	×	×	×	0	0	0	0	1
0	1	0	×	×	×	×	×	×	0	0	1	0	1
0	1	1	0	×	×	×	×	×	0	1	0	0	1
0	1	1	1	0	×	×	×	×	0	1	1	0	1
0	1	1	1	1	0	×	×	×	1	0	0	0	1
0	1	1	1	1	1	0	×	×	1	0	1	0	1
0	1	1	1	1	1	1	0	×	1	1	0	0	1
0	1	1	1	1	1	1	1	0	1	1	1	0	1

注：表中的 × 表示既可以取 "1"，也可以取 "0"。

E_1 为输入使能端，低电平有效。$E_1 = 1$ 时，电路禁止编码，无论 $I_7 \sim I_0$ 中有无有效信号，C、B、A 均输出高电平。$E_1 = 0$ 时电路允许编码，如果 $I_7 \sim I_0$ 中有低电平（有效信号）输入，则 C、B、A 输出 $I_7 \sim I_0$ 中级别最高那个输入信号的编码，不过这个编码是被取反后输出的，即为反码输出。

E_0 和 CS 为使能输出端和优先标志输出端，当 $E_0 = 0$，$CS = 1$ 时，表示 $I_7 \sim I_0$ 中无有效信号输入，故无码可编；当 $E_0 = 1$，$CS = 0$ 时，表示该电路允许编码且正在编码；当 $E_0 = CS = 1$ 时，表示该电路禁止编码，即无法编码。

优先编码器常用于有优先级的中断系统和键盘编码。编码器的应用非常广泛，常用计算机键盘的内部就有一个字符编码器。它将键盘上的大、小写英文字母和数字、符号以及一些功能键（回车、空格）等编成一系列的 7 位二进制数码，送到计算机的中央处理单元 CPU。

8.1.3　二-十进制编码器

日常生活中人们接触最多的是十进制代码，将 0、1、2、3、4、5、6、7、8、9 这些十进制数编成二进制代码的电路称之为二-十进制编码器，有时也称为 10 线-4 线编码器。

4 位二进制代码可以表示 16 种不同的状态，其中任何十种状态都可以表示 0~9 这十个数码，但最常用的是 8421BCD 码。在 0~9 这十个数码中的某个信号为 1 时，则需要对其进行编码，输出相应的 8421BCD 码。和二进制编码器一样，二-十进制编码器任何时刻只允许输入一个有效信号。二-十进制 8421BCD 编码器的编码表如表 8-3 所示。

表 8-3　二-十进制 8421BCD 编码器的编码表

十进制数	对应输入	编码输出			
		D	C	B	A
0	Y_0	0	0	0	0
1	Y_1	0	0	0	1

（续）

十进制数	对应输入	编码输出			
		D	C	B	A
2	Y_2	0	0	1	0
3	Y_3	0	0	1	1
4	Y_4	0	1	0	0
5	Y_5	0	1	0	1
6	Y_6	0	1	1	0
7	Y_7	0	1	1	1
8	Y_8	1	0	0	0
9	Y_9	1	0	0	1

将表8-3中各位输出码为1的相应输入变量相加，可得到编码器的各输出表达式：

$$\begin{cases} D = Y_8 + Y_9 = \overline{\overline{Y_8} \cdot \overline{Y_9}} \\ C = Y_4 + Y_5 + Y_6 + Y_7 = \overline{\overline{Y_4} \cdot \overline{Y_5} \cdot \overline{Y_6} \cdot \overline{Y_7}} \\ B = Y_2 + Y_3 + Y_6 + Y_7 = \overline{\overline{Y_2} \cdot \overline{Y_3} \cdot \overline{Y_6} \cdot \overline{Y_7}} \\ A = Y_1 + Y_3 + Y_5 + Y_7 + Y_9 = \overline{\overline{Y_1} \cdot \overline{Y_3} \cdot \overline{Y_5} \cdot \overline{Y_7} \cdot \overline{Y_9}} \end{cases} \tag{8-2}$$

根据逻辑表达式（8-2）做出逻辑电路如图8-4所示。

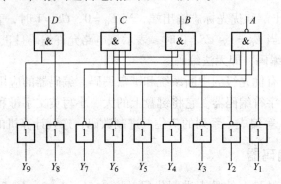

图8-4 8421BCD 码编码器电路图

练习与思考

8.1.1 编码的含义是什么？常用的编码器包括哪些类型？

8.1.2 什么是优先编码？为什么优先编码能够获得更为广泛的使用？

8.2 译码器

译码是编码的逆过程，它将具有特定含义的二进制输入代码按照其编码时的含义转换成对应的信号输出，具有译码功能的逻辑电路称为译码器。常用的译码器有二进制译码器和二- 十进制显示译码器两种基本类型。

8.2.1 二进制译码器

二进制译码器有 n 个输入端（即 n 位二进制码），2^n 个输出端。

图 8-5 为 3 线-8 线译码器的逻辑符号，功能表如表 8-4 所示。图中，A_2、A_1、A_0 为地址输入端，A_2 为高位。$\overline{Y}_0 \sim \overline{Y}_7$ 为状态信号的反码输出端。E_1 和 E_{2A}、E_{2B} 为使能控制端。

3 线-8 线译码器的功能表如表 8-4 所示，由功能表可知，只有当 E_1 为高，E_{2A}、E_{2B} 都为低时，该译码器才输出有效状态信号；若有一个条件不满足，则译码器不工作，输出全部为高电平。

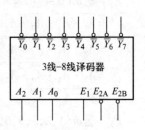

图 8-5　3 线-8 线译码器逻辑符号

表 8-4　3 线-8 线译码器功能表

使 能 端		输 入 端			输 出 端							
E_1	$E_{2A} + E_{2B}$	A_2	A_1	A_0	$\overline{Y}_0$	$\overline{Y}_1$	$\overline{Y}_2$	$\overline{Y}_3$	$\overline{Y}_4$	$\overline{Y}_5$	$\overline{Y}_6$	$\overline{Y}_7$
×	1	×	×	×	1	1	1	1	1	1	1	1
0	×	×	×	×	1	1	1	1	1	1	1	1
1	0	0	0	0	0	1	1	1	1	1	1	1
1	0	0	0	1	1	0	1	1	1	1	1	1
1	0	0	1	0	1	1	0	1	1	1	1	1
1	0	0	1	1	1	1	1	0	1	1	1	1
1	0	1	0	0	1	1	1	1	0	1	1	1
1	0	1	0	1	1	1	1	1	1	0	1	1
1	0	1	1	0	1	1	1	1	1	1	0	1
1	0	1	1	1	1	1	1	1	1	1	1	0

如果用 $\overline{Y}_i$ 表示 i 端的输出，则输出函数可以简写为

$$\overline{Y}_i = \overline{E m_i} \quad (i = 0 \sim 7)$$

式中

$$E = \overline{E_1 \overline{E_{2A} + E_{2B}}} = E_1 \overline{E_{2A}} \; \overline{E_{2B}}$$

可见，当使能端有效（$E = 1$）时，每个输出函数正好等于输入变量最小项的非。

一个 3 线-8 线译码器能产生 3 变量逻辑函数的全部最小项，利用这一点能够方便地实现 3 变量逻辑函数，用译码器实现多输出函数时，优势很明显。同理，一个 4 线-16 线译码器能够产生 4 变量函数的全部最小项，同样能够方便地实现 4 变量逻辑函数。

【例 8-1】　试用 3 线-8 线译码器实现下列逻辑函数。

$$F_1(A, B, C) = \sum m(0, 4, 7)$$

$$F_2(A, B, C) = \sum m(1, 2, 3, 5, 6, 7)$$

解：因为当译码器的使能端有效（$E = 1$）时，译码器的每个输出 $\overline{Y}_i = \overline{m_i}$，因此只要将函数的输入变量加至译码器的地址输入端，并在输出端辅以少量的门电路，便可以实现逻辑函数。

本题 F_1、F_2 均为三变量函数，首先令函数的输入变量 A、B、C 依次对应 3 线-8 线译码

器的输入端 A_2、A_1、A_0，然后将 F_1、F_2 变换为 3 线-8 线译码器输出的形式。

$$F_1 = \sum m(0,4,7) = \bar{A} \cdot \bar{B} \cdot \bar{C} + A \cdot \bar{B} \cdot \bar{C} + A \cdot B \cdot C$$

$$= \bar{A_2} \cdot \bar{A_1} \cdot \bar{A_0} + A_2 \cdot \bar{A_1} \cdot \bar{A_0} + A_2 \cdot A_1 \cdot A_0$$

$$= \overline{\overline{\bar{A_2} \cdot \bar{A_1} \cdot \bar{A_0} + A_2 \cdot \bar{A_1} \cdot \bar{A_0} + A_2 \cdot A_1 \cdot A_0}}$$

$$= \overline{\overline{\bar{A_2} \cdot \bar{A_1} \cdot \bar{A_0}} \cdot \overline{A_2 \cdot \bar{A_1} \cdot \bar{A_0}} \cdot \overline{A_2 \cdot A_1 \cdot A_0}}$$

$$= \overline{\bar{Y_0} \cdot \bar{Y_4} \cdot \bar{Y_7}}$$

$$F_2 = \sum m(1,2,3,5,6,7)$$

$$= \bar{A} \cdot \bar{B} \cdot C + \bar{A} \cdot B \cdot \bar{C} + \bar{A} \cdot BC + A \cdot \bar{B} \cdot C + AB \cdot \bar{C} + ABC$$

$$= \bar{A_2} \cdot \bar{A_1} \cdot A_0 + \bar{A_2} \cdot A_1 \cdot \bar{A_0} + \bar{A_2} \cdot A_1 A_0 + A_2 \cdot \bar{A_1} \cdot A_0 + A_2 A_1 \cdot \bar{A_0} + A_2 A_1 A_0$$

$$= \overline{\bar{A_2} \cdot \bar{A_1} \cdot \bar{A_0} + A_2 \cdot A_1 \cdot \bar{A_0}} = \overline{\overline{\bar{A_2} \cdot \bar{A_1} \cdot \bar{A_0}} \cdot \overline{A_2 \cdot A_1 \cdot \bar{A_0}}}$$

$$= \overline{\bar{Y_0} \cdot \bar{Y_4}}$$

根据 F_1、F_2 化简的结果，得到电路连接关系如图 8-6 所示。

逻辑函数 F_1 包含了 3 个最小项，将对应的最小项输出直接与非即可得到 F_1 的逻辑函数输出。逻辑函数 F_2 包含了 6 个最小项，未包含的最小项数目较少，因此可以把未被包含的两个最小项输出直接相与（不再取非）即可得到 F_2 的逻辑函数输出。

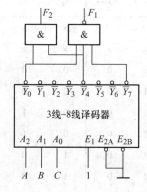

图 8-6　用 3 线-8 线译码器实现给定的组合逻辑函数

8.2.2　二-十进制显示译码器

在数字电路系统中，常常需要把运算结果用十进制数显示出来，这就要用到显示译码器。与二进制译码器不同，显示译码器是用来驱动显示器件以显示数字或字符的中规模集成逻辑部件。显示译码器随显示器件的类型而异，常用的 LED 数码管由 7 个或 8 个字段构成字形，与之配套使用的是 BCD 七段显示译码器。这里以驱动 LED 数码管的 BCD 七段译码器为例，简要介绍显示译码的工作原理。

1. 七段显示数码管的连接方式及工作电路

七段显示数码管就是将 7 只发光二极管（如果加小数点则为 8 只发光二极管），按一定的方式排列起来，a、b、c、d、e、f、g（小数点 Dp）各段对应一只发光二极管，围成"日"字形，其分段示意图如图 8-8a 所示。只要按规律控制各发光段组合亮、灭，就可以显示各种不同的阿拉伯数字字形或符号，如图 8-7 所示。

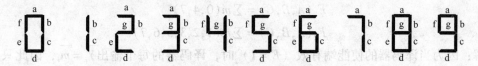

图 8-7　七段显示数码管封装及发光段组合图

数码管内部的发光二极管按连接方式不同，可分为共阴数码管和共阳数码管两种，其内部电路连接分别如图 8-8b、图 8-8c 所示。共阴数码管在正常工作时公共端接地，7 个阳极 a、b、c、d、e、f、g 由相应的 BCD 七段译码器来驱动和控制，任意字段的 LED 接正向电压时将发光。共阳数码管在正常工作时公共端接高电位，7 个阴极 a、b、c、d、e、f、g 接低电位时 LED 将发光。

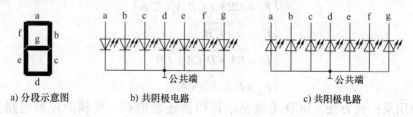

a) 分段示意图　　　　b) 共阴极电路　　　　c) 共阳极电路

图 8-8　数码管内部连接示意图及工作电路

七段显示数码管的优点是工作电压较低（1.6~3.5V）、体积小、寿命长、亮度高、响应速度快和工作可靠性高。缺点是功耗比较大，每个字段的工作电流基本都处在 mA 的数量级。

2. 显示译码器的工作原理

BCD 七段显示译码器的输入是 BCD 码（以 D、C、B、A 表示），输出是数码管各段的驱动信号（以 $F_a \sim F_g$ 表示）。若用它驱动共阴 LED 数码管，输出为高电平时，相应显示段发光。例如，当输入 8421 码 $DCBA = 0100$ 时，应显示字符 "4"，此时应同时点亮 b、c、f、g 段，熄灭 a、d、e 段，故译码器 $F_a \sim F_g$ 的输出应为 "0110011"，这组代码常常称之为 "段码"。同理，根据组成 0~9 这 10 个字形的要求可以列出 8421BCD 七段显示译码器的真值表，如表 8-5 所示。

表 8-5　8421BCD 七段显示译码器真值表

输　入				输　出							字　形
D	C	B	A	F_a	F_b	F_c	F_d	F_e	F_f	F_g	
0	0	0	0	1	1	1	1	1	1	0	
0	0	0	1	0	1	1	0	0	0	0	
0	0	1	0	1	1	0	1	1	0	1	
0	0	1	1	1	1	1	1	0	0	1	
0	1	0	0	0	1	1	0	0	1	1	
0	1	0	1	1	0	1	1	0	1	1	
0	1	1	0	1	0	1	1	1	1	1	
0	1	1	1	1	1	1	0	0	0	0	
1	0	0	0	1	1	1	1	1	1	1	
1	0	0	1	1	1	1	1	0	1	1	

根据表 8-5 可以列出七段数码显示译码器输出端 $F_a \sim F_g$ 的逻辑表达式，利用卡诺图化简后得到

$$\begin{cases} F_a = \overline{C\overline{A} + \overline{D}\,\overline{C}\,\overline{B}\,\overline{A}} \\ F_b = \overline{\overline{C}\,\overline{B}A + CB\overline{A}} \\ F_c = \overline{\overline{C}B\overline{A}} \\ F_d = \overline{CBA + C\overline{B}\,\overline{A} + \overline{C}\,\overline{B}A} \\ F_e = \overline{A + C\overline{B}} \\ F_f = \overline{BA + \overline{D}\,\overline{C}A + \overline{C}B} \\ F_g = \overline{\overline{D}\,\overline{C}\,B + CBA} \end{cases} \tag{8-3}$$

为了使用及扩展方便，BCD 七段显示译码器还增加有一些辅助控制电路。图 8-9 是 BCD 七段译码器驱动 LED 数码管（共阴）的接法。图中译码器输出为 OC 门形式，因此电路使用了 7 只上拉电阻。

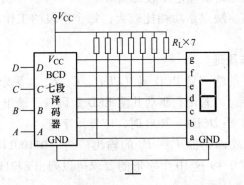

图 8-9　BCD 七段译码器驱动 LED 共阴数码管的电路

练习与思考

8.2.1　二进制译码器的输入变量与译码结果的位数之间存在什么样的数值关系？

8.2.2　共阳极数码管显示译码器能否直接驱动共阴数码管，为什么？

8.2.3　简述利用二进制译码器实现组合逻辑函数的基本步骤。

8.3　加法器

计算机系统中底层的重要工作是进行二进制加法运算，这是因为减法、除法、乘法及其他复杂运算都可以经过某种变换用简单的加法运算实现。加法器正是用来实现二进制加法运算的集成逻辑器件，包括全加器与半加器两种基本类型。

8.3.1　半加器

半加是指对两个一位二进制数 A_i 和 B_i 进行的加法运算，不考虑来自低位的进位。实现半加运算功能的逻辑器件称做半加器，简称 HA，逻辑符号如图 8-10 所示。

根据半加器的基本原理，不难列出半加器的真值表，如表 8-6 所示。

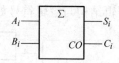

图 8-10　半加器的逻辑符号

表 8-6　半加器的真值表

被 加 数	加 数	和	进 位
A_i	B_i	S_i	C_i
0	0	0	0
0	1	1	0
1	0	1	0
1	1	0	1

根据真值表得出半加器各输出端的逻辑表达式为

$$C_i = A_i B_i$$
$$S_i = \overline{A}_i B_i + A_i \overline{B}_i = A_i \oplus B_i$$

(8-4)

8.3.2　全加器

对两个一位二进制数 A_i 和 B_i 连同低位来的进位 C_i 进行的加法运算称为"全加"。实现全加运算功能的逻辑部件为全加器，简称 FA。全加器的逻辑符号如图 8-11b 所示。在多位数加法运算时，除最低位外，其他由于各位都需要考虑低位送来的进位，因此都属于全加器。全加器的真值表如表 8-7 所示。

表 8-7　全加器的真值表

低 位 进 位	被 加 数	加 数	和	进 位
C_{i-1}	A_i	B_i	S_i	C_i
0	0	0	0	0
0	0	1	1	0
0	1	0	1	0
0	1	1	0	1
1	0	0	1	0
1	0	1	0	1
1	1	0	0	1
1	1	1	1	1

根据真值表得出全加器各输出端的逻辑表达式为

$$S_i = \overline{A}_i B_i C_{i-1} + \overline{A}_i B_i \overline{C}_{i-1} + A_i \overline{B}_i \overline{C}_{i-1} + A_i B_i C_{i-1} = A_i \oplus B_i \oplus C_{i-1}$$

(8-5)

$$
\begin{aligned}
C_i &= A_i B_i + A_i C_{i-1} + B_i C_{i-1} \\
&= A_i B_i + \overline{A}_i B_i C_{i-1} + A_i \overline{B}_i C_{i-1} \\
&= A_i B_i + (\overline{A}_i B_i + A_i \overline{B}_i) C_{i-1} \\
&= A_i B_i + (A_i \oplus B_i) C_{i-1}
\end{aligned}
$$

(8-6)

按照逻辑表达式全加器的内部逻辑结构与逻辑符号如图 8-11 所示。

8.3.3 多位加法器

每个全加器只能实现 1 位的加法，如果要实现多位的加法，就需要使用多只全加器按照一定的规律组合为多位加法器使用。按照全加器组合方式的不同，多位加法器分为串行进位加法器和超前进位加法器两种。

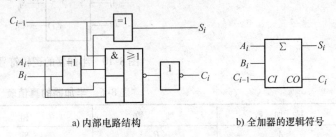

a) 内部电路结构　　　　b) 全加器的逻辑符号

图 8-11　全加器的内部逻辑结构与逻辑符号

串行进位加法器中，低位全加器的进位输出 CO 接到高位的进位输入 CI。任一位的加法运算必须在低一位的运算完成之后才能进行，如图 8-12 所示。串行加法的特点是逻辑电路结构简单，但运算速度较慢。

超前进位加法器每位的进位只由加数和被加数决定，而与低位的进位无关，各位运算并行进行。超前进位的运算速度快，但工作原理与结构均比较复杂，请参阅相关资料。

74LS283 是一种比较常用的 4 位加法器，遵循超前进位的原理进行工作。74LS283 逻辑符号如图 8-13 所示。

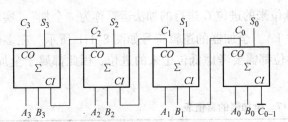

图 8-12　串行加法器逻辑电路

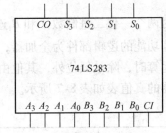

图 8-13　74LS283 逻辑符号

【例 8-2】 设计一个 8421 BCD 码到余 3 码的转换电路。

解： 电路输入 8421 BCD 码，输出为余 3 码，余 3 码比相应的 8421BCD 码多 3，因此要实现这个转换过程，只需把输入的 8421BCD 码加上 0011 即可，利用一片 74LS283 即可完成，其转换电路如图 8-14 所示。

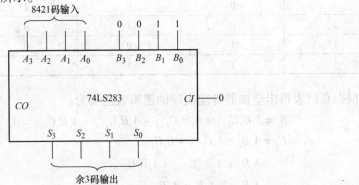

图 8-14　74LS283 构成 8421BCD 码到余 3 码的转换电路

练习与思考

8.3.1 半加器与全加器的区别在哪里？

8.3.2 简述串行进位加法器与超前进位加法器各自的特点。

8.4 数据选择器

数据选择器（MUX）能够在 n 位地址的控制下，从 2^n 路输入数据中选择一路进行输出，其功能类似于一个单刀多掷开关，如图 8-15 所示。

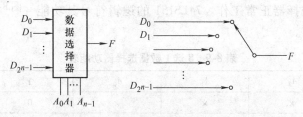

图 8-15 数据选择器框图及等效开关

常用的数据选择器有 2 选 1、4 选 1、8 选 1、16 选 1，分别需要使用的控制地址为 1 位、2 位、3 位、4 位。图 8-16 是 4 选 1 数据选择器的内部逻辑电路及其逻辑符号。

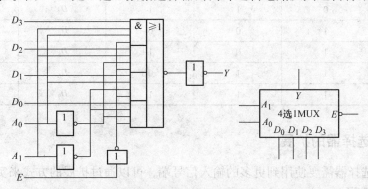

图 8-16 4 选 1 数据选择器内部逻辑电路及其逻辑符号

图 8-16 中，$D_0 \sim D_3$ 是数据选择器的数据输入端；A_1、A_0 是地址输入端；Y 是信号输出端；E 是使能端，低电平有效。$E = 1$ 时，输出 $Y = 0$，数据选择器不工作；$E = 0$ 时，在地址输入 A_1、A_0 的控制下，从 $D_0 \sim D_3$ 中选择一路输出至 Y，其功能表如表 8-8 所示。

表 8-8 4 选 1 数据选择器功能表

E	A_1	A_0	Y
1	×	×	0
0	0	0	D_0
0	0	1	D_1
0	1	0	D_2
0	1	1	D_3

当 $E=0$ 时，4 选 1MUX 的逻辑功能可以用下式表达：

$$Y = \overline{A_1}\,\overline{A_0}D_0 + \overline{A_1}A_0D_1 + A_1\,\overline{A_0}D_2 + A_1A_0D_3 = \sum_{i=0}^{3} m_iD_i \tag{8-7}$$

8.4.1 集成数据选择器

74LS151 是一种典型的 8 选 1 集成数据选择器，其逻辑符号如图 8-17 所示。

它具有 8 个输入信号 $D_0 \sim D_7$，一对互补输出信号 Y 和 W（$W = \overline{Y}$），3 个地址控制信号 A_2、A_1、A_0 和 1 个使能信号 $\overline{E}$，当 $\overline{E}$ 低电平有效时，数据选择器正常工作。74LS151 的逻辑符号其功能表可参如表 8-9 所示。

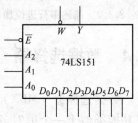

图 8-17　8 选 1 数据选择器逻辑符号

表 8-9　8 选 1 数据选择器功能表

$\overline{G}$	A_2	A_1	A_0	Y	W
1	×	×	×	0	1
0	0	0	0	D_0	$\overline{D_0}$
0	0	0	1	D_1	$\overline{D_1}$
0	0	1	0	D_2	$\overline{D_2}$
0	0	1	1	D_3	$\overline{D_3}$
0	1	0	0	D_4	$\overline{D_4}$
0	1	0	1	D_5	$\overline{D_5}$
0	1	1	0	D_6	$\overline{D_6}$
0	1	1	1	D_7	$\overline{D_7}$

8.4.2 数据选择器的扩展

如果数据选择器需要使用到更多的输入信号端，可以通过扩展的方式来实现。常用的扩展方式有以下两种。

1. 利用使能端进行扩展

74LS153 是双 4 选 1 的多路选择器，在该芯片内部集成有两只完全一样的 4 选 1 数据选择器，这两只数据选择器受同一地址端 A_1、A_0 的控制。图 8-18 是将 74LS153 扩展为 8 选 1 数据选择器的逻辑图。

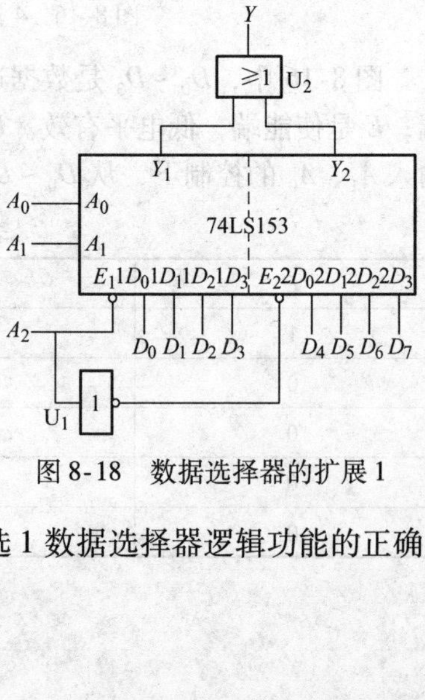

图 8-18 中，A_2 是新增的地址输入端，与 A_1、A_0 共同构成了 8 选 1 数据选择器地址端的第 3 位地址。新增的非门 U_1 确保了两个 4 选 1 多路选择器不会同时工作。由于不工作的数据选择器输出为 0，考虑到 0 与任何数相或均等于任何数（$0 + A = A$）这一基本原理，输出端利用一个

图 8-18　数据选择器的扩展 1

或门 U_2 将两个 4 选 1 的多路选择器的输出相或，保证了 8 选 1 数据选择器逻辑功能的正确。

2. 树状扩展

图 8-19 所示的电路中，用 3 片 74LS153 实现了 16 选 1 的数据选择器。

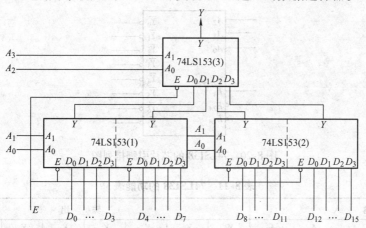

图 8-19　数据选择器的扩展 2

从图 8-19 可以看出，当 $A_3A_2 = 00$ 时，Y 输出 74LS153（3）的 D_0，由于 D_0 连接至 74LS153（1）的输出 Y，若此时 $A_1A_0 = 00$，则 74LS153（1）的 D_0 端的数据将最终输出至 74LS153（3）的 Y 端。输出第一组数据，以此类推，可以列出表 8-10 所示的功能表。

表 8-10　经扩展得到的 16 选 1 MUX 功能表

A_3	A_2	A_1	A_0	Y
0	0	0	0	D_0
		0	1	D_1
		1	0	D_2
		1	1	D_3
0	1	0	0	D_4
		0	1	D_5
		1	0	D_6
		1	1	D_7
1	0	0	0	D_8
		0	1	D_9
		1	0	D_{10}
		1	1	D_{11}
1	1	0	0	D_{12}
		0	1	D_{13}
		1	0	D_{14}
		1	1	D_{15}

练习与思考

8.4.1　数据选择器能否用来传递交流模拟信号，为什么？

8.4.2　集成数据选择器的输入通道数与控制地址之间存在什么样的数值关系？

习　题

8-1　如何将两片 8 线-3 线优先编码器芯片 74LS148 级联成为 16 线-4 线优先编码器？

8-2 74LS138 的芯片引脚排列如图 8-20 所示，其功能表如表 8-11 所示，已知 $F(A,B,C) = A\overline{C} + BC$，试用 74LS138 和门电路实现该逻辑函数。

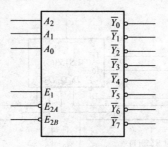

图 8-20 74LS138 的芯片引脚排列图

表 8-11 74LS138 的功能表

输　入					输　出							
S_1	$S_2 + S_3$	A_2	A_1	A_0	Y_0	Y_1	Y_2	Y_3	Y_4	Y_5	Y_6	Y_7
×	H	×	×	×	H	H	H	H	H	H	H	H
L	×	×	×	×	H	H	H	H	H	H	H	H
H	L	L	L	L	L	H	H	H	H	H	H	H
H	L	L	L	H	H	L	H	H	H	H	H	H
H	L	L	H	L	H	H	L	H	H	H	H	H
H	L	L	H	H	H	H	H	L	H	H	H	H
H	L	H	L	L	H	H	H	H	L	H	H	H
H	L	H	L	H	H	H	H	H	H	L	H	H
H	L	H	H	L	H	H	H	H	H	H	L	H
H	L	H	H	H	H	H	H	H	H	H	H	L

8-3 用两片 2 线—4 线译码器和必要的逻辑门实现下列逻辑函数：

$$F_1 = \overline{A}\ \overline{C} + AB\overline{C}$$

$$F_2 = \overline{A}\ \overline{B} + ABC$$

$$F_3 = AC + A\overline{B}$$

8-4 用两片 4 位二进制加法器 74LS283 构成一个 6 位的二进制加法电路，画出逻辑电路，并指出进位输出端。

8-5 四选一数据选择器 CD4253 的功能表、CD4253 组成的电路如图 8-21 所示，分析该电路的功能，写出输出端 Y_1、Y_2 的表达式。

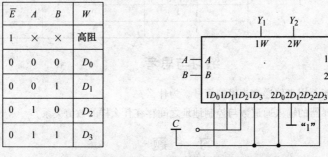

$\overline{E}$	A	B	W
1	×	×	高阻
0	0	0	D_0
0	0	1	D_1
0	1	0	D_2
0	1	1	D_3

图 8-21 CD4253 的功能表与电路连接图

第 9 章

触 发 器

◄ 本 章 概 要 ►

本章介绍常用触发器的结构组成、工作原理、逻辑功能及特性。触发器是具有记忆功能的逻辑单元，它能接收、存储和输出数码 0 和 1，是数字电路中构成时序逻辑电路的基本单元。

重点：熟悉各种触发器的功能特点，理解和掌握各种触发器的特性方程、状态图等描述方法。

难点：各触发器间相互转换。

9.1 触发器的基本概念及分类

9.1.1 触发器的定义及特征

前述章节所讨论的数字电路都是以组合逻辑为基础，在给定时刻电路的输出只与该时刻电路输入的状态有关，这类电路一般认为是无记忆性的。复杂的数字电路中不仅需要对二值信号进行算术运算和逻辑运算，还需要将当前信号和运算结果保存起来，为此需要使用具有记忆功能的逻辑电路。能够接收、存储和输出 1 位二值信号的基本逻辑单元电路称为触发器。

触发器基本特征：

1）有两个能自行保持的稳定状态，分别表示逻辑 1 和 0。所谓的稳定状态就是指在没有外界信号作用时，触发器电路中的电流和电压均维持恒定的数值。通常用触发器输出端的状态表示：当 $Q=1$，同时 $\overline{Q}=0$，称为 1 状态；当 $Q=0$，同时 $\overline{Q}=1$，称为 0 状态。

2）在不同的输入信号驱动下能可靠确定其输出状态且为两种稳定状态中的一种。

触发器接收输入信号之前所保持的稳定状态，即触发器原稳定状态，称为现态，用 Q^n 表示；触发器接收输入信号之后所处的稳定状态称为次态，用 Q^{n+1} 表示。

9.1.2 触发器的分类

从触发器的逻辑功能来看，无论哪一种触发器都满足以下条件：

1）有两个稳定状态（1 状态和 0 状态），表示触发器能反映数字电路的两个逻辑状态或二进制的 0 和 1。

2）在输入信号作用下，触发器可以从一个稳态转换到另一个稳态，触发器这种状态转换过程称为状态更新，表示触发器能够接受信息。

3）输入信号撤除后，触发器可以保持接收到的信息，表示触发器具有记忆功能。

触发器具体的输入输出转换关系是存在差异的，按照逻辑功能的差异触发器可分为：RS 触发器、JK 触发器、D 触发器和 T 触发器等。触发器的逻辑功能常采用特性表（真值表）、卡诺图、特性方程、状态图和波形图 5 种表示方法来描述。这些方法本质上是相同的，可以相互转换。

另外还可以根据触发器电路结构形式进行划分，具体可分为：基本触发器、同步触发器、主从触发器和边沿触发器等。

练习与思考

9.1.1　简述触发器的特征和功能。

9.1.2　什么是 1 状态？什么是 0 状态？什么是现态？什么是次态？

9.1.3　触发器逻辑功能的描述有哪几种方法？

9.1.4　讨论触发器按逻辑功能和电路结构形式两种分类方法的相互关系。

9.2　RS 触发器

9.2.1　闩锁电路

为便于理解触发器的工作原理，首先引入闩锁电路的概念。闩锁电路是构成触发器的基础，将两个非门连接成如图 9-1 的形式即构成闩锁电路。

图 9-1 中，Q 和 $\overline{Q}$ 两端输出电平高低对应，设 Q（或 $\overline{Q}$）端为高电平，则 $\overline{Q}$（或 Q）端必是低电平。闩锁电路究竟稳定在哪一种状态，往往由偶然因素决定，因为两个非门的输入和输出连接成正反馈环。两个门电路电气参数存在差异，正反馈的结果必导致两个门工作状态相反，Q 和 $\overline{Q}$ 端状态相反。如果没有外来信号驱动，闩锁电路随机地处于 1 和 0 两个可能状态中，1 状态时相当二进制数码 1 被锁存；0 状态时相当 0 码被锁存。

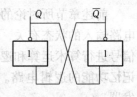

图 9-1　闩锁电路

通过上述分析可知，要想控制图 9-1 所示闩锁电路的输出状态，需要引入外来信号才能实现。

9.2.2　基本 RS 触发器

在闩锁电路中，添加两个输入端，其中 $\overline{S}$ 端称为置位端（Set），$\overline{R}$ 端称为复位端（Reset），得到与非门构成的基本 RS 触发器如图 9-2 所示。

1. 电路结构及逻辑符号

图 9-2a 所示为基本 RS 触发器（又称 RS 锁存器）的电路结构，它是各种触发器电路结构形式最简单的一种，也是许多复杂电路结构触发器的组成部分。在数字电路中，凡根据输入信号 R、S 情况的不同，具有置 0、置 1 和保持功能的电路都称为 RS 触发器。

图 9-2b 所示为基本 RS 触发器的逻辑符号。逻辑符号中方框下面输入端处的小圆圈表

示输入低电平有效。这是一种约定，表示只有当所加信号的实际电压为低电平时才表示有信号输入，否则就是无信号输入。方框上面的两个输出端，一个无小圆圈，为 Q 端，一个有小圆圈，为 $\overline{Q}$ 端。在正常工作情况下，两个输出端的逻辑状态是互补的，即一个为高电平，则另一个必为低电平。

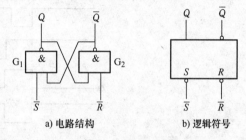

图 9-2　与非门构成的基本 RS 触发器

2. 逻辑功能

值得注意的是，由与非门构成的基本 RS 触发器输入端信号为低电平有效。结合工作原理分析可以得到：

1) $\overline{R} = 0$、$\overline{S} = 1$ 时：由于 $\overline{R} = 0$，不论原来 Q 为 0 还是 1，都有 $\overline{Q} = 1$；再由 $\overline{S} = 1$、$\overline{Q} = 1$ 可得 $Q = 0$。即不论触发器原来处于什么状态都将变成 0 状态，这种情况称将触发器置 0 或复位。$\overline{R}$ 端称为触发器的置 0 端或复位端。

2) $\overline{R} = 1$、$\overline{S} = 0$ 时：由于 $\overline{S} = 0$，不论原来 $\overline{Q}$ 为 0 还是 1，都有 $Q = 1$；再由 $\overline{R} = 1$、$Q = 1$ 可得 $\overline{Q} = 0$。即不论触发器原来处于什么状态都将变成 1 状态，这种情况称将触发器置 1 或置位。$\overline{S}$ 端称为触发器的置 1 端或置位端。

3) $\overline{R} = 1$、$\overline{S} = 1$ 时：根据与非门的逻辑功能推知，触发器保持原有状态不变，即原来的状态被触发器存储起来，体现了触发器具有记忆能力。

4) $\overline{R} = 0$、$\overline{S} = 0$ 时：$Q = \overline{Q} = 1$，不符合之前对触发器稳定状态的定义，并且由于与非门延迟时间不可能完全相等，在两输入端的 0 同时撤除后，将不能确定触发器是处于 1 状态还是 0 状态，这种特殊的状态称为不定状态。为避免发生逻辑混乱，触发器正常工作时不允许出现这种情况，这就是基本 RS 触发器的约束条件。

根据上述分析，可以得到与非门构成的基本 RS 触发器的功能表如表 9-1 所示。

表 9-1　与非门构成的基本 RS 触发器的功能表

$\overline{S}$	$\overline{R}$	Q^{n+1}	$\overline{Q^{n+1}}$	状态（功能）
1	1	Q^n	$\overline{Q^n}$	保持
1	0	0	1	置 0
0	1	1	0	置 1
0	0	1	1	不定

3. 基本 RS 触发器的不定状态

所谓的不定状态包含有两个含义：

1) $Q = \overline{Q} = 1$，触发器输出既不是 0 状态（$Q = 0$，$\overline{Q} = 1$），也不是 1 状态（$Q = 1$，$\overline{Q} = 0$）。

2) R、S 同时从 0 跃变到 1 时，触发器的新状态不能预先确定。

基本 RS 触发器不定状态波形示意图如图 9-3 所示。

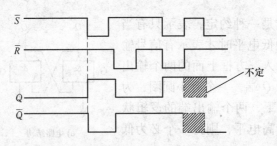

图9-3　基本 RS 触发器不定状态波形示意图

【**例9-1**】　由与非门组成的基本 RS 触发器中，设初始状态为 0，已知输入 R、S 的波形图，画出两输出端的波形。

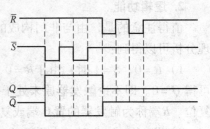

图9-4　例9-1题解波形图

解：由基本 RS 触发器的功能表知，当 R、S 都为高电平时，触发器保持原状态不变；当 S 变为低电平时，触发器翻转为 1 状态；当 R 变低电平时，触发器翻转为 0 状态；不允许 R、S 同时为低电平。其波形图如图9-4 所示。

4. 基本 RS 触发器的特点

1）触发器的次态不仅与输入信号状态有关，而且与触发器的现态有关。

2）电路具有两个稳定状态，在无外来触发信号作用时，电路将保持原状态不变。

3）在外加触发信号有效时，电路可以触发翻转，实现置 0 或置 1。

4）在稳定状态下两个输出端的状态和必须是互补关系，即有约束条件。

5. 基本 RS 触发器的应用

利用基本 RS 触发器的记忆功能消除机械开关振动引起的干扰脉冲。机械开关电路及其输出电压波形如图9-5 所示，基本 RS 触发器消除机械开关振动电路及其输出电压波形如图9-6 所示。

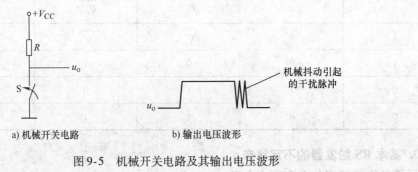

a) 机械开关电路　　　　　　　　b) 输出电压波形

图9-5　机械开关电路及其输出电压波形

9.2.3　同步 RS 触发器

对于基本 RS 触发器而言，输出状态随时跟着输入信号的变化而发生变化，这在数字系统中会带来许多的不便。实际使用中，往往要求触发器按一定的节拍动作，于是产生了同步式触发器。同步触发器又被称为时钟触发器或钟控触发器。

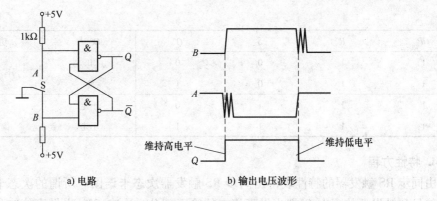

a) 电路   b) 输出电压波形

图 9-6   基本 RS 触发器消除机械开关振动电路及其输出电压波形

1. 电路结构及逻辑符号

由与非构成的同步 RS 触发器如图 9-7 所示。

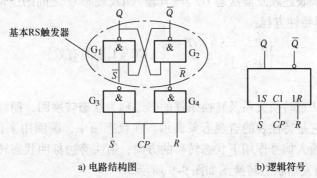

a) 电路结构图   b) 逻辑符号

图 9-7   由与非构成的同步 RS 触发器

2. 逻辑功能描述

由图 9-7a 同步 RS 触发器电路结构图分析可知：

1）$CP = 0$ 时，输入信号被 CP 封锁，触发器的状态保持不变。

2）$CP = 1$ 时（高电平有效），触发器的状态由输入信号 R 和 S 决定。

3. 特性表

反映触发器次态与现态和输入 R、S 之间对应关系的表格称为触发器的**特性表**。根据图 9-7 所示同步 RS 触发器电路，结合基本 RS 触发器工作原理分析，得到图 9-7 所示同步 RS 触发器的特性表如表 9-2 所示。

表 9-2   同步 RS 触发器的特性表

CP	R	S	Q^n	Q^{n+1}	功能说明
0	×	×	×	Q^n	$Q^{n+1} = Q^n$ 保持
1	0	0	0	0	$Q^{n+1} = Q^n$ 保持
1	0	0	1	1	
1	0	1	0	1	$Q^{n+1} = 1$ 置 1
1	0	1	1	1	

（续）

CP	R	S	Q^n	Q^{n+1}	功能说明
1	1	0	0	0	$Q^{n+1}=0$　置0
1	1	0	1	0	
1	1	1	0	不定	不允许
1	1	1	1	不定	

4. 特性方程

由同步 RS 触发器的特性表得出同步 RS 触发器**次态卡诺图**。所谓的次态卡诺图就是把输入信号和触发器的现态 Q^n 都当做真值表的输入部分，次态 Q^{n+1} 当做真值表的输出部分而得到的卡诺图。画出同步 RS 触发器次态卡诺图，如图 9-8 所示，其中"×"反映了 R 和 S 不能同时为高电平的约束要求。根据卡诺图的化简原理可以得到同步 RS 触发器的特性方程，特性方程是用来表述触发器次态 Q^{n+1} 与其输入 $\bar{R}$ 及现态 Q^n 之间的逻辑关系式。

同步 RS 触发器特性方程：

$$\begin{cases} Q^{n+1} = S + \bar{R}Q^n \\ RS = 0 \end{cases} \quad (CP = 1 \text{ 期间有效}) \tag{9-1}$$

5. 状态转换图

描述触发器的状态转换关系及转换条件的图形称为**状态转换图，简称状态图**。状态图与特性表是统一的，它是特性表的直观形象表示。在状态图中，圆圈用来代表触发器的状态；箭头表示触发器在输入信号作用下状态转移的方向；箭头旁边标明状态转移输入信号需满足的条件。同步 RS 触发器状态转换图如图 9-9 所示。

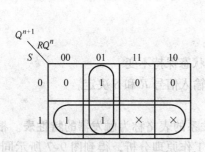

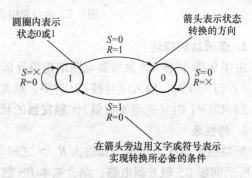

图 9-8　同步 RS 触发器次态卡诺图　　　图 9-9　同步 RS 触发器状态转换图

6. 波形图（时序图）

反映触发器输入信号取值和状态之间对应关系的图形称为**波形图**。图 9-10 是同步 RS 触发器波形图。

7. 同步 RS 触发器的主要特点

1）时钟电平控制。在 $CP = 1$ 期间接收输入信号，$CP = 0$ 时状态保持不变，与基本 RS 触发器相比，对触发器状态的转变增加了时间控制。

2）R、S 之间有约束。不允许出现 R 和 S 同时为 1 的情况，否则会使触发器处于不确定的状态。

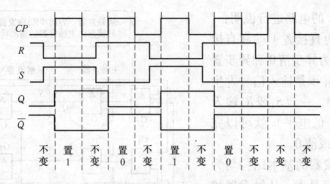

图 9-10　同步 RS 触发器波形图

8. 同步 RS 触发器的空翻

由于在 $CP=1$ 期间，同步 RS 触发器的输出将会随着输入信号的变化而发生变化（参见图 9-11 所示波形）。如果触发器的输出因输入端的变化在单个 $CP=1$ 期间出现两次或两次以上翻转，这种现象称为空翻。

由于同步 RS 触发器存在空翻，而空翻会破坏一个时钟周期中触发器变化的唯一性，因此同步 RS 触发器一般不能用于计数器、移位寄存器和存储器，只能用于数据锁存。

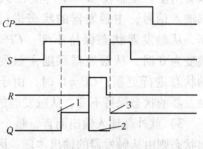

图 9-11　同步 RS 触发器的空翻

练习与思考

9.2.1　说明基本 RS 触发器在置 1 或置 0 脉冲消失后，为什么触发器的状态保持不变？

9.2.2　简述基本 RS 触发器不定状态的定义。

9.2.3　简述同步 RS 触发器的逻辑功能，并写出其特性方程。

9.2.4　思考描述同步 RS 触发器功能的几种方法间可以怎样相互转换？

9.2.5　什么是同步 RS 触发器的空翻？

9.3　JK 触发器和 D 触发器

9.3.1　主从 JK 触发器

由于 RS 触发器存在显性的约束条件，具体应用中需要保证满足，导致应用场合受限。因此设计了 JK 触发器和 D 触发器，这两种触发器在电路结构上做了特殊设计，应用时无需对输入端进行约束。其中 JK 触发器是双输入端，输入端被分别称为 J 端和 K 端；而 D 触发器是单输入端，输入端被称为 D 端。

主从 JK 触发器中主从的意思是指此类触发器由两级触发器构成。一级接收输入信号，其状态直接由输入信号决定，称为主触发器；另一级的输入与主触发器的输出连接，其状态由主触发器的状态决定，称为从触发器。

1. 电路结构

主从 JK 触发器电路结构图如图 9-12 所示，主从 JK 触发器逻辑符号如图 9-13 所示。

下面对图9-12的电路进行说明：

1）$\overline{S_d}$和$\overline{R_d}$称为直接置1端和直接置0端，通常也称为异步清0和异步置1端。这里所指的异步是输入信号发生作用不受时钟钳制，一旦$\overline{S_d}$或$\overline{R_d}$输入信号为有效电平（低电平）就可以完成对触发器的置1或清0。

2）主、从触发器的基本结构均为同步RS触发器，只是主、从触发器状态更新的时间不一样。从图9-12中可以看出主触发器在$CP=1$时接收J、K端输入信号，主触发器的状态进行更新，从触发器状态保持不变；$CP=1$跳变为0时，从触发器跟随主触发器的状态进行更新；$CP=0$时，由于主

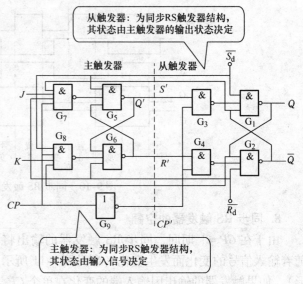

图9-12　主从JK触发器电路结构图

触发器的状态保持不变，从触发器的状态也不发生改变。

3）就外部输入输出而言，整个触发器的输入信号是由主触发器输入，整个触发器的输出状态则由从触发器的输出体现。因此画出主从JK触发器等效电路，如图9-14所示（略去了S_d和R_d两个直接控制端）。

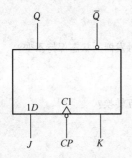

图9-13　主从JK触发器的逻辑符号

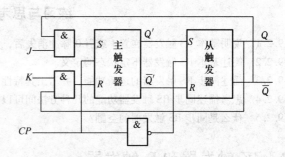

图9-14　主从JK触发器等效电路图

从等效图9-14中可看出构成主触发器的同步RS触发器的输入信号$S_主$是由输入信号J和反馈输出信号$\overline{Q}$相与后的结果，同样$R_主$是由输入信号K和反馈输出信号Q相与后的结果，因此从电路结构上保证了其内部的RS触发器始终满足$RS=0$的条件。

2. 逻辑功能

1）$J=0$、$K=0$时：状态保持。

2）$J=0$、$K=1$时：触发器状态会更新为0状态。

3）$J=1$、$K=0$时：触发器状态会更新为1状态。

4）$J=1$、$K=1$时：当CP为连续脉冲时，则触发器的状态便不断来回翻转。

结合主从JK触发器的逻辑功能，可以得到主从JK触发器的特性表，如表9-3所示。

表 9-3 主从 JK 触发器的特性表

CP	J	K	Q^n	Q^{n+1}	功能
↓	0	0	0	0	
↓	0	0	1	1	$Q^{n+1}=Q^n$ 保持
↓	0	1	0	0	
↓	0	1	1	0	$Q^{n+1}=0$ 置 0
↓	1	0	0	1	
↓	1	0	1	1	$Q^{n+1}=1$ 置 1
↓	1	1	0	1	
↓	1	1	1	0	$Q^{n+1}=\overline{Q^n}$ 翻转

3. 特性方程

将 $S=J\overline{Q^n}$，$R=KQ^n$ 代入主从 RS 触发器的特征方程，即可得到主从 JK 触发器的特征方程：

$$Q^{n+1}=S+\overline{R}Q^n=J\overline{Q^n}+\overline{KQ^n}\cdot Q^n=J\overline{Q^n}+\overline{K}Q \tag{9-2}$$

4. JK 触发器的状态转换图

由主从 JK 触发器的特性表可以得到主从 JK 触发器状态转换图，如图 9-15 所示。

5. 波形图（时序图）

主从 JK 触发器的工作波形图（时序图）如图 9-16 所示。

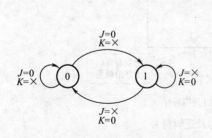

图 9-15 主从 JK 触发器状态转换图

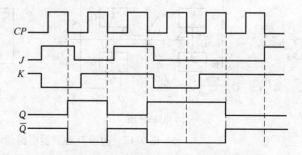

图 9-16 主从 JK 触发器工作波形图（时序图）

6. 主从 JK 触发器的特点

（1）电路结构特点

1）由两个同步 RS 触发器（主、从触发器）组成，从根本上解决了输入信号直接控制输出状态的问题。

2）只在时钟脉冲的跳变沿电路输出状态更新（从触发器状态的更新），触发器的新状态由 CP 脉冲下降沿（或上升沿）到来之前的 J、K 信号决定。

3）对于 CP 下降沿有效触发的触发器，具有 $CP=1$ 期间接收输入信号，CP 下降沿到来时触发翻转的特点（CP 上升沿有效触发则具有 $CP=0$ 期间接收输入信号，CP 上升沿到来时触发翻转的特点），有效消除了空翻。

4）输入信号 J 和 K 之间没有约束。

（2）动作特点

触发器状态更新分为两步（以 CP 下降沿有效触发的主从 JK 触发器为例说明）：

1）$CP = 1$ 时，主触发器接收输入信号 J、K，其输出状态更新为状态表中相应的状态，从触发器输出端状态不变。

2）CP 下降沿到来，从触发器的输出状态跟随主触发器的输出状态更新。

注意：$CP = 1$ 的全部时间里，输入信号都将对主触发器起控制作用，也就是说主触发器的输出状态在这段时间都会随着输入信号的变化而变化。

CP 上升沿有效触发的触发器以此类推。

9.3.2 边沿 D 触发器

边沿 D 触发器的电路结构及特点以 CP 上升沿有效触发的触发器为例来说明。

在 CP 脉冲上升沿到来之前接受 D 输入信号，当 CP 从 0 变为 1 时，触发器的输出状态将由 CP 上升沿到来之前一瞬间 D 的状态决定。触发器接受输入信号及状态的翻转是在 CP 脉冲上升沿前后瞬间完成的，称为边沿触发器。

1. 电路结构

边沿 D 触发器电路的结构及逻辑符号如图 9-17 所示。

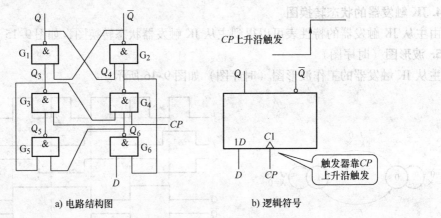

a) 电路结构图　　　　　　　b) 逻辑符号

图 9-17　边沿 D 触发器电路的结构及逻辑符号

2. 触发方式

D 触发器在 CP 脉冲的上升沿产生状态变化。触发器的次态取决于 CP 脉冲上升沿到达瞬间 D 端的信号（逻辑 0 或逻辑 1）。而在上升沿前后，输入 D 端信号的变化对触发器的输出状态没有影响。

3. 特性表

边沿 D 触发器的特性如表 9-4 所示。

表 9-4　边沿 D 触发器的特性表

D	Q^n	Q^{n+1}
0	0	0
0	1	0
1	0	1
1	1	1

4. 特性方程

由表9-4可以写出D触发器的特性方程为

$$Q^{n+1} = D \tag{9-3}$$

5. 状态图

边沿D触发器的状态图如图9-18所示。

6. 时序图

边沿D触发器的工作波形图（时序图）如图9-19所示。

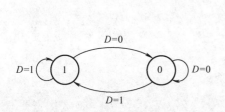

图9-18　边沿D触发器的状态图

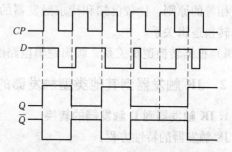

图9-19　边沿D触发器工作波形图（时序图）

注意：当CP从0变为1时，Q将由CP上升沿到来之前一瞬间D的状态决定。

7. 边沿D触发器的特点

1）CP边沿（上升沿或下降沿）触发。在CP脉冲上升沿（或下降沿）时刻，触发器按照特性方程转换状态，实际上是加在D端的信号被锁存起来，并送到输出端；

2）抗干扰能力强。因为是边沿触发，只要在触发沿附近一个极短暂的时间内，加在D端的输入信号保持稳定，触发器就能够可靠地接收信号；在其他时间里输入信号对触发器的状态不会产生影响；

3）只具有置1，置0功能，在某些情况下，使用起来不如JK触发器方便，因为JK触发器在时钟脉冲操作下，根据J和K取值不同，具有保持、置0、置1和翻转4种功能。

练习与思考

9.3.1　在主从触发器中，S_d和R_d两个输入端起什么作用？

9.3.2　简述主从触发器的电路结构特点及动作特点。

9.3.3　试述JK、D触发器的逻辑功能，并写出其状态转换表及特性方程。

9.3.4　比较主从触发器和边沿触发器脉冲工作特性有哪些特点？

9.4　触发器功能间的相互转换

9.4.1　转换要求及步骤

触发器功能转换，就是用一个已知类型的触发器去实现另一类型触发器的功能。目的是求转换逻辑关系，也就是根据转换要求求出已知触发器输入信号逻辑表达式，通常称之为激励方程。

1. 转换要求

转换要求示意图如图 9-20 所示。

2. 转换步骤

1）写出已知触发器和待求触发器的状态方程。

2）变换待求触发器的特性方程，使其形式与已知触发器的特性方程一致。

3）根据方程式，依据变量相同、系数相等则方程一定相等的原则，比较已知和待求触发器的特性方程，求出转换逻辑关系。

4）根据转换逻辑关系，画出逻辑电路图。

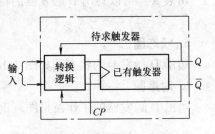

图 9-20　转换要求示意图

9.4.2　JK 触发器到其他类型触发器的转换

1. JK 触发器到 D 触发器的转换

JK 触发器的特性方程：

$$Q^{n+1} = J\overline{Q^n} + \overline{K}Q^n \tag{9-4}$$

D 触发器的特性方程：

$$Q^{n+1} = D = D(\overline{Q^n} + Q^n) = D\overline{Q^n} + DQ^n \tag{9-5}$$

比较式（9-4）和式（9-5）可知转换逻辑关系（JK 触发器的激励方程）为 $\begin{cases} J = D \\ K = \overline{D} \end{cases}$，从而得出 JK 触发器转换 D 触发器电路结构图，如图 9-21 所示。

2. JK 触发器到 T 触发器的转换

数字电路中，在 CP 时钟脉冲控制下，根据输入信号 T 取值的不同，具有保持和翻转功能的电路，即当 $T=0$ 时状态保持不变，$T=1$ 时状态翻转的电路，称为 T 触发器。

T 触发器的特性方程为

$$Q^{n+1} = T \oplus Q^n = T\overline{Q^n} + \overline{T}Q^n \tag{9-6}$$

比较式（9-4）和式（9-6）可知转换逻辑关系（JK 触发器的激励方程）为 $\begin{cases} J = T \\ K = T \end{cases}$，从而得出 JK 触发器转换 T 触发器电路结构如图 9-22 所示。

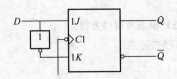

图 9-21　JK 触发器转换 D
触发器电路结构图

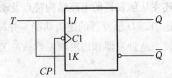

图 9-22　JK 触发器转换 T
触发器电路结构图

3. JK 触发器到 T′触发器的转换

当 T 触发器的 T 输入端固定接高电平（$T=1$），带入式（9-6）即为 T′触发器的状态方程：

$$Q^{n+1} = \overline{Q^n} \tag{9-7}$$

比较式（9-4）和式（9-7）可知转换逻辑关系（JK 触发器的激励方程）为 $\begin{cases} J = 1 \\ K = 1 \end{cases}$，从而得出 JK 触发器转换 T′触发器电路结构图如图 9-23 所示。

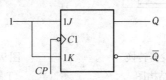

图 9-23　JK 触发器转换 T′触发器电路结构图

4. JK 触发器到 RS 触发器的转换

RS 触发器的特性方程为

$$\begin{cases} Q^{n+1} = S + \overline{R}Q^n \\ RS = 0 \end{cases} \tag{9-8}$$

变换 RS 触发器的特性方程，使之形式与 JK 触发器的特性方程一致，则

$$\begin{aligned} Q^{n+1} = S + \overline{R}Q^n &= S(\overline{Q^n} + Q^n) + \overline{R}Q^n \\ &= S\overline{Q^n} + SQ^n + \overline{R}Q^n \\ &= S\overline{Q^n} + \overline{R}Q^n + SQ^n(\overline{R} + R) \\ &= S\overline{Q^n} + \overline{R}Q^n + \overline{R}SQ^n + RSQ^n \\ &= S\overline{Q^n} + \overline{R}Q^n \end{aligned} \tag{9-9}$$

比较式（9-4）和式（9-9）可知，转换逻辑关系为 $\begin{cases} J = S \\ K = R \end{cases}$，具体转换电路结构图请读者自行画出。

9.4.3　D 触发器到其他类型触发器的转换

1. D 触发器到 JK 触发器的转换

D 触发器的特性方程为

$$Q^{n+1} = D \tag{9-10}$$

JK 触发器的特性方程为

$$Q^{n+1} = J\overline{Q^n} + \overline{K}Q^n \tag{9-11}$$

比较式（9-10）和式（9-11）可知，转换逻辑关系（D 触发器的激励方程）为 $D = J\overline{Q^n} + \overline{K}Q^n$，从而得出 JK 触发器转换 T′触发器电路结构图如图 9-24 所示。

2. D 触发器到 T 触发器的转换

T 触发器的状态方程为

$$Q^{n+1} = T\overline{Q^n} + \overline{T}Q^n = T \oplus Q^n \tag{9-12}$$

比较式（9-10）和式（9-12）可知，转换逻辑关系（D 触发器的激励方程）为 $D = T \oplus Q^n$。从而得出 D 触发器转换 T 触发器电路结构图如图 9-25 所示。

3. D 触发器到 T′触发器的转换

T′触发器的状态方程为

$$Q^{n+1} = \overline{Q^n} \tag{9-13}$$

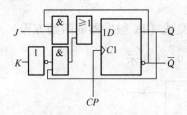 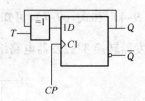

图9-24 JK触发器转换　　　　　　图9-25 D触发器转换
T′触发器电路结构图　　　　　　　T触发器电路结构图

比较式（9-10）和式（9-13）可知，转换逻辑关系（D触发器的激励方程）为 $D = \overline{Q}^n$，从而得出D触发器转换T′触发器电路结构如图9-26所示。

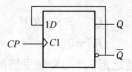

图9-26 D触发器转换T′触发器电路结构图

练习与思考

9.4.1　总结触发器相互转换的方法。

9.4.2　将D触发器转换成RS触发器的电路结构图。

9.4.3　请根据9.4.2节中的论述画出JK触发器转换成RS触发器的电路结构图。

习　题

9-1　分析如图9-27所示有两个或非门组成的基本RS触发器，写出其状态方程、状态转换表，画出其状态转换图。

9-2　电路结构及输入A和B的波形如图9-28所示，试画出 Q_1、$\overline{Q}_1$ 和 Q_2、$\overline{Q}_2$ 端的波形。

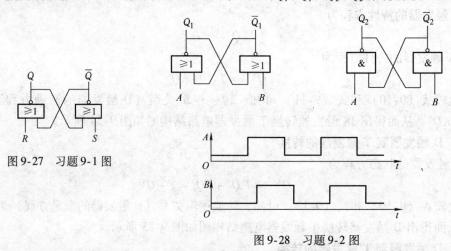

图9-27 习题9-1图

图9-28 习题9-2图

9-3　同步RS触发器如图9-29所示，试画出对应R和S波形触发器Q的输出波形（设触发器的初始状态为0）。

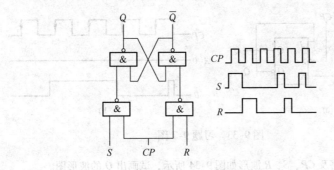

图 9-29 习题 9-3 图

9-4 画出触发器的 Q 的输出波形,其 CP、R、S 波形如图 9-30 所示,设触发器初始状态为 0。

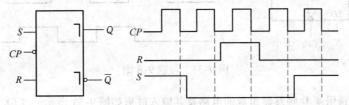

图 9-30 习题 9-4 图

9-5 已知由边沿 JK 触发器组成的电路及其输入波形如图 9-31 所示。设触发器的初始状态为 0。(1)写出 Q 的表达式;(2)画出 Q 与 CP 的对应波形。

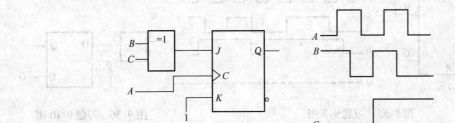

图 9-31 习题 9-5 图

9-6 设主从 JK 触发器的初始状态为 0,CP、J、K 信号如图 9-32 所示,试画出触发器 Q 的输出波形。

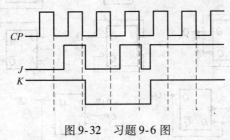

图 9-32 习题 9-6 图

9-7 电路结构及 CP、A、B 波形如图 9-33a、9-33b 所示,试写出 K 的函数式并画出 K 和 Q 的波形图。

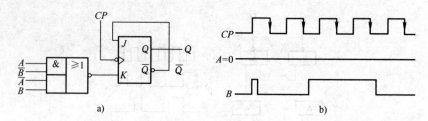

图 9-33　习题 9-7 图

9-8　主从 RS 触发器电路及 CP、S、R 波形如图 9-34 所示，试画出 Q 的波形图。

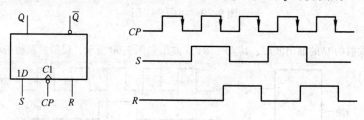

图 9-34　习题 9-8 图

9-9　已知由维持阻塞 D 触发器组成的电路及其输入波形如图 9-35 所示。（1）写出 Q 的表达式；（2）说明信号 B 的作用；（3）画出 Q 与 CP 的对应波形。

9-10　电路结构如图 9-36 所示，试写出状态方程。

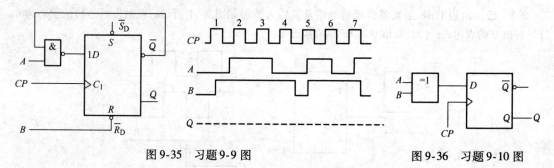

图 9-35　习题 9-9 图　　　　　　　图 9-36　习题 9-10 图

9-11　电路结构及 CP 波形如图 9-37 所示，试画出 Q_1、Q_2、Q_3、Q_4、Q_5、Q_6、Q_7、Q_8 的波形图。

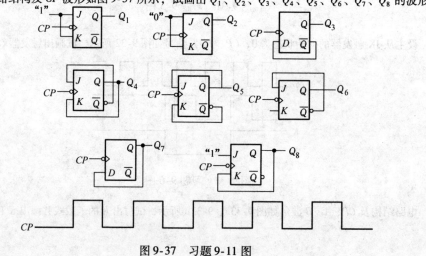

图 9-37　习题 9-11 图

9-12　上升沿 D 触发器和下降沿 JK 触发器的初态为"0"，试画出如图 9-38 所示 CP 和输入信号作用下触发器 Q 的输出波形。

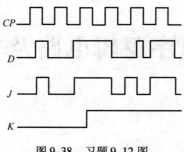

图 9-38　习题 9-12 图

9-13　用 T 触发器和异或门构成的某种电路如图 9-39a 所示，在示波器上观察到波形如图 9-38b 所示。试问该电路是如何连接的？请在图 9-39a 基础上画出正确的连接图，并标明 T 的取值。

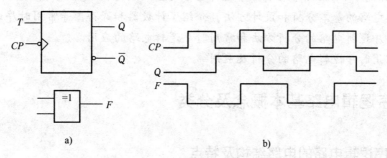

图 9-39　习题 9-13 图

9-14　试画出主从 RS 触发器转换为 D、T 和 JK 触发器的电路图。

![第10章]

常用时序逻辑电路及其应用

◀ 本 章 概 要 ▶

　　时序逻辑电路不同于组合逻辑电路，任意时刻的输出不仅取决于该时刻的输入还取决于电路的原来状态。本章主要介绍了时序逻辑电路的基本概念、结构组成和表示方法，说明了同步时序逻辑电路的基本分析和设计方法，介绍了计数器和寄存器等常用时序逻辑电路。

　　重点：时序逻辑电路的分析方法和常用时序逻辑电路的应用。

　　难点：常用时序逻辑电路的分析及应用。

10.1　时序逻辑电路基本概念及分类

10.1.1　时序逻辑电路的电路结构及特点

　　时序逻辑电路在任何时刻的输出不仅取决于该时刻的输入，还取决于电路的原来状态。为了使电路的输出和以前时刻的输入有关，电路必须具有"记忆部分"，以便保存以前时刻输入的信息。

　　时序电路可认为由存储电路和组合电路两部分构成。存储电路基本组成单元是触发器，用来记忆时序逻辑电路的状态，是时序电路中必不可少的部分；组合电路用来产生改变电路状态和输出的驱动信号，时序逻辑电路结构框图如图 10-1 所示。

　　图中 X $(x_1, x_2, \cdots, x_i)$ 表示时序电路的输入逻辑变量；Z $(z_1, z_2, \cdots, z_j)$ 表示时序电路的输出逻辑变量；Q $(q_1, q_2, \cdots, q_m)$ 表示存储电路的输出逻辑变量；W $(w_1, w_2, \cdots, w_k)$ 表示存储电路的输入逻辑变量。存储电路的状态信号反馈接入到组合电路输入端，与输入信号一起共同决定组合电路的

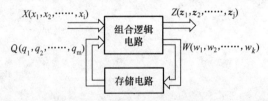

图 10-1　时序逻辑电路结构框图

输出，而组合电路的输出也应有反馈接入到到存储电路的输入端，以决定下一时刻存储电路的状态。由以上叙述可以总结出时序逻辑电路有如下的特点：

　　1）包含组合逻辑电路和记忆（存储）电路。

　　2）电路的结构存在反馈。

10.1.2 时序逻辑电路的描述方法

1. 逻辑方程组

根据图 10-1 可知，各信号之间的逻辑关系用输出方程、输入（激励）方程和状态方程 3 种函数方程描述，表示时序逻辑电路的工作状态。

1）电路的输出逻辑函数，简称输出方程，表示为

$$Z(t_n) = F[X(t_n), Q(t_n)]$$

2）存储电路的输入（激励）逻辑函数，简称输入（激励）方程或驱动方程，表示为

$$W(t_n) = G[X(t_n), Q(t_n)]$$

3）存储电路的状态方程，简称状态方程，表示为

$$Q(t_{n+1}) = H[W(t_n), Q(t_n)]$$

注：输出方程、驱动方程和状态方程统称为时序逻辑电路的逻辑方程组。

2. 状态转换表

状态转换表即状态表，以表格的形式反映时序电路的输出、次态和输入、现态间对应关系，是真值表针对时序逻辑电路特点的一种演化。

3. 状态转换图

状态转换图即状态图，以图形的方式反映时序电路状态转换规律及相应输入和输出间取值关系。

4. 时序图

时序图反映在时钟脉冲序列作用下电路的状态和输出随时间变化的波形，又称为电路的工作波形。

只要注意到在时序逻辑电路中，时序电路的现态和次态是由构成该时序电路的触发器现态和次态来表示，那么就不难根据在第 9 章介绍的有关方法分别对每个触发器的状态变化进行分析，从而列出整个时序电路的状态表，画出时序电路的次态卡诺图、状态图和时序图。后述章节将结合具体的电路举例说明。

10.1.3 时序逻辑电路分类

1. 按各触发器接收时钟信号的不同分类

根据各个触发器状态更新时间的不同，可分为同步时序逻辑电路和异步时序逻辑电路。

同步时序逻辑电路中所有触发器状态都是在同一个时钟信号下同时进行更新的，即各个触发器状态的转换是同一时刻。

异步时序逻辑电路中所有触发器的时钟信号不一定是同一个时钟信号，状态更新有先有后，即各个触发器状态的转换不全在同一时刻。

2. 按时序逻辑电路逻辑功能分类

按时序逻辑电路逻辑功能的不同可分为计数器、寄存器和时序信号发生器等。在实际生产生活中，完成各种各样功能的时序逻辑电路是千变万化不胜枚举的，这里提到的只是几种比较常用和典型的电路。

3. 按照输出信号的不同分类

米勒（Mealy）型电路：若某时刻的输出是该时刻的输入和电路状态的函数，即电路的

输出方程为 $Z(t_n) = F[X(t_n), Q(t_n)]$，则这类型电路就称为米勒型电路。米勒型电路结构框图如图 10-2 所示。

摩尔（Moore）型电路：若某时刻的输出仅是该时刻电路状态的函数，与该时刻的输入无关，即电路输出方程为 $Z(t_n) = F[Q(t_n)]$，则这类型电路就称为摩尔型电路。摩尔型电路结构框图如图 10-3 所示。

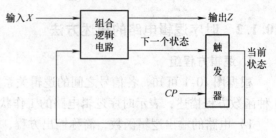

图 10-2　米勒型电路结构框图

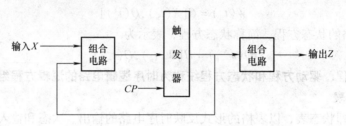

图 10-3　摩尔型电路结构框图

练习与思考

10.1.1　时序电路与组合电路相比较有什么相同点和不同点？

10.1.2　同步时序电路有什么特点？

10.1.3　时序电路的描述方式的各自特点是什么？它们分别适用于哪些场合？

10.1.4　试说明米勒型电路和摩尔型电路的异同，这两种电路结构是否可以相互转换？

10.1.5　试判断下面的说法是否正确。

1）时序逻辑电路中一定包含触发器。

2）时序逻辑电路中一定包含组合逻辑电路。

3）时序逻辑电路中必须有输入逻辑变量。

4）时钟信号也是时序逻辑电路的一个输入逻辑变量。

10.2　同步时序逻辑电路分析

10.2.1　同步时序逻辑电路基本分析方法

时序逻辑电路分析是根据给定时序逻辑电路图，找出时序电路的状态以及输出在输入和时钟信号作用下的变化规律。时序逻辑电路分析包括同步时序逻辑电路分析和异步时序逻辑电路分析，本书只介绍同步时序逻辑电路分析方法。异步时序电路分析方法读者可自行参阅相关文献。

给定同步时序电路分析可按如下步骤进行：

1. 根据给定的时序逻辑电路图，写出下列逻辑表达式

1）各触发器的时钟信号 CP 逻辑表达式：时钟方程。

2）时序电路各个输出信号逻辑表达式：输出方程。

3）各触发器输入信号（激励）逻辑表达式：各触发器驱动方程。

2. 求状态方程

将各触发器驱动方程代入相应触发器特征方程，得到该时序逻辑电路的状态方程。

3. 根据状态方程、时钟方程及输出方程，列出该时序电路的状态表

把电路输入现态和次态的各种可能取值代入状态方程和输出方程进行计算，求出相应次态和输出，从而得到该电路的状态表。

4. 画出状态图或时序图

根据状态表可以得到给定电路的状态图或时序图。值得注意的是状态转换是由现态转化到次态，不是由现态转化到现态，也不是次态转换到次态；而分析得到时序图时要明确，只有当 CP 触发信号到来时相应触发器状态才会更新状态，否则只会保持原状态不变。

5. 电路功能说明

一般情况下，用状态图或状态表就可以反映电路的工作特性，但是还不够直观和形象。在实际应用中，各个输入和输出信号都有明确的物理含义，常常需要结合这些信号的物理含义，进一步说明电路的具体功能，或者结合时序图说明时钟脉冲与输入、输出及内部变量之间的逻辑关系。

10. 2. 2　同步时序逻辑电路的分析举例

【例 10-1】　分析如图 10-4 所示时序电路的逻辑功能。

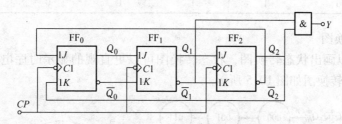

图 10-4　例 10-1 时序逻辑电路图

解：（1）写出该电路的逻辑表达式

1）各触发器的时钟方程

$$CP_2 = CP_1 = CP_0 = CP \tag{10-1}$$

2）输出方程

$$Y = \overline{Q}_1^n Q_2^n \tag{10-2}$$

已知电路的输出 Y 是仅由电路状态决定，该电路为摩尔型电路。

3）驱动方程

$$\begin{cases} J_2 = Q_1^n & K_2 = \overline{Q}_1^n \\ J_1 = Q_0^n & K_1 = \overline{Q}_0^n \\ J_0 = \overline{Q}_2^n & K_0 = Q_2^n \end{cases} \tag{10-3}$$

（2）求各触发器的状态方程

从电路图中分析知该电路是由 JK 触发器构成，JK 触发器的特性方为

$$Q^{n+1} = J \overline{Q}^n + \overline{K} Q^n \tag{10-4}$$

将式（10-3）中所得的驱动方程分别代入式（10-4），可得：

$$
\begin{cases}
Q_2^{n+1} = J_2\overline{Q_2^n} + \overline{K_2}Q_2^n = Q_1^n\overline{Q_2^n} + Q_1^n Q_2^n = Q_1^n \\
Q_1^{n+1} = J_1\overline{Q_1^n} + \overline{K_1}Q_1^n = Q_0^n\overline{Q_1^n} + Q_0^n Q_1^n = Q_0^n \\
Q_0^{n+1} = J_0\overline{Q_0^n} + \overline{K_0}Q_0^n = \overline{Q_2^n}\,\overline{Q_0^n} + \overline{Q_2^n}Q_0^n = \overline{Q_2^n}
\end{cases}
\quad 即，\quad
\begin{cases}
Q_2^{n+1} = Q_1^n \\
Q_1^{n+1} = Q_0^n \\
Q_0^{n+1} = \overline{Q_2^n}
\end{cases}
\tag{10-5}
$$

（3）将电路现态 $Q_2^n Q_1^n Q_0^n$ 所有可能的取值依次代入式（10-2）输出方程和式（10-5）状态方程中求出各触发器的次态和电路输出的逻辑值，从而得到如表10-1所示的状态转换表。

表 10-1　例 10-1 状态转换表

现　　态			次　　态			输　　出
Q_2^n	Q_1^n	Q_0^n	$\overline{Q_2^n}$	$\overline{Q_1^n}$	$\overline{Q_0^n}$	Y
0	0	0	0	0	1	0
0	0	1	0	1	1	0
0	1	0	1	0	1	0
0	1	1	1	1	1	0
1	0	0	0	0	0	1
1	0	1	0	1	0	1
1	1	0	1	0	0	0
1	1	1	1	1	0	0

（4）状态转换图

由状态表可以画出状态转换图，状态转换图可以更直观的显示时序电路的状态转换情况，例10-1状态转换图如图10-5所示。

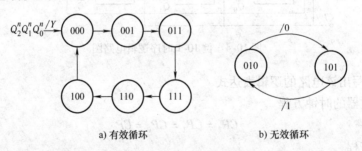

a) 有效循环　　　　　　b) 无效循环

图 10-5　例 10-1 状态转换图

状态转换图中，圆圈内表明电路的各个状态，箭尾处为现态，箭头指示状态转换的状态即次态，箭头旁标注状态转换前输入变量值及输出值，通常将输入变量值写在斜线上方，输出值写在斜线下方。本例中因无外加输入变量，因此斜线上方没有标注。

1）有效循环和有效状态：从图10-5可以看到假设从 $Q_2^n Q_1^n Q_0^n = 000$ 状态开始，当加入6个时钟触发信号以后，电路又回到设定的初始状态000，完成一个状态循环。这6个状态构成的循环叫做**有效循环**，构成有效循环的6个状态均为**有效状态**。

2）无效循环和无效状态：从图10-5也可以发现，除了有效循环中包含的6个状态外，$Q_2^n Q_1^n Q_0^n$ 还有010和101两个状态，将010作为初始状态代入式（10-5）得到的次态为101；

将 101 代入式（10-5）得到的次态为 010。因此，电路一旦进入 010 或 101 状态以后，在时钟信号的作用下电路状态将在 010 和 101 之间往复变化，这个循环叫做**无效循环**，构成无效循环的两个状态即为**无效状态**。

3）不能自启动与能自启动电路：在例 10-1 中，可以看出只要电路一旦因为某种原因，例如干扰进入无效循环后，就不会自动转入有效循环而正常工作，这样的电路称为**不能自启动电路**。

为保证电路工作在有效循环之中，通常在电路存在无效状态时，让它们不形成循环，这样，即使电路因为某种原因进入无效状态，在时钟信号作用下也能自动地从无效状态转入有效循环，这样的电路即为**能自启动电路**。

（5）画时序图（工作波形）

为了直观和形象地表示时序电路的逻辑功能，也常常需要画出时序逻辑电路的时序图。例 10-1 时序图如图 10-6 所示，由图 10-6 可以看出在时钟脉冲 CP 作用下，电路的状态和输出随时间变化的波形，有时又称为工作波形图。时序图通常用于实验测试中检查电路的逻辑功能，也用于数字电路的计算机仿真。

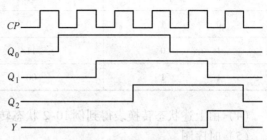

图 10-6　例 10-1 时序图

（6）逻辑电路功能描述

该电路有效循环的 6 个状态分别是 0 ~ 5 这 6 个十进制数字的格雷码，并且在时钟脉冲 CP 的作用下，这 6 个状态是按递增规律变化的，即

$000 \rightarrow 001 \rightarrow 011 \rightarrow 111 \rightarrow 110 \rightarrow 100 \rightarrow 000 \rightarrow \ldots$　所以这是一个用格雷码表示的六进制同步加法计数器。当对第 6 个脉冲计数时，计数器又重新从 000 开始计数，并产生输出 $Y = 1$。

所谓的计数器是用来计算输入脉冲数目的时序逻辑电路，是数字系统中应用最广泛的基本单元之一，下一节计数器中将详细讲解。

【例 10-2】　分析图 10-7 所示时序电路的逻辑功能。

解：（1）写出该电路的逻辑表达式

1）时钟方程

$$CP_1 = CP_0 = CP \qquad (10\text{-}6)$$

2）输出方程

$$Z = X \, \overline{Q_1^n} \qquad (10\text{-}7)$$

对比例 10-2 可知，该电路输出 Z 不仅与电路状态有关还和电路当前输入有关，是属于米勒型电路。

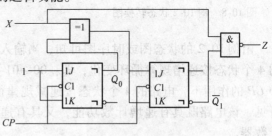

图 10-7　例 10-2 逻辑电路图

3）驱动方程

$$J_0 = K_0 = 1 \qquad (10\text{-}8)$$

$$J_1 = K_1 = X \oplus Q_0^n \qquad (10\text{-}9)$$

（2）求各触发器的状态方程

将式（10-8）和式（10-9）分别带入 JK 触发器的特性方程 $Q^{n+1} = J\overline{Q^n} + \overline{K}Q^n$，于是，得到电路的状态方程：

$$Q_0^{n+1} = J_0\overline{Q_0^n} + \overline{K_0}Q_0^n = \overline{Q_0^n} \tag{10-10}$$

$$Q_1^{n+1} = J_1\overline{Q_1^n} + \overline{K_1}Q_1^n = X \oplus Q_0^n \oplus Q_1^n \tag{10-11}$$

（3）由输出方程和状态方程得到各触发器的次态和电路输出，列出例 10-2 状态转换表如表 10-2 所示。

表 10-2　例 10-2 状态转换表

$Q_1^n Q_0^n$ ＼ $Q_1^{n+1} Q_0^{n+1}/Z$ ＼ X	0	1
0　0	01/1	11/0
0　1	10/1	00/0
1　0	11/1	01/1
1　1	00/1	10/1

（4）由上述状态转换表得到例 10-2 状态转换图，如图 10-8 所示。

（5）时序图

例 10-2 时序图如图 10-9 所示。

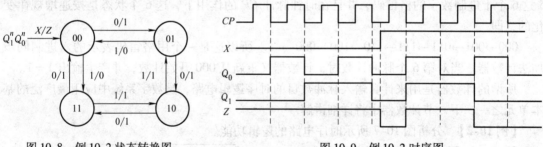

图 10-8　例 10-2 状态转换图　　　　　图 10-9　例 10-2 时序图

由例 10-2 的状态图或时序图可知，当输入 $X = 0$ 时，在时钟脉冲 CP 的作用下，电路的 4 个状态按递增规律循环变化，即：00→01→10→11→00→…；当 $X = 1$ 时，在时钟脉冲 CP 的作用下，电路的 4 个状态按递减规律循环变化，即：00→11→10→01→00→…。可见，该电路既具有递增计数功能，又具有递减计数功能，是一个 2 位二进制同步可逆计数器。

练习与思考

10.2.1　简述时序电路的分析步骤。

10.2.2　时序逻辑电路时钟方程的分析什么时候可省略？什么时候不可省略？

10.2.3　什么时候必须判断电路能否自启动？怎么判断电路能自启动？

10.3　计数器

10.3.1　计数器的基本概念及分类

1. 计数的概念和计数器

（1）计数的概念

人们在日常生活、工作、学习及科研中，到处都会遇到计数问题，总也离不开计数。在日常生活中购买物品、计算价格要计数，看时间、测量温度要计数，清点人数、记录数据要计数，统计产品、了解生产情况要计数，用数字说明问题，做任何事要心中有数，所以，计数是十分重要的概念。

（2）计数器

广义地讲，一切能够完成计数工作的工具都是计数器，算盘是计数器，里程表是计数器，钟表是计数器，温度计是计数器，具体的计数器各式各样，不计其数。

（3）数字电路中的计数器

在数字电路中，把能记忆输入时钟个数的操作叫计数，能实现计数操作的电子电路称为计数器。计数器不仅可以用于对时钟脉冲进行计数，还广泛地应用于脉冲信号的分频、定时和执行运算，计数器是应用最为广泛的一种典型的时序逻辑电路。

2. 计数器的分类

1）根据计数器中各个触发器状态更新的先后次序分类，可以分为**同步计数器**和**异步计数器**两种。

当输入时钟信号（计数脉冲）到达时构成计数器的各个触发器状态更新都是同时进行的，这样的计数器称为**同步计数器**。

当输入时钟信号（计数脉冲）到达时构成计数器的各个触发器状态更新有先有后，不是同步进行的，这样的计数器称为**异步计数器**。

2）根据进位制不同，可以分为**二进制计数器**、**十进制计数器**和 **N 进制计数器**。

当输入计数器脉冲到来时，按二进制数规律进行计数的电路叫做**二进制计数器**。

当输入计数器脉冲到来时，按十进制数规律进行计数的电路叫做**十进制计数器**。

除了二进制计数器和十进制计数器之外的其他进制的计数器都叫做 **N 进制计数器**，N 称为计数长度，例如 $N=12$ 时为十二进制计数器，$N=50$ 时为五十进制计数器等。

3）根据计数器中数值增减情况不同又分为**加法、减法**和**可逆计数器**。

当输入计数器脉冲到来时，按二进制数递增规律进行计数的电路叫做**加法计数器**。

当输入计数器脉冲到来时，按二进制数递减规律进行计数的电路叫做**减法计数器**。

当输入计数器脉冲到来时，在加减信号的控制下，既可以进行加法计数，也可以进行减法计数的电路叫做**可逆计数器**。

另外，如果按照计数器中数字编码方式分类，还可以把计数器分为二进制计数器、二-十进制计数器、循环码计数器等。在下面的章节中主要给大家介绍几种常用计数器的功能及应用。

10.3.2 同步二进制计数器

1. 同步二进制加法计数器

现以 3 位二进制同步加法计数器为例说明二进制同步加法计数器的构成及工作原理。3 位二进制同步加法计数器的逻辑电路图如图 10-10 所示，下面按照 10.2 节所介绍的方法和步骤来分析该电路。

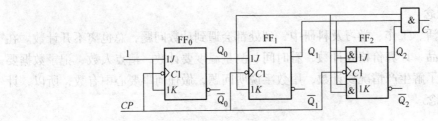

图 10-10　同步 3 位二进制加法计数器逻辑电路图

（1）写出该电路的逻辑表达式

1）各触发器的时钟方程

$$CP_0 = CP_1 = CP_2 = CP \tag{10-12}$$

2）输出方程

$$C = Q_2^n Q_1^n Q_0^n \tag{10-13}$$

3）驱动方程

$$J_0 = K_0 = 1 \tag{10-14}$$

$$J_1 = K_1 = Q_0^n \tag{10-15}$$

$$J_2 = K_2 = Q_1^n Q_0^n \tag{10-16}$$

（2）求各触发器的状态方程

将式（10-14）、式（10-15）和式（10-16）分别带入 JK 触发器特性方程 $Q^{n+1} = J\overline{Q^n} + \overline{K}Q^n$，于是，得到电路的状态方程为

$$Q_0^{n+1} = \overline{Q_0^n} \tag{10-17}$$

$$Q_1^{n+1} = Q_0^n \overline{Q_1^n} + \overline{Q_0^n} Q_1^n \tag{10-18}$$

$$Q_2^{n+1} = Q_1^n Q_0^n \overline{Q_2^n} + \overline{Q_1^n Q_0^n} Q_2^n \tag{10-19}$$

（3）由输出方程和状态方程得到各触发器的次态和电路输出即即可列出状态转换表，该步骤请读者自行完成。

（4）状态转换图

同步 3 位二进制加法计数器状态转换图如图 10-11 所示。

（5）时序图

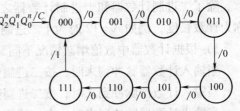

图 10-11　同步 3 位二进制加法计数器状态转换图

同步 3 位二进制加法计数器时序图如图 10-12 所示。

从状态图可知，设该电路的初始状态（简称初态）为 $Q_2^n Q_1^n Q_0^n = 000$，每来一个有效的计数脉冲，该电路的状态就按照二进制递增的计数规律更新一次，当输入 7 个时钟信号以

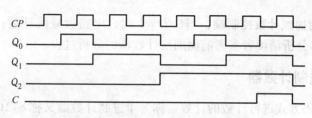

图 10-12　同步 3 位二进制加法计数器时序图

后，进位输出端 $C = 1$，第八个计数脉冲输入后 C 由 1 变为 0，给出一个脉冲下降沿信号，以作为高位计数器的计数输入信号。

这样，就得到该计数器的计数长度 $N = 8$，按照二进制数的递增计数规律来计数，并且所有触发器的更新时间都在同一时刻，故该电路称为同步 3 位二进制加法计数器，另外从整体上看又可称 1 位八进制同步加法计数器。

2. 同步二进制减法计数器

减法计数器每来一个脉冲，计数器减 "1"。同步 3 位二进制减法计数器逻辑电路图如图 10-13 所示，同步 3 位二进制减法计数器状态转换图如图 10-14 所示。

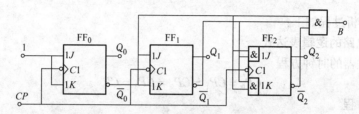

图 10-13　同步 3 位二进制减法计数器逻辑电路图

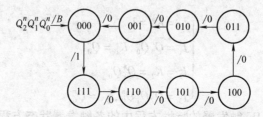

图 10-14　同步 3 位二进制减法计数器状态转换图

3. 同步二进制可逆计数器

既可以完成加法计数，又可以完成减法计数的计数器称为可逆计数器。3 位二进制同步可逆计数器逻辑电路图如图 10-15 所示。

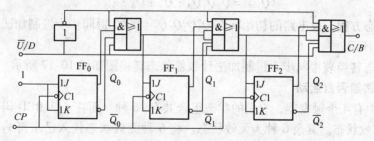

图 10-15　同步 3 位二进制可逆计数器逻辑电路图

图中的 $\overline{U}/D$ 端为加减计数控制端，当 $\overline{U}/D=1$ 时，电路做减法计数；当 $\overline{U}/D=0$ 时，电路做加法计数。具体分析请读者参考前面加法计数器的分析过程。

10.3.3 同步十进制计数器

按二-十进制编码方式进行计数的计数器称为十进制计数器又称8421BCD 码计数器。十进制计数也可以分为同步十进制加法计数器、同步十进制减法计数器和同步十进制可逆计数器。本节只介绍同步十进制加法计数器，其他两种请读者自行参阅相关文献。

同步十进制加法计数器逻辑电路如图10-16 所示。

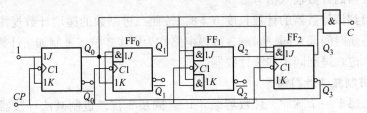

图10-16 同步十进制加法计数器逻辑电路图

对该电路分析过程如下：

1. 写出该电路的逻辑表达式

（1）各触发器的时钟方程

$$CP_0 = CP_1 = CP_2 = CP_3 = CP$$

（2）输出方程

$$C = Q_3^n Q_0^n$$

（3）驱动方程

$$\begin{cases} J_0 = K_0 = 1 \\ J_1 = \overline{Q}_3^n Q_0^n, K_1 = Q_0^n \\ J_2 = K_2 = Q_1^n Q_0^n \\ J_3 = Q_2^n Q_1^n Q_0^n, K_3 = Q_0^n \end{cases}$$

2. 将驱动方程带入 JK 触发器的特性方程中的各触发器状态方程

$$\begin{cases} Q_0^{n+1} = 1 \cdot \overline{Q}_0^n + \overline{1} \cdot Q_0^n \\ Q_1^{n+1} = \overline{Q}_3^n Q_0^n \cdot \overline{Q}_1^n + \overline{Q}_0^n \cdot Q_1^n \\ Q_2^{n+1} = Q_1^n Q_0^n \cdot \overline{Q}_2^n + \overline{Q_1^n Q_0^n} \cdot Q_2^n \\ Q_3^{n+1} = Q_2^n Q_1^n Q_0^n \cdot \overline{Q}_3^n + \overline{Q}_0^n \cdot Q_3^n \end{cases}$$

3. 根据状态方程，设电路的初始状态 $Q_3^n Q_2^n Q_1^n Q_0^n = 0000$ 得同步十进制加法计数器状态转换表如表10-3 所示。

4. 根据状态转换表得同步十进制加法计数器状态转换图如图10-17 所示。

5. 检查电路能否自启动

由于电路中有4 个触发器，它们的状态组合共有16 种，而在8421BCD 码计数器中只用了10 种，为有效状态。其余6 种为无效状态。将6 种无效状态代入已求得的状态方程中可以得到这6 种状态下的次态，从而得到同步十进制加法计数器完整状态转换图如图10-18 所示。从图 10-18 可判断该计数器是能够自启动的。

表 10-3　同步十进制加法计数器状态转换表

计数脉冲序号	现　态				次　态			
	Q_3^n	Q_2^n	Q_1^n	Q_0^n	Q_3^{n+1}	Q_2^{n+1}	Q_1^{n+1}	Q_0^{n+1}
0	0	0	0	0	0	0	0	1
1	0	0	0	1	0	0	1	0
2	0	0	1	0	0	0	1	1
3	0	0	1	1	0	1	0	0
4	0	1	0	0	0	1	0	1
5	0	1	0	1	0	1	1	0
6	0	1	1	0	0	1	1	1
7	0	1	1	1	1	0	0	0
8	1	0	0	0	1	0	0	1
9	1	0	0	1	0	0	0	0

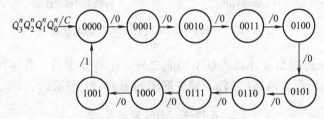

图 10-17　同步十进制加法计数器转换图

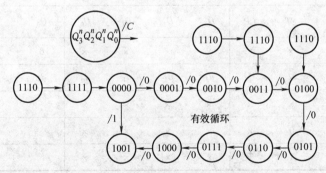

图 10-18　同步十进制加法计数器完整状态转换图

6. 时序图

同步十进制加法计数器时序图如图 10-19 所示。

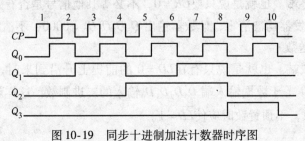

图 10-19　同步十进制加法计数器时序图

10.3.4 集成同步二进制计数器 74161 工作原理及应用

1. 74161 工作特性及逻辑功能

4 位同步二进制加法计数器 74161 是典型的常用的中规模集成计数器。在学习中规模集成逻辑器件时，重点是掌握其外部工作特性和应用，对其内部结构不必做过多的研究。读者如想进一步了解其内部结构请自行参考相关文献。4 位同步二进制加法计数器 74161 的引脚排列及逻辑功能示意图如图 10-20 所示。

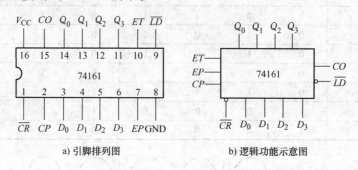

a) 引脚排列图   b) 逻辑功能示意图

图 10-20   74161 引脚排列及逻辑功能示意图

74161 除了有二进制加法计数的基本功能之外，还有预置数、清零和保持功能。74161 的功能表如表 10-4 所示，74161 工作原理波形图如图 10-21 所示。

表 10-4   74161 功能表

输　入									输　出			
$\overline{CR}$	$\overline{LD}$	EP	ET	CP	D_3	D_2	D_1	D_0	Q_3	Q_2	Q_1	Q_0
0	×	×	×	×	×	×	×	×	0	0	0	0
1	0	×	×	↑	d_3	d_2	d_1	d_0	d_3	d_2	d_1	d_0
1	1	0	×	×	×	×	×	×	保持			
1	1	×	0	×	×	×	×	×	保持			
1	1	1	1	↑	×	×	×	×	计数			

结合 74161 的功能表和波形图，对 74161 的功能做如下说明：

（1）清零

$\overline{CR}$端为异步清零端。也就是说只要$\overline{CR}=0$，不必等其他信号是否有效，这也包括时钟信号，74161 内部各触发器均被清零，计数器输出 $Q_3Q_2Q_1Q_0=0000$，不清零时应使$\overline{CR}=1$。

（2）预置数（送数）

$\overline{LD}$端为同步置数端。也就是说只有在$\overline{LD}=0$的前提上升沿到来时，计数器被置数，即计数器输出 $Q_3Q_2Q_1Q_0$ 等于数据输入端 $D_3D_2D_1D_0$ 输入的二进制数。这样就可以使计数器从预置数开始做加法计数，不预置数时应使$\overline{LD}=1$。

（3）计数

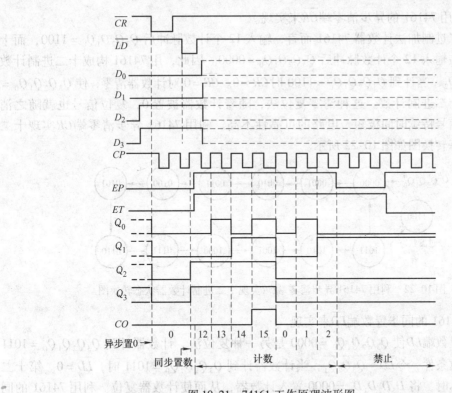

图 10-21　74161 工作原理波形图

$EP = ET = 1$（$\overline{CR} = 1$，$\overline{LD} = 1$）时，计数器处于计数工作状态。当计数到 $Q_3 Q_2 Q_1 Q_0 =$ 1111 时，进位输出 $CO = 1$。再输入一个计数脉冲，计数器输出 $Q_3 Q_2 Q_1 Q_0$ 从 1111 返回到 0000 状态，CO 由 1 变为 0，作为进位输出信号。

（4）保持

计数器处于保持工作状态。不仅计数器输出状态不变，而且进位输出状态也不变。$EP = 1$，$ET = 0$（$\overline{CR} = 1$，$\overline{LD} = 1$）时计数器输出状态不变，进位输出 $CO = 0$。

综上所述可知，74161 是一个具有异步清零、同步置数、可保持状态不变的 4 位二进制同步加法计数器。

2. 计数器 74161 的应用

计数器的应用在电子系统中的应用十分普遍，但定型量产的计数器集成电路产品种类有限，因此必须掌握用现有集成计数器芯片构成其他任意进制计数器的设计方法。这里以 74161 为例来讲解，希望读者能举一反三，将设计方法推广应用于其他中规模计数器芯片中。

利用中规模集成计数器构成任意进制计数器的方法归纳起来有复位法、置数法和乘数法 3 种。

（1）复位法

复位法又称为置零法，用复位法构成 N 进制计数所选用的中规模集成计数器的计数容量必出大于 N。其特征是当输入计数脉冲的个数等于 N 后，计数器应回到全 0 状态。利用集成计数器芯片的清零端和置数端都可以达到要求。

【例 10-3】 试采用复位法用 74161 构成十二进制计数器。

解：1）利用 74161 的异步清零端 $\overline{CR}$ 来实现。

对于 4 位二进制加法计数器 74161 而言，输入 12 个计数脉冲后 $Q_3Q_2Q_1Q_0 = 1100$，而十二进制计数器在输入 12 个计数脉冲后 $Q_3Q_2Q_1Q_0 = 0000$。因此，用 74161 构成十二进制计数器，令 $\overline{CR} = \overline{Q_3Q_2}$，当计到 $Q_3Q_2Q_1Q_0 = 1100$ 时 $\overline{CR} = 0$。$\overline{CR} = 0$ 对计数器清零，使 $Q_3Q_2Q_1Q_0 = 0000$，实现了十二进制计数。这种清零复位法，随着计数器被置 0，复位信号也就随之消失，所以复位信号持续时间极短，电路的可靠性不高。利用 74161 异步清零端 $\overline{CR}$ 实现十二进制计数器状态转换图如图 10-22 所示。

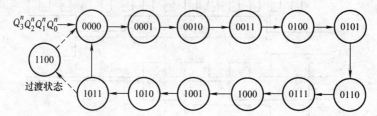

图 10-22　利用 74161 异步清零端 $\overline{CR}$ 实现十二进制计数器状态转换图

2）利用 74161 的同步置数端 $\overline{LD}$ 来实现

利用同步置数端 $\overline{LD}$ 使 $Q_3Q_2Q_1Q_0 = 0000$ 是另一种复位法。计数器计到 $Q_3Q_2Q_1Q_0 = 1011$ 后，应具备置数条件，令 $\overline{LD} = \overline{Q_3Q_2Q_1}$，当计数器计到 $Q_3Q_2Q_1Q_0 = 1011$ 时，$\overline{LD} = 0$。第十二个计数脉冲到达时，将 $D_3D_2D_1D_0 = 0000$ 置入计数器，从而使计数器复位。利用 74161 的同步置数端 $\overline{LD}$ 来实现十二进制计数器状态转换图如图 10-23 所示。

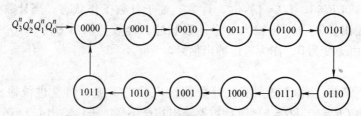

图 10-23　利用 74161 的同步置数端 $\overline{LD}$ 来实现十二进制计数器状态转换图

74161 用复位法实现十二进制计数器电路结构图如图 10-24 所示。

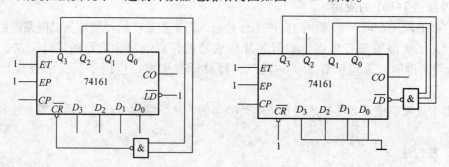

a) 利用 74161 的异步清零端 $\overline{CR}$ 来实现　　b) 利用 74161 的异步清零端 $\overline{LD}$ 来实现

图 10-24　74161 用复位法实现十二进制计数器电路结构图

3）有关过渡状态的说明。

例 10-3 分别利用 74161 的异步清零端$\overline{CR}$和同步置数端$\overline{LD}$来实现了十二进制计数器。在利用 74161 的异步清零端$\overline{CR}$方法中，设从 0000 开始计数，当计数到 1011 时，按理说应马上清零，然而由于该清零端为异步，如果用 1011 作为清零信号，1011 这个状态不会维持一个 CP 脉冲的时间，不能作为一个有效的计数状态，这样有效计数状态只有 11 个（用 1011 作为清零信号波形示意图见图 10-25a），没有达到设计的要求，所以应多使用一个状态，以 1100 作为清零信号，保证有效的计数状态达到 12 个（用 1100 作为清零信号波形示意图见图 10-25b），就把 1100 这样的状态称为**过渡状态**。

利用 74161 同步置数端$\overline{LD}$方法就不存在这样的问题，因为置数端$\overline{LD}$为同步，设从 0000 开始计数，当计数到 1011 时，即使产生了置数信号，这时也不会把 $D_3D_2D_1D_0 = 0000$ 并行置入计数器中，而是要等到下一个时钟上升沿（满足触发条件时）才会置入，这样 1011 这个状态维持了一个 CP 脉冲的时间，可以作为一个有效的计数状态，使有效计数状态达到 12 个（利用 74161 的同步置数端$\overline{LD}$实现十二进制波形示意图见图 10-26 所示），满足设计的要求。

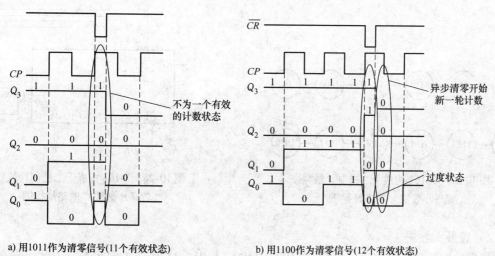

a) 用1011作为清零信号(11个有效状态)   b) 用1100作为清零信号(12个有效状态)

图 10-25　利用 74161 的异步清零端$\overline{CR}$实现十二进制波形示意图

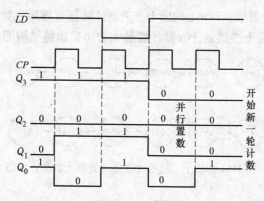

图 10-26　利用 74161 的同步置数端$\overline{LD}$实现十二进制波形示意图

（2）置数法

置数法，必有对计数器进行置数的操作。可以在计数器计到最大值时，置入计数器状态转换图中的最小数，作为计数循环的起点，也可以在计数到某个数之后，置入最大数，然后接着从 0 开始计数。如果 N 进制计数器构成 M 进制计数器，上述两种方法都得跳过（$N - M$）个状态，所以，除上述两种方法之外，还可以在 N 进制计数器计数长度中间跳过（$N - M$）个状态。

【例 10-4】 试采用置数法用 74161 构成十二进制计数器。

解：1）置最小数法

74161 的计数长度等于 16。十二进制计数器的计数长度等于 12。这就决定了预置数应是（16-12）=4，即 $D_3 D_2 D_1 D_0 = 0100$。也就是说计数器计到最大数 1111 之后，应使计数器处于预置数工作状态。为此，需将 CO 经非门取反后接到 $\overline{LD}$ 端。计数器计到最大数时 $\overline{LD} = 0$，再输入一个计数脉冲，计数器被置数，$Q_3 Q_2 Q_1 Q_0 = 0100$。74161 构成十二进制计数器（置最小数法）状态转换图如图 10-27 所示，74161 构成十二进制计数器（置最小数法）电路结构如图 10-28 所示。

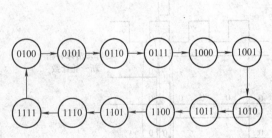

图 10-27 74161 构成十二进制计数器
（置最小数法）状态转换图

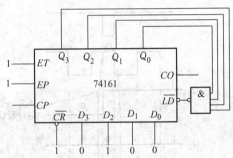

图 10-28 74161 构成十二进制计数器
（置最小数法）电路结构图

2）置最大数法

如果采用置最大数方法，应跳过 1011、1100、1101、1110 这 4 个状态。为此，需在 $Q_3 Q_2 Q_1 Q_0 = 1010$ 时，使 $\overline{LD} = 0$，预置数 $D_3 D_2 D_1 D_0 = 1111$。只要令 $\overline{LD} = \overline{Q_3 \overline{Q_2} Q_1 \overline{Q_0}}$ 就可以满足 $Q_3 Q_2 Q_1 Q_0 = 1010$ 时 $\overline{LD} = 0$ 的要求，74161 构成十二进制计数器（置最大数法）状态转换图电路如图 10-29 所示，74161 构成十二进制计数器（置最大数法）电路结构图如图 10-30 所示。

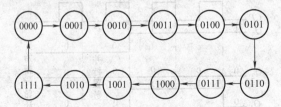

图 10-29 74161 构成十二进制计数器（置最大数法）状态转换图

3）置中间数法

假如采用跳过（$N - M$）个状态的方法，假定跳过的 4 个状态取为 0110、0111、1000、

1001，也就可得是在 $Q_3Q_2Q_1Q_0 = 0101$ 时，使 D_3D_2 $D_1D_0 = 1010$，74161 构成十二进制计数器（置中间数法）状态转换图如图 10-31 所示，74161 构成十二进制计数器（置中间数法）电路结构如图 10-32 所示。

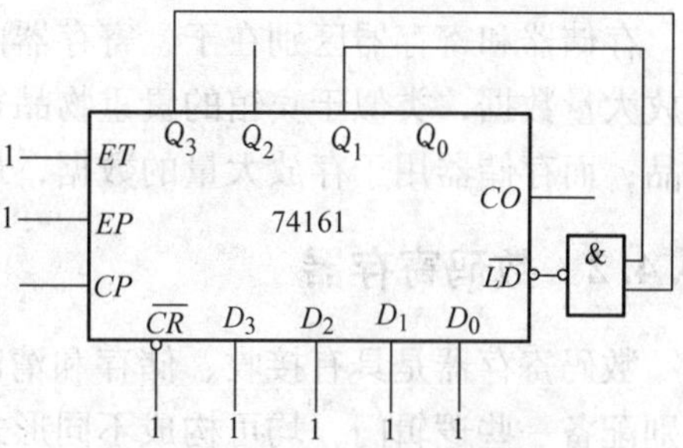

（3）乘数法

计数脉冲接到 N 进制计数器的时钟输入端，N 进制计数器的输出接到 M 进制计数器的时钟输入端，两个计数器一起构成了 $N \times M$ 进制计数器。

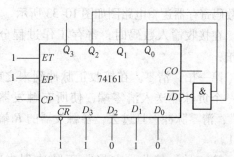

图 10-30　74161 构成十二进制计数器
（置最大数法）电路结构图

例如，两片 74161 就可以构成计数长度为 16×16 的计数器。由于乘数法涉及到了异步时序逻辑电路的概念，这里不做详细的介绍，有关方法请参考相关文献。

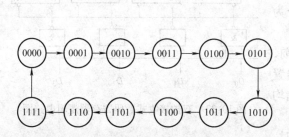

图 10-31　74161 构成十二进制计数器
（置中间数法）状态转换图

图 10-32　74161 构成十二进制计数器
（置中间数法）电路结构图

练习与思考

10.3.1　计数器的功能是什么？有哪些分类方法？

10.3.2　什么被称为计数器的有效状态？N 进制计数器有多少个有效状态？

10.3.3　试说明利用中规模集成计数器构成任意进制计数器的复位法和置数法的异同？

10.4　寄存器

10.4.1　寄存器的基本概念及分类

寄存器是一种接收、存储和输出二进制数码或信息的逻辑部件，主要由触发器和门电路构成，一个触发器能存放一位二进制数码；N 个触发器可以存放 N 位二进制数。

按寄存器的功能不同，可将它分为数码寄存器和移位寄存器。**数码寄存器**能存储二进制数码、运算结果或指令等信息的电路。而**移位寄存器**不但可存放数码，而且在移位脉冲作用下，寄存器中的数码可根据需要向左或向右移位。

寄存器通常可以在运算中存储数码和运算结果；计算机的 CPU 是由运算器、控制器、译码器和寄存器组成，其中寄存器就有数据寄存器、指令寄存器和一般寄存器。

存储器和寄存器区别在于，寄存器内存放的数码经常变更，要求存取速度快，一般无法存放大量数据，类似于宾馆的贵重物品寄存和超级市场的存包处，流动性大，无法寄存大的物品；而存储器用于存放大量的数据，最重要的指标是存储容量，类似于仓库。

10.4.2 数码寄存器

数码寄存器是具有接收、储存和清除数码功能的逻辑部件。由基本 RS、D、JK 触发器分别配备一些逻辑门，均可构成不同形式的数码寄存器。按接收数码的不同方式，可将数码寄存器分为双拍接收式和单拍接收式两种。

1. 双拍接收式数码寄存器

由 4 个基本 RS 触发器、4 个"与"门和 4 个"与非"门构成的 4 位数码寄存器，它有 1 个清零端、1 个接收控制端、1 个读出控制端、4 个数码输入端和 4 个数码输出端。双拍接收式数码寄存器逻辑电路图如图 10-33 所示。

在接收输入数码时，寄存工作过程分为两拍：

第一拍：清零。在接收正脉冲到来之前，将一个负脉冲送入清零端，使所有触发器置"0"，清零脉冲一旦过去，各触发器的 R 端均为 1。

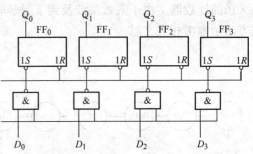

图 10-33 双拍接收式数码寄存器逻辑电路图

第二拍：接收。在接收正脉冲到来时，所有输入与非门均被打开，输入数码 $D_3D_2D_1D_0$ 全部通过各自的输入与非门，而同时到达相应触发器的 S 输入端，即 $Q_3Q_2Q_1Q_0 = D_3D_2D_1D_0$。待接收脉冲消失后，"与非"门的输入均为"1"，触发器处于保持功能。

若将存储的数据取出，则将一个正脉冲送入读出端，使"与"门打开，触发器中存储的数据 $D_3D_2D_1D_0$ 经"与"门同时输出。

2. 单拍接收式数码寄存器

单拍接收式数码寄存器无需清零，在接收脉冲作用下可自动由新数码取代原有数码。4 位单拍接收式数码寄存器逻辑电路图如图 10-34 所示。

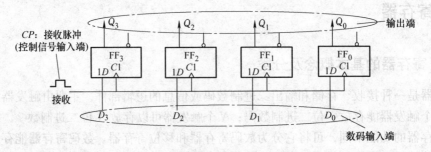

图 10-34 4 位单拍接收式数码寄存器逻辑电路图

每个触发器与相应的控制门组成一个 D 锁存器。在 $CP = 1$ 时，$S = D$，$R = D$，由此可以确定 Q^{n+1} 的状态。

数码寄存器由于所有触发器同时接收数码，称为并行输入。在所有触发器的 Q 输出端各接"与"门并加入一个读出控制脉冲，可将存储的数据同时读出称之为并行输出。

10.4.3　移位寄存器

移位就是寄存器中所存之数码，在移位脉冲作用下，逐次地左移或右移。移位寄存器就是既具有寄存数码又具有移位功能的时序逻辑电路。通常，移位寄存器分为单向移位寄存器和双向移位寄存器两大类型。

1. 单向移位寄存器

单向移位寄存器仅具有左移功能或右移功能的移位寄存器称为单向移位寄存器。D 触发器构成 4 位右移移位寄存器逻辑电路图如图 10-35 所示。FF_0 触发器的 D 输入端输入数据称为左移输入端用 D_{SL} 表示，每个触发器的输出端 Q 接下一个触发器的 D 输入端。

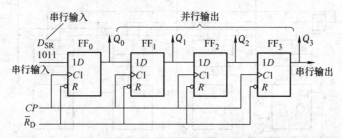

图 10-35　D 触发器构成 4 位右移移位寄存器逻辑电路图

每当移位脉冲 CP 上升沿到来时，每个触发器的状态向左移给下一个触发器。这种一个数码一个数码移入的形式称为串行输入。这时，若想得到输出结果，可以从 4 个触发器的输出端 Q 并行得到，称为并行输出。也可以再经过 3 个 CP 脉冲从最后一个触发器的 Q_3 端得到，称为串行输出。以从 D_{SR} 串行输入 1011 为例来示意串、并行数据输入输出的概念，移位寄存器串、并行数据输入输出示意图如图 10-36 所示，D 触发器构成 4 位右移移位寄存器状态转换表如表 10-5 所示。

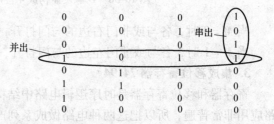

图 10-36　移位寄存器串、并行数据输入输出示意图

表 10-5　D 触发器构成 4 位右移移位寄存器状态转换表

输　　入		现　　态				次　　态				说　　明
D_{SR}	CP	Q_0^n	Q_1^n	Q_2^n	Q_3^n	Q_0^{n+1}	Q_1^{n+1}	Q_2^{n+1}	Q_3^{n+1}	
1	↑	0	0	0	0	1	0	0	0	
1	↑	1	0	0	0	1	1	0	0	从 D_{SR} 串行输入 1011
0	↑	1	1	0	0	0	1	1	0	
1	↑	0	1	1	0	1	0	1	1	

若改变电路中触发器的联接方式即将 Q_3 接 D_2，Q_2 接 D_1，Q_1 接 D_0，D_3 端输入数据 D_{SL}，Q_0 作为串行输出端，则构成 4 位左移寄存器，D 触发器构成 4 位左移移位寄存器逻辑电路图如图 10-37 所示。

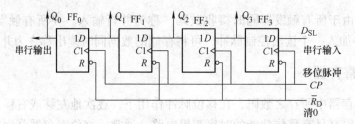

图 10-37　D 触发器构成 4 位左移移位寄存器逻辑电路图

2. 双向移位寄存器

数据在寄存器中既可以左移也可以右移的寄存器称为双向移位寄存器，它由控制端 M 控制执行左移或右移。D 触发器构成 4 位双向移位寄存器逻辑电路如图 10-38 所示。

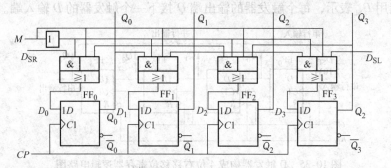

图 10-38　D 触发器构成 4 位双向移位寄存器逻辑电路图

当 $M = 0$ 时，各与或非门右边的与门打开，左移输入加到 D_0，实现左移。

当 $M = 1$ 时，各与或非门左边的与门打开，右移输入加到 D_3，实现右移。

3. 集成移位寄存器 74194

寄存器和移位寄存器是时序逻辑电路中结构、逻辑功能较为简单的两种。但是这两种电路应用非常普遍，所以把这两种电路做成系列产品供用户选用。本书以 4 位多功能双向移位寄存器 74194 为例来介绍这类集成产品的应用。4 位双向移位寄存器 74194 引脚排列图及逻辑功能示意图如图 10-39 所示。

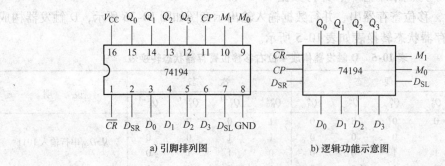

a) 引脚排列图　　　　　b) 逻辑功能示意图

图 10-39　4 位双向移位寄存器 74194 引脚排列图及逻辑功能示意图

74194 是一个 16 引脚的中规模集成芯片，除具有移位功能之外，还附加有数据并行输入、保持、异步清零功能。74194 功能表如表 10-6 所示。

表 10-6　74194 功能表

输　　入										输　　出				说　　明
$\overline{CR}$	M_1	M_2	CP	D_{SL}	D_{SR}	D_3	D_2	D_1	D_0	Q_3	Q_2	Q_1	Q_0	
0	×	×	×	×	×	×	×	×	×	0	0	0	0	异步置零
1	×	×	0	×	×	×	×	×	×	保持				保持
1	0	0	×	×	×	×	×	×	×	保持				保持
1	0	1	↑	×	1	×	×	×	×	Q_2	Q_1	Q_0	1	右移输入 1
1	0	1	↑	×	0	×	×	×	×	Q_2	Q_1	Q_0	0	右移输入 0
1	1	1	↑	1	×	×	×	×	×	1	Q_3	Q_2	Q_1	左移输入 1
1	1	1	↑	0	×	×	×	×	×	0	Q_3	Q_2	Q_1	左移输入 0
1	1	1	↑	×	×	d_3	d_2	d_1	d_0	d_3	d_2	d_1	d_0	并行置数

（1）清零

$\overline{CR}$端为异步清零端。也就是说只要$\overline{CR}=0$，不必等其他信号是否有效，这也包括时钟信号，74194 内部各触发器均被清零，寄存器输出 $Q_3Q_2Q_1Q_0=0000$，移位寄存器工作时应使$\overline{CR}=1$。

（2）保持

当 $M_1M_0=00$，移位寄存器处于数据保持工作状态。

（3）右移

当 $M_1M_0=01$，CP 时钟上升沿到达后，移位寄存器处于数据右移工作状态。

（4）左移

当 $M_1M_0=10$，CP 时钟上升沿到达后，移位寄存器处于数据左移工作状态。

（5）并行置数

当 $M_1M_0=11$ 移位寄存器处于数据并行置数工作状态。CP 时钟上升沿到达后，$Q_3Q_2Q_1Q_0=D_3D_2D_1D_0=d_3d_2d_1d_0$，实现了数据的并行输入。

74194 工作状态控制表如表 10-7 所示。

表 10-7　74194 工作状态控制表

$\overline{CR}$	M_1	M_2	CP	工 作 状 态
0	×	×	×	异步置零
1	0	0	×	保持
1	0	1	↑	右移
1	1	0	↑	左移
1	1	1	×	并行置数

【例 10-5】　试画出图 10-40 所示电路的输出波形，并分析该电路的功能。

解：该电路中$\overline{CR}=1$，$D_3D_2D_1D_0=0001$，$Q_0^n=D_{SL}$

（1）先并行置数：当电路启动时，$M_1M_0=11$，寄存器执行并行输入功能 $Q_3Q_2Q_1Q_0=D_3D_2D_1D_0=0001$。

（2）再不断左移：随后 $M_1M_0=10$，当 CP 时钟上升沿到达后，电路开始执行左移操作满足：

$$Q_3^{n+1}Q_2^{n+1}Q_1^{n+1}Q_0^{n+1} = Q_2^nQ_1^nQ_0^nD_{SL} \tag{10-20}$$

$$D_{SL} = Q_3^n \tag{10-21}$$

将式（10-21）代入式（10-20）中得：

$$Q_3^{n+1}Q_2^{n+1}Q_1^{n+1}Q_0^{n+1} = Q_2^nQ_1^nQ_0^nQ_3^n \tag{10-22}$$

（3）在移动过程中只要维持 $M_1M_0 = 10$，向左移位将不断进行下去。例 10-4 波形图如图 10-41 所示。

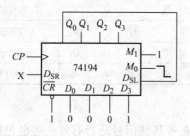
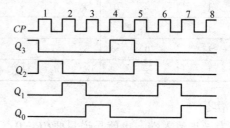

图 10-40　例 10-5 电路结构图　　　　图 10-41　例 10-5 波形图

可以看出，该电路是一个四进制计数器，其 4 位输出的每一时刻仅一个为 1，要得到如图 10-39 所示的波形须在一开始将其置为 0001，0010，0100，1000 四个状态中的一种，否则不能进入该循环，称这样的计数器为环形计数器。从波形看，每个输出依次为正脉冲，宽度为 CP 的一个周期，这样的电路也可以叫做顺序脉冲发生器。

练习与思考

10.4.1　数码寄存器和移位寄存器有什么区别？

10.4.2　什么是并行输入、串行输入、并行输出和串行输出？

10.4.3　试写出例 10-4 的状态转换表。

习　题

10-1　试分析如图 10-42 所示电路的逻辑功能。写出它的输出方程、驱动方程、状态方程，列出状态转换真值表，画出时序图和状态转换图，并检查能否自启动。

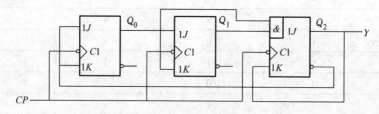

图 10-42　习题 10-1 图

10-2　试分析如图 10-43 所示时序逻辑电路：（1）试写出电路的状态方程和驱动方程；（2）列出状态转换表，并画出状态转换图；（3）说明电路的逻辑功能，并说明电路能否自启动。

10-3　分析图 10-44 所示的同步时序电路。

（1）写出各触发器的驱动方程、特性方程，列出状态表，画出状态图；（2）设初始状态为 $Q_2Q_1 = 00$，画出 Q_2Q_1 及输出 Z 的工作波形（设输入信号 X 序列为 0011001110）。

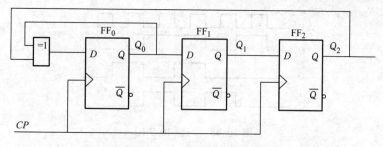

图 10-43　习题 10-2 图

10-4　由 3 个 JK 触发器组成的同步计数器如图 10-45 所示。写出各触发器的驱动方程、次态方程，画出状态表、状态图、时序图，说明其逻辑功能。

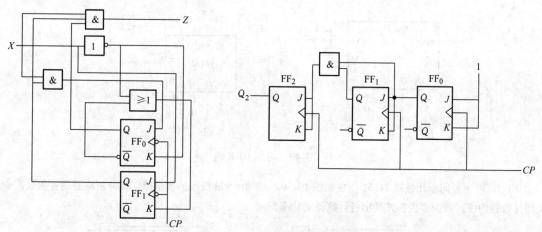

图 10-44　习题 10-3 图　　　　　　　　　　图 10-45　习题 10-4 图

10-5　同步时序电路如图 10-46 所示。试写出驱动方程、画出状态表和状态图。

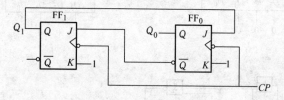

图 10-46　习题 10-5 图

10-6　同步计数器如图 10-47 所示。试写出驱动方程、画出状态图，说明电路逻辑功能。

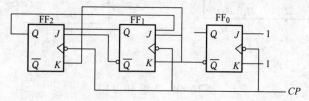

图 10-47　习题 10-6 图

10-7　采用主从 JK 触发器组成的同步时序电路的时序图如图 10-48 所示。画出时序电路的状态图，并判断电路能否自启动。

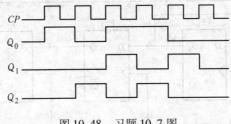

图 10-48　习题 10-7 图

10-8　4 位二进制可预置同步计数器 74161 组成的两个电路如图 10-49a、b 图所示。两个电路具有相同的并行预置数据 0100，但 LD 端的信号来源不同。试分别画出计数器的状态图，并说明两个电路各为多少进制计数器。

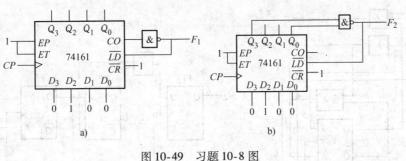

图 10-49　习题 10-8 图

10-9　可预置同步计数器 74161 接成如图 10-50a～图 10-50d 所示的各电路。试分析电路的计数长度 M（即计数器的模）各为多少？并画出各计数器的状态图。

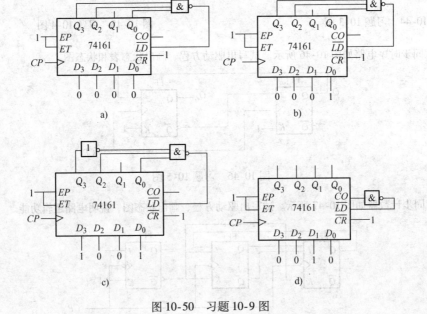

图 10-50　习题 10-9 图

10-10　用两块 74161 级联组成的分频器电路如图 10-51 所示。问 F 端输出是 CP 脉冲频率的几分频？

10-11　用两片 74161 芯片级联组成的计数电路如图 10-52 所示。写出与非门输出为 0 时的输入状态；说明计数器的计数长度为多少？

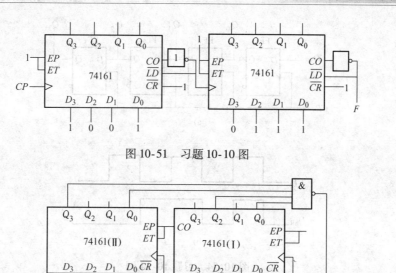

图 10-51 习题 10-10 图

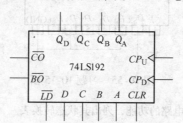

图 10-52 习题 10-11 图

10-12 试用两种方法将一片中规模集成十六进制同步计数器 74161 接成九进制计数器。

10-13 74LS192 型同步十进制可逆计数器逻辑符号和功能表分别如图 10-53 和表 10-8 所示。（1）说明表中各项的意义；（2）试用一片 74LS192 构成六进制加法计数器；（3）试用一片 74LS192 构成七进制加法计数器；（4）采用直接清零法实现任意进制计数器时，用 74LS192 芯片和用 74161 芯片有什么异同之处？

图 10-53 习题 10-13 图

表 10-8 习题 10-13 表

输入					输出	工作方式
CLR	$\overline{LD}$	CP_U	CP_D	$D\ C\ B\ A$	$Q_D\ Q_C\ Q_B\ Q_A$	
1	×	×	×	× × × ×	0 0 0 0	异步清零
0	0	×	×	$d\ c\ b\ a$	$d\ c\ b\ a$	异步置数
0	1	↑	1	× × × ×	加法计数	计数
0	1	1	↑	× × × ×	减法计数	

10-14 由 D 触发器组成的移位寄存器如题 5-54a 图所示。已知 CP 和 D_{SR} 的输入波形如图题 5-54b 所示，设各触发器的初态均为 0 状态，试画出 Q_0，Q_1，Q_2，Q_3 的波形图。

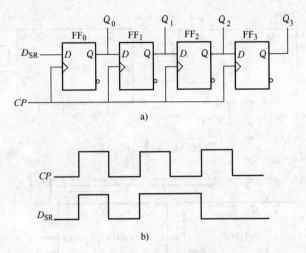

图 10-54　习题 10-14 图

10-15　由 74194 构成的彩灯控制电路如图 10-55 所示，试分析彩灯闪烁的规律。

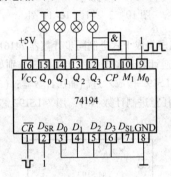

图 10-55　习题 10-15 图

10-16　试分析如图 10-56 所示电路的功能，列出其状态转换表。

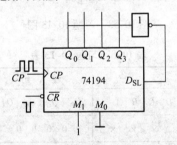

图 10-56　习题 10-16 图

第11章

半导体存储器及其应用

❖ 本 章 概 要 ❖

本章首先介绍半导体存储器的发展、种类和功能特点，然后介绍只读存储器 ROM、随机存取存储器 RAM 和闪存 Flash Memory 的结构组成、工作原理及存储容量的扩展方法。

重点：半导体存储器的发展、种类和功能特点及存储容量的扩展方法。

难点：存储器的结构组成及工作原理。

11.1 半导体存储器简介

11.1.1 半导体存储器的发展

半导体存储器是由半导体器件组成、存储二值信息的大规模集成电路。半导体存储器主要用于数字和计算机系统中程序、数据、资料等的存放。相对于磁介质存储器（如硬盘、磁带等）和光介质存储器（如 DVD 光盘），半导体存储器具有集成度高、读写速度快、功耗小、可靠性高、价格低、体积小和便于自动化批量生产的特点。

存储器不同于触发器和寄存器，它是将大量存储单元按一定规律结合起来的整体，如何有效提高存储器的存储能力是半导体存储器的发展趋势。随着集成电路制造工艺的提升和微电子技术的突破，半导体存储器的集成度越来越高，存储密度越来越大，性能也越来越好，相应的外围电路也日益复杂。如随机存取存储器 RAM 的单个存储单元由最初需要 6 个晶体管构成发展到了仅需 1 个晶体管就可实现，在单个存储器芯片上集成数吉（G）存储单元已是现实。

各类半导体存储器根据其应用领域的核心需求，在不断提高存储密度的同时又出现了不同的演进路线。如非易失性存储器（指断电后保存其上的信息不会丢失的存储器）应用领域，提高存储数据擦写次数和易用性是该类存储器的发展重点，其发展已经历了熔丝型 ROM、可编程 PROM、紫外线可擦除 EPROM 和电可擦除 E^2PROM，直到现在被广泛使用的闪存 Flash Memory 等数代产品，擦写更新存储器上的数据更加简单方便和快捷可靠。

11.1.2 半导体存储器的分类

半导体存储器的分类方法有很多种。按制造工艺可分为双极型半导体存储器和金属场效应管型半导体存储器；按存取方式（或读写方式）可分为随机存取存储器（RAM）和只读存储器（ROM）；按信息传送方式可分为并行存储器（字长的所有位同时存取）和串行存储器（按位逐位存取）。按在微机中的作用可分为主存储器（内存）、辅助存储器（外存）和高速缓冲存储器（Cache）。

近年来英特公司推出名为闪速存储器（Flash Memory）的新型半导体存储器，其特点是既具有 RAM 易读易写、集成度高、速度快和体积小等优点，又具有 ROM 断电后信息不丢失等优点，是一种很有前途的半导体存储器。

1. 只读存储器

只读存储器（ROM）在微机系统在线运行过程中，只能对其进行读操作而不能进行写操作。断电后 ROM 中的信息不会消失，具有非易失性。ROM 通常用来存放固定不变的程序、汉字字型库、字符及图形符号等信息。ROM 按存储原理可分为掩膜 ROM、可编程 PROM、紫外线可擦除可编程 EPROM、电可擦除可编程只读存 E^2PROM 和近年来发展起来的快擦型存储器（Flash Memory）。

（1）掩膜只读存储器

掩膜只读存储器（MROM）是利用掩膜工艺制造，其存储的信息不能更改，只适用于存储固定程序和数据。

（2）可编程只读存储器

可编程只读存储器（PROM）在出厂时，其存储信息全为 1（或者全为 0），没有存放程序或数据，用户可以根据自己的需要，用通用或专用的编程器写入程序或数据。只允许用户进行一次性编程，信息写入不能再做更改。

（3）可擦除可编程只读存储器

可擦除可编程只读存储器（EPROM）存储的信息可通过紫外线擦除，允许用户多次写入多次擦除，擦除方法为紫外线照射，需要 20min 以上的时间。EPROM 多用于系统实验阶段或需要改写程序和数据的场合。

（4）电可擦除可编程只读存储器

电可擦除可编程只读存储器（E^2PROM）既具有 ROM 的非易失性，又具备类似 RAM 的功能，是一种可用电气方法在线擦除和多次编程写入的只读存储器。目前，大多数 E^2PROM 芯片内部都备有升压电路。只需提供单电源，便可进行读、擦除/写操作，为数字系统的设计和在线调试提供了极大的方便。

（5）快擦型存储器

Flash Memory 称为闪速存储器，既具有 RAM 易读易写、体积小、集成度高、速度快的优点，又具有 ROM 断电后信息不丢失的优点。可以用电气方法整片或分块擦除和写入但不能按字擦除。Flash 芯片从结构上可分为串行传输和并行传输两大类。串行传输 Flash 能节约空间和成本，但存储容量小，速度慢；并行传输 Flash 速度快、容量大。由于 Flash Memory 具有擦写速度快、低功耗、容量大、成本低等特点，因此得到了广泛应用。

2. 随机存取存储器

随机存取存储器（RAM）是指在程序执行过程中，能够通过指令随机地、个别地对其中每个存储单元进行读/写操作的存储器。一般说来，RAM 中存储的信息在断电后会丢失，是一种易失性存储器；但目前有些 RAM 芯片，由于内部带有电池，断电后信息不会丢失，称为非易失性 RAM。RAM 主要用来存放原始数据、中间结果或程序。RAM 按采用器件可分为双极型存储器和金属场效应（MOS）型存储器，目前大多是内存都采用 MOS 存储器。

MOS 型存储器按存储原理又可分为静态存储器（SRAM）和动态存储器（DRAM）

（1）静态 RAM

静态 RAM（SRAM）是以双稳态触发器作为基本的存储单元来保存信息的，每一个双稳态触发器存放一位二进制信息，保存的信息在不断电的情况下不会被丢失。该类芯片具有不需要动态刷新电路，速度快的优点；但与动态 RAM 相比集成度低，功耗和价格高。主要用于存储容量不大的微机系统中，如微机中的 Cache 采用的就是 SRAM。目前，高速缓存主要由高速静态 RAM 组成。

（2）动态 RAM

动态 RAM（DRAM）基本存储单元是单管动态存储电路，以极间分布电容来存放信息。电容有电荷为"1"信息，电容无电荷为"0"信息。由于是靠电容的充放电原理来存储电荷，如果数据不及时刷新，极间电容中的电荷会因漏电而逐渐丢失，一般信息保持的时间为 2ms 左右。DRAM 具有需定时刷新，必须配备专门的刷新电路，保证至少在 2ms 内对基本存储单元刷新一次的特点。DRAM 集成度高，价格低，多用在存储量较大的系统中，如微机中的内存储器就是采用 DRAM。

（3）非易失性 RAM

非易失性 RAM（NVRAM）是由 SRAM 和 E^2PROM 共同构成的存储器。正常运行时与 SRAM 功能相同，用 SRAM 保存信息；在系统掉电或电源故障发生瞬间，SRAM 中的信息被写到 E^2PROM 中，从而保证信息不丢失。

11.1.3　半导体存储器的一般结构

半导体存储器一般由存储矩阵（存储体）和外围电路两部分组成。存储矩阵是存储信息的部分，由大量基本存储电路组成。外围电路主要包括地址译码电路和由三态数据缓冲、控制逻辑组成的读/写控制电路。

半导体存储器电路组成示意图如图 11-1 所示。它由地址寄存器、译码驱动电路、存储矩阵存储体、读写电路、数据寄存器和控制逻辑等 6 部分组成。

随着大规模集成电路的发展，已将地址译码驱动电路、读写电路和存储体集成在一个芯片内，称为存储器芯片。芯片通过地址总线、数据总线和控制总线与 CPU 相连接。

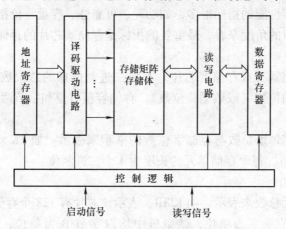

图 11-1　半导体存储器电路组成示意图

1. 地址寄存器

地址寄存器用来存放 CPU 访问存储单元的地址，经译码驱动后指向响应的存储单元。通常在微型计算机中，访问地址由地址锁存器提供，如 8086/8088CPU 中的地址锁存器 8282，存储单元地址由地址锁存器输出后，经地址总线送到存储器芯片内直接译码。

2. 译码驱动电路

译码驱动电路实际上包含译码器和驱动器两部分。译码器将地址总线输入的地址码转换成与它对应的译码输出线上的高电平或低电平，以表示选中了某一单元，并由驱动器提供驱动电流去驱动相应的读、写电路，完成对被选中单元的读写操作。

3. 存储矩阵

存储矩阵又称为存储体，是存储单元的集合体，由若干个存储单元组成，每个存储单元由若干个基本存储单元（存储元）组成，每个存储元可存放一位二进制信息。通常，一个存储单元有 8 个存储元，存放 8 位二进制信息，称为一个字节（1B）。为了区分不同的存储单元以及便于读写操作，每个存储单元有一个地址（称为存储单元地址），CPU 访问时按地址访问。

4. 读/写电路

读/写电路包括读出放大器、写入电路和读写控制电路，用以完成对被选中单元中各位的读出和写入操作。存储器的读写操作是在 CPU 的控制下进行的，只有当接受到来自 CPU 的读写命令 RD 和 WR 后，才能实现正确的读写操作。

5. 数据寄存器

数码寄存器用来暂时存放从存储单元读出的数据或从 CPU 或 I/O 端口送出的要写入存储器的数据，暂存的目的是为了协调 CPU 和存储器间在速度上的差异，故又称之为存储器数据缓冲器。

6. 控制逻辑

控制逻辑接收来自 CPU 的启动、片选、读/写及清除命令，经控制电路综合和处理后，发出一组时序信号来控制存储器的读写操作。

11.1.4　半导体存储器主要性能指标

衡量半导体存储器性能的指标很多，如功耗、可靠性、容量、价格、电源种类和存取速度等，但从功能和接口的角度来看，最重要的指标是存储器芯片的存储容量和存取速度。

1. 存储容量

存储容量是指存储器（或存储器芯片）存放二进制信息的总位数，即存储器容量 = 存储单元数 × 每个单元的位数（或数据线位数）。存储容量有位和字节两种表示方法。

（1）位表示方法

用存储器中的存储地址总数与存储字位数的乘积来表示。如 1K × 4 位，表示该芯片有 1K 个单元（1K = 1024），每个存储单元的长度为 4 个二进制位。

（2）字节表示方法

用存储器中的单元总数来表示。如 128B，表示该芯片有 128 个存储单元。

存储容量常以字节或字为单位，微型机中均以字节 B 为单位，如存储容量为 64KB、512KB、1MB 等。外存中为了表示更大的容量，用 MB、GB 和 TB 为单位。其中，$1KB = 2^{10}B$，

$1MB = 1000KB = 2^{20}B$，$1GB = 1000MB = 2^{30}B$，$1TB = 1000GB = 2^{40}B$。由于一个字节（1B）定义为 8 位二进制信息，所以，计算机中一个字的长度通常是 8 的倍数。存储容量这一概念反映了存储空间的大小。

2. 存储速度

存储器的存储速度可以用两个时间参数表示。一个是"存取时间"，定义为从启动一次存储器操作到完成该操作所经历的时间；另一个是"存储周期"，定义为启动两次独立的存储器操作之间所需的最小时间间隔。

（1）存取时间

存取时间是反映存储器工作速度的一个重要指标，它是指从 CPU 给出有效的存储器地址启动一次存储器读写操作，到该操作完成所经历的时间，称为存取时间。具体来说，对一次读操作的存取时间就是读出时间，即从地址有效到数据输出有效之间的时间，通常在几十到几百纳秒之间；对一次写操作，存取时间就是写入时间。

（2）存取周期

存取周期是指连续启动两次独立的存储器读写操作所需要的最小间隔时间，对于读操作，就是读周期时间；对于写操作，就是写周期时间。通常，存储周期要大于存取时间，因为存储器在读出数据之后还要用一定的时间来完成内部操作，这一时间称为恢复时间。读出时间和恢复时间加起来才是读周期。所以，存取时间和存取周期是两个不同的概念。

3. 可靠性

存储器的可靠性用平均故障间隔时间（MTBF）来衡量。MTBF 越长，可靠性越高。

4. 性能/价格比

这是一个综合性指标，性能主要包括存储容量、存储速度和可靠性 3 项指标，对不同用途的存储器有不同的要求。

练习与思考

11.1.1　半导体存储器如何分类？

11.1.2　简述半导体存储器的一般结构。

11.1.3　半导体存储器有哪些主要技术指标？

11.2　只读存储器

11.2.1　只读存储器的电路结构和工作原理

只读存储器（ROM）结构简单，集成度高，断电后信息不会丢失，是一种非易失性器件，可靠性比较高。

1. ROM 的电路结构

ROM 由地址译码器和存储矩阵组成，ROM 的电路结构示意图如图 11-2 所示。

2. ROM 的基本工作原理

现以一个存储容量为 4×4（16 位）的只读存储器为例说明 ROM 的基本工作原理。

（1）电路组成

4×4 位 ROM 电路结构图示意如图 11-3 所示，图 11-3a 为二极管构成的 4×4 位 ROM 电路结构图，图 11-3b 为图 11-3a 简化的 ROM 存储矩阵阵列图。

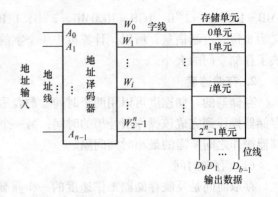

图 11-2 ROM 的电路结构示意图

从图 11-3 可知该只读存储器由一个 2 线-4 线地址译码器（与门阵列）和一个 4×4 二极管或门组成（或门阵列），其输出为 $D_0 \sim D_3$。$A_0 \sim A_1$ 为输入的地址码，通过地址译码器可产生 $W_0 \sim W_3$ 4 个不同的输出信号来选择存储单元，$W_0 \sim W_3$ 称为字线。

当 $W_0 \sim W_3$ 中任一输出为有效电平时，在 $D_0 \sim D_3$ 输出一组 4 位二进制代码，每组代码称作一个字。$D_0 \sim D_3$ 称作位线也称为数据线，用以输出每个存储单元的内容。

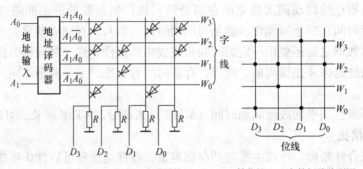

a) 二极管构成的4×4位ROM电路结构图   b) 简化的ROM存储矩阵阵列图

图 11-3 4×4 位 ROM 电路结构示意图

（2）输出信号表达式

1）与门阵列输出表达式

$$W_0 = \overline{A_1}\,\overline{A_0} \qquad W_1 = \overline{A_1}A_0 \qquad W_2 = A_1\overline{A_0} \qquad W_3 = A_1A_0$$

2）或门阵列输出表达式

$$D_0 = W_3 + W_2 \qquad D_1 = W_3 + W_0 \qquad D_2 = W_2 + W_1 \qquad D_3 = W_3 + W_2 + W_0$$

（3）ROM 输出信号的真值表

ROM 输出信号的真值表如表 11-1 所示。

表 11-1 ROM 输出信号的真值表

A_1	A_0	D_3	D_2	D_1	D_0
0	0	0	0	1	0
0	1	1	1	0	0
1	0	1	1	0	1
1	1	1	0	1	1

（4）功能说明

从存储器角度看，A_1A_0 是地址码，$D_3D_2D_1D_0$ 是数据。表 11-1 说明在 00 地址中存放的数据是 0101；01 地址中存放的数据是 1010，10 地址中存放的是 0111，11 地址中存放的是 1110。

从函数发生器角度看，A_1、A_0 是两个输入变量，D_3、D_2、D_1、D_0 是 4 个输出函数。表 11-1 说明：当变量 A_1、A_0 取值为 00 时，函数 $D_3 = 0$、$D_2 = 1$、$D_1 = 0$、$D_0 = 1$；当变量 A_1、A_0 取值为 01 时，函数 $D_3 = 1$、$D_2 = 0$、$D_1 = 1$、$D_0 = 0$。

从译码编码角度看，与门阵列先对输入的二进制代码 A_1A_0 进行译码，得到 4 个输出信号 W_0、W_1、W_2、W_3，再由或门阵列对 $W_0 \sim W_3$ 4 个信号进行编码。表 1-1 说明 W_0 的编码是 0101；W_1 的编码是 1010；W_2 的编码是 0111；W_3 的编码是 1110。

对于上述 ROM 来说，具有 4 个储存单元，每个储存单元的数据为 4 位，储存容量为 4×4 位。前者 4 代表 4 个存储单元，对应位线的数量；后者 4 代表一个储存单元数据位数（即字长），对应数据线的数量。位线的数量由地址译码器地址输入端地址线的数量决定，该存储器的地址线为 2。该存储器的容量可以记为 $2^2 \times 4$ 位，代表该存储器地址线有 2 根，字线 4 根，数据线 4 根，储存容量为 16，即存储元总数为 16 个。类似的，如存储器容量为 1024×8 位可以记为 $2^{10} \times 8$ 位，代表该存储器地址线有 10 根，字线 1024（2^{10}）根，数据线 8 根，储存容量为 1024×8，即存储元总数为 8192。

11. 2. 2　可编程只读存储器

可编程只读存储器（PROM）是一种用户可直接向芯片写入信息的存储器，这样的 ROM 称为可编程 ROM，简称 PROM。向芯片写入信息的过程称为对存储器芯片编程。存储单元多采用熔丝——低熔点金属或多晶硅，写入时设法在熔丝上通入较大的电流将熔丝烧断。可编程只读存储器的电路结构示意图如图 11-4 所示。

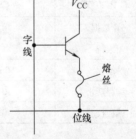

11. 2. 3　可擦除可编程只读存储器

可擦除可编程只读存储器允许对芯片进行反复改写，根据对芯片内容擦除方式的不同，可分为紫外线擦除方式和电擦除可编程方式。

图 11-4　可编程只读存储器的电路结构示意图

（1）EPROM 紫外线擦除方式，数据可保持 10 年左右。Intel 2716 为典型的 EPROM 芯片。Intel 2716EPROM 芯片的容量为 $2K \times 8$ 位，采用双列直插是 24 引脚封装。Intel2716 引脚排列及逻辑功能示意图如图 11-5 所示。

EPROM Intel 2716 芯片的主要信号为

1）$A_{10} \sim A_0$：地址码输入端；

2）$O_7 \sim O_0$：8 位数据线。正常工作时为数据输出端，编程时为写入数据输入端。

3）V_{CC} 和 GND：+5V 工作电源和地。

4）PD/PGM：待机/编程信号。

注意：PD/PGM 为双功能控制信号，在读操作时，当 $PD/PGM = 1$ 时，芯片处于待机方式，其功耗下降 75%；在写操作时（当 $V_{PP} = +25V$，$\overline{CS} = 1$ 时），芯片处于编程方式，在

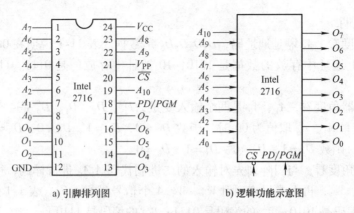

a) 引脚排列图　　　　　　　b) 逻辑功能示意图

图 11-5　Intel 2716 引脚排列及逻辑功能示意图

PD/PGM 端加上 52ms 的正脉冲，就可以将数据线上的信息写入指定的地址单元。

5）$\overline{CS}$：具有两种功能：一种是在正常工作时，为片选使能端，低电平有效。$\overline{CS} = 0$ 时，芯片被选中，处于工作状态；$\overline{CS} = 1$ 时，芯片处于维持态；另一种是在对芯片编程时，为编程控制端。

6）$\overline{OE}$：数据输出允许端，低电平有效。$\overline{OE} = 0$ 时，允许输出数据；$\overline{OE} = 1$ 时，不能读出数据。

7）V_{PP}：编程高电压输入端。编程时，加 +25V 电压，正常工作时，加 +5V 电压 Intel 2716 的工作方式如表 11-2 所示。

表 11-2　Intel 2716 的工作方式

工作方式	$\overline{CS}$	$\overline{OE}$	V_{PP}	数据输出 O 端
读数据	0	0	+5V	数据输出
维持	1	×	+5V	高阻隔离
编程	50ms	1	+25V	数据输入
编程禁止	0	1	+25V	高阻隔离
编程校验	0	0	+25V	数据输出

（2）E^2PROM（也写作 EEPROM），电擦除可编程方式，速度快，数据可保持 10 年以上时间。典型的 E^2PROM 芯片为 Intel2816 Intel 2816 是 $2K \times 8$ 的 E^2PROM 芯片，有 24 条引脚，单一 +5V 电源，Intel 2816 引脚排列及逻辑功能示意图如图 11-6 所示。

Intel 2816 EPROM 芯片的主要信号有

1）地址信号：$A_{10} \sim A_0$。

2）写允许信号：$\overline{WE}$。

3）选片信号：$\overline{CS}$。

4）输出允许信号：$\overline{OE}$。

5）数据输入/输出信号：$I/O_7 \sim I/O_0$。

11.2.4　ROM 的应用

ROM 的应用广泛，如用于实现组合逻辑函数、进行波形变换、构成字符发生器以及存

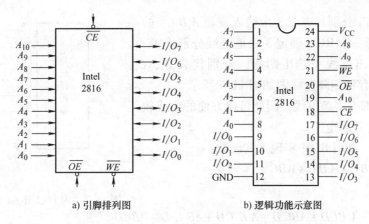

a) 引脚排列图　　　　b) 逻辑功能示意图

图 11-6　Intel 2816 引脚排列及逻辑功能示意图

储计算机的数据和程序等。

从 ROM 的电路结构示意图 11-2 可知，只读存储器的基本部分是**与门阵列和或门阵列**，与门阵列实现对输入变量的译码，产生变量的全部最小项，**或门阵列**完成有关最小项的**或运算**，因此从理论上讲，利用 ROM 可以实现任何组合逻辑函数。

用 ROM 实现组合逻辑函数可按以下步骤进行：

1）列出函数的真值表。

2）选择合适的 ROM，对照真值表画出逻辑函数的阵列图。

用 ROM 来实现组合逻辑函数的本质就是将待实现函数的真值表存入 ROM 中，即将输入变量的值对应存入 ROM 的地址译码器（与阵列）中，将输出函数的值对应存入 ROM 的存储单元（或阵列）中。电路工作时，根据输入信号（即 ROM 的地址信号）从 ROM 中将所存函数值再读出来，这种方法称为查表法。

【例 11-1】　试用简化的 ROM 存储矩阵设计全加器。

解：（1）列出全加器真值表如表 11-3 所示。

表 11-3　全加器真值表

A_i	B_i	C_{i-1}	S_i	C_i
0	0	0	0	0
0	0	1	1	0
0	1	0	1	0
0	1	1	0	1
1	0	0	1	0
1	0	1	0	1
1	1	0	0	1
1	1	1	1	1

（2）根据真值表写出全加器逻辑函数表达式

$$S_i = \overline{A_i}\,\overline{B_i}C_{i-1} + \overline{A_i}B_i\overline{C_{i-1}} + A_i\overline{B_i}\,\overline{C_{i-1}} + A_iB_iC_{i-1}$$

$$C_i = \overline{A_i}B_iC_{i-1} + A_i\overline{B_i}C_{i-1} + A_iB_i\overline{C_{i-1}} + A_iB_iC_{i-1}$$

（3）$W_0 \sim W_7$ 分别对应于 3 个输入变量 $A_i B_i C_{i-1}$ 的一个最小项，选择一个 ROM 确定 3 根地址线分别代表 A_i，B_i，C_{i-1}，从输出位线中选出两根，分别代表 S_i、C_i，于是得出 ROM 存储矩阵连线图如图 11-7 所示。

ROM 一般都有多条位线，因此可以方便的构成较复杂的多输出组合逻辑电路。

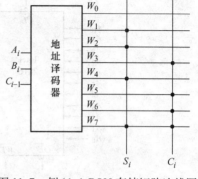

图 11-7　例 11-1 ROM 存储矩阵连线图

【例 11-2】　试用 ROM 实现下列函数：

$$Y_1 = \overline{A}\,\overline{B}C + \overline{A}B\overline{C} + A\overline{B}\,\overline{C} + ABC$$

$$Y_2 = BC + CA$$

$$Y_3 = \overline{A}\,\overline{B}\,\overline{C}\,\overline{D} + \overline{A}\,\overline{B}CD + \overline{A}BC\overline{D} + A\overline{B}\,\overline{C}D + AB\overline{C}\,\overline{D} + ABCD$$

$$Y_4 = ABC + ABD + ACD + BCD$$

解：（1）写出各函数的标准与或表达式

按 A、B、C、D 顺序排列变量，将 Y_1、Y_2、Y_3、Y_4 扩展成为四变量标准与或表达式（最小项表达式）。

$$Y_1 = \sum m\,(2,\ 3,\ 4,\ 5,\ 8,\ 9,\ 14,\ 15)$$

$$Y_2 = \sum m\,(6,\ 7,\ 10,\ 11,\ 14,\ 15)$$

$$Y_3 = \sum m\,(0,\ 3,\ 6,\ 9,\ 12,\ 15)$$

$$Y_4 = \sum m\,(7,\ 11,\ 13,\ 14,\ 15)$$

（2）选用 16×4 位 ROM，画出 ROM 存储矩阵连线图如图 11-8 所示。

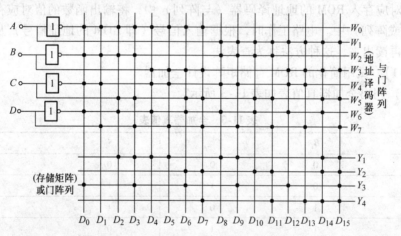

图 11-8　例 11-2 ROM 存储矩阵连线图

练习与思考

11.2.1　ROM、PROM、EPROM、E²PROM 各有什么特点？

11.2.2　如何用 ROM 来实现组合逻辑电路？

11.3 随机存取存储器

11.3.1 随机存取存储器的电路结构及工作原理

随机存取存储器简称 RAM，也叫做读/写存储器，特点是可以在任意时刻对任意选中的存储单元进行信息的存入或读出操作，读写方便，使用灵活，但一旦停电，所存内容便全部丢失。

RAM 由地址译码器、存储矩阵、读/写控制电路、输入/输出电路和片选控制电路等组成，RAM 的电路结构示意图如图 11-9 所示。

1. 地址译码器

地址译码器与 ROM 一样，也是二进制译码器。址译码器的作用，是将寄存器地址所对应的二进制数译成有效的行选信号和列选信号，从而选中该存储单元。

2. 存储矩阵

RAM 的核心部分是一个寄存器矩阵，用来存储信息，称为存储矩阵。存储矩阵

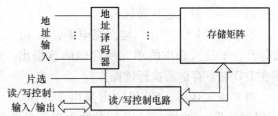

图 11-9　RAM 的电路结构示意图

的结构与 ROM 相似，但交叉点上的元件不是简单的二极管或晶体管，而是具有记忆功能的触发器或存储电荷功能的 MOS 管栅极电容，且每个交叉点上都有存储元件。静态 RAM 采用触发器存储信息，信息存入后只要不断电可一直保留。动态 RAM 采用电容存储信息，由于漏电，信息易丢失，必须定期刷新。静态 RAM 集成度低，使用方便，用于小容量器件。动态 RAM 集成度高、功耗低、使用复杂，用于大容量器件。

3. 读/写控制电路

访问 RAM 时，对被选中的寄存器，究竟是读还是写，通过读/写控制线进行控制。如果是读，则被选中单元存储的数据经数据线、输入/输出线传送给 CPU；如果是写，则 CPU 将数据经过输入/输出线、数据线存入被选中单元。

一般 RAM 的读/写控制线高电平为读，低电平为写；也有的 RAM 读/写控制线是分开的，一根为读，另一根为写。

4. 输入/输出电路

RAM 通过输入/输出端与计算机的中央处理单元（CPU）交换数据，读出时它是输出端，写入时它是输入端，一线二用，由读/写控制线控制。输入/输出端数据线的条数，与一个地址中所对应的寄存器位数相同，例如在 1024×1 位的 RAM 中，每个地址中只有 1 个存储单元（1 位寄存器），因此只有 1 条输入/输出线；而在 256×4 位的 RAM 中，每个地址中有 4 个存储单元（4 位寄存器），所以有 4 条输入/输出线。也有的 RAM 输入线和输出线是分开的。RAM 的输出端一般都具有集电极开路或三态输出结构。

5. 片选控制电路

由于受 RAM 的集成度限制，一台计算机的存储器系统往往是由许多片 RAM 组合而成。CPU 访问存储器时，一次只能访问 RAM 中的某一片（或几片），即存储器中只有一片（或

几片）RAM 中的一个地址接受 CPU 访问，与其交换信息，而其他片 RAM 与 CPU 不发生联系，片选就是用来实现这种控制的。通常一片 RAM 有一根或几根片选线，当某一片的片选线接入有效电平时，该片被选中，地址译码器的输出信号控制该片某个地址的寄存器与 CPU 接通；当片选线接入无效电平时，则该片与 CPU 之间处于断开状态。

6. RAM 的输入/输出控制电路

一个简单的输入/输出控制电路图如图 11-10 所示。

当选片信号 $CS = 1$ 时，G_5、G_4 门输出为 0，三态门 G_1、G_2、G_3 均处于高阻状态，输入/输出（I/O）端与存储器内部完全隔离，存储器禁止读/写操作，即不工作。

当 $CS = 0$ 时，芯片被选通。

当 $R/\overline{W} = 1$ 时，G_5 门输出高电平，G_3 门被打开，于是被选中的单元所存储的数据出现在 I/O 端，存储器执行读操作。

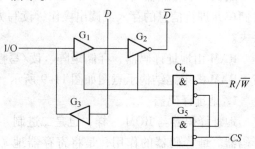

图 11-10　输入/输出控制电路图

当 $R/\overline{W} = 0$ 时，G_4 门输出高电平，G_1、G_2 门被打开，此时加在 I/O 端的数据以互补的形式出现在内部数据线上，并被存入到所选中的存储单元，存储器执行写操作。

7. RAM 的工作时序

为保证存储器准确无误地工作，加到存储器上的地址、数据和控制信号必须遵守几个时间边界条件。

RAM 读操作时序图如图 11-11 所示，读出操作过程如下：

1）欲读出单元的地址加到存储器的地址输入端。

2）加入有效的选片信号 CS。

3）在 $R/\overline{W}$ 线上加高电平，经过一段延时后，所选择单元的内容出现在 I/O 端。

4）让选片信号 CS 无效，I/O 端呈高阻态，本次读出过程结束。

由于地址缓冲器、译码器及输入/输出电路存在延时，在地址信号加到存储器上之后，必须等待一段时间 t_{AA}，数据才能稳定地传输到数据输出端，这段时间称为地址存取时间。如果在 RAM 的地址输入端已经有稳定地址的条件下，加入选片信号，从选片信号有效到数据稳定输出，这段时间间隔记为 t_{ACS}。显然在进行存储器读操作时，只有在地址和选片信号加入，且分别等待 t_{AA} 和 t_{ACS} 以后，被读单元的内容才能稳定地出现在数据输出端，这两个条件必须

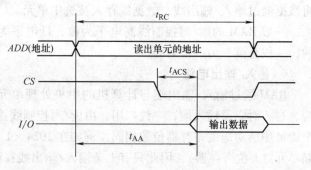

图 11-11　RAM 读操作时序图

同时满足。图中 t_{RC} 为读周期，它表示该芯片连续进行两次读操作必须的时间间隔。

RAM 写操作时序图如图 11-12 所示。写操作过程如下：

1）将欲写入单元的地址加到存储器的地址输入端。

2）在选片信号 CS 端加上有效电平，使 RAM 选通。

3）将待写入的数据加到数据输入端。

4）在 $R/\overline{W}$ 线上加入低电平，进入写工作状态。

5）使选片信号无效，数据输入线回到高阻状态。

由于地址改变时，新地址的稳定需要经过一段时间，如果在这段时间内加入写控制信号（即 $R/\overline{W}$ 变低），就可能将数据错误地写入其他单元。为防止这种情况出现，在写控制信号有效前，地址必须稳定一段时间 t_{AS}，这段时间称为地址建立时间。同时在写信号失效后，地址信号至少还要维持一段写恢复时间 t_{WR}。为了保证速度最慢的存储器芯片的写入，写信号有效的时间不得小于写脉冲宽度 t_{WP}。此外，对于写入的数据，应在写信号 t_{DW} 时间内保持稳定，且在写信号失效后继续保持

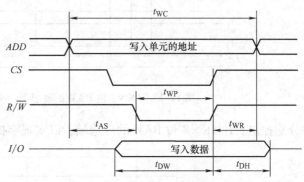

图 11-12　RAM 写操作时序图

t_{DH} 时间。在时序图中还给出了写周期 t_{WC}，它反应了连续进行两次写操作所需要的最小时间间隔。对大多数静态半导体存储器来说，读周期和写周期是相等的，一般为十几到几十纳秒。

11.3.2　RAM 的扩展

在实际应用中，经常需要大容量的 RAM。在单片 RAM 芯片容量不能满足要求时，就需要进行扩展，将多片 RAM 组合起来，构成存储器系统（也称存储体）。

存储器的扩展主要解决两个问题：一个是如何用容量较小、字长较短的芯片，组成微机系统所需的存储器；另一个是存储器如何与 CPU 的连接。

存储芯片的扩展包括位扩展、字扩展和字位同时扩展 3 种情况。

1. 位扩展

位扩展是指存储芯片的字（单元）数满足要求而位数不够，需要对每个存储单元的位数进行扩展。扩展的方法是将每片的地址线和控制线并联，数据线分别引出。其位扩展特点是存储器的单元数不变，位数增加。

【例 11-3】　用 8 片 1024（1K）×1 位 RAM 构成 1024×8 位 RAM 系统。

1K×1 位 RAM 扩展成 1K×8 位 RAM 逻辑电路图如图 11-13 所示。

2. 字扩展

字扩展是指存储芯片的位数满足要求而字（单元）数不够，需要对存储单元数进行扩展。扩展的原则是将每个芯片的地址线、数据线和控制线并联，仅片选端分别引出，以实现每个芯片占据不同的地址范围。

【例 11-4】　用 8 片 1K×8 位 RAM 构成 8K×8 位 RAM。

1K×8 位 RAM 扩展成 8K×8 位 RAM 逻辑电路图如图 11-14 所示，图中输入/输出线，读/写线和地址线 $A_0 \sim A_9$ 是并联起来的，高位地址码 A_{10}、A_{11} 和 A_{12} 经 74138 译码器 8 个输出

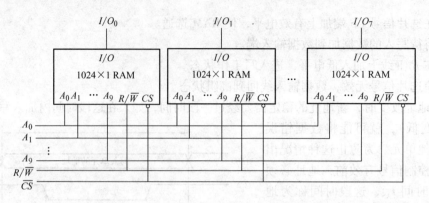

图 11-13　1K×1 位 RAM 扩展成 1K×8 位 RAM 逻辑电路图

端分别控制 8 片 1K×8 位 RAM 的片选端，以实现字扩展。

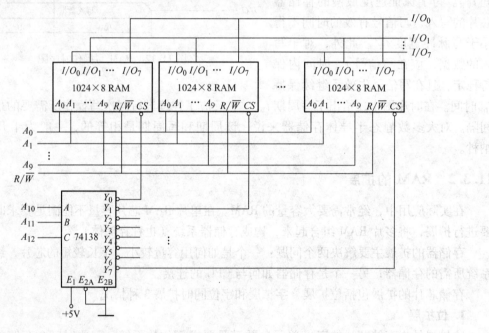

图 11-14　1K×8 位 RAM 扩展成 8K×8 位 RAM 逻辑电路图

3. 字位同时扩展

字位同时扩展是指存储芯片的位数和字数都不满足要求，需要对位数和字数同时进行扩展。扩展的方法是先进行位扩展，即组成一个满足位数要求的存储芯片组，再用这个芯片组进行字扩展，以构成一个既满足位数又满足字数的存储器。

4. 扩展存储器所需存储芯片的数量计算

若用一个容量为 $mK×n$ 位的存储芯片构成容量为 $MK×N$ 位（假设 $M>m$，$N>n$，即需字位同时扩展）的存储器，则这个存储器所需要的存储芯片数为 $(M/m)×(N/n)$。

然而，对于位扩展：因为，$M=m$，$N>n$，则所需芯片数为 N/n；对于字扩展：因为，$N=n$，$M>m$，则所需芯片数为 M/m。

练习与思考

11.3.1　SRAM、DRAM 各有什么特点？

11.3.2　RAM 主要由哪些部分构成？它们的功能是什么？

11.3.3　如何进行 RAM 存储容量的扩展？

11.4　闪存

　　闪存（Flash Memory）也称快擦写存储器，是由东芝公司在 1984 年发明的。因存储器的抹除流程像相机的闪光灯，故被称之为 Flash Memory，人们通常简称之为 Flash。Intel 公司看到了该发明的巨大潜力，于 1988 年推出第一款商业性的 NOR Flash 芯片，彻底改变非易失性存储领域原先由 EPROM 和 EEPROM 一统天下的局面。一年后东芝公司又推出了商业 NAND Flash 芯片，单位存储成本更低，擦写更快。闪存已经成为目前使用最为广泛和成功的存储芯片。

　　从闪存基本工作原理上看，它属于 ROM 型存储器，但由于它又可以随时改写其中的信息，而从功能上看，它又相当于随机存储器 RAM。所以从这个意义上说，传统的 ROM 与 RAM 的界限和区别在闪存上已不明显。

11.4.1　闪存的单元电路结构

　　闪存的基本元件是基于半导体隧道效应制作的叠栅 MOS 管（又称浮栅 MOS 管）。叠栅 MOS 管的结构图和电气符号如图 11-15 所示，它类似一个标准 MOSFET，但它有两个栅极而非一个栅极。顶部的是控制栅 G_c（Control Gate），和标准 MOS 晶体管相同，在控制栅的下方是一个以氧化物层与周围绝缘的浮栅 G_f（Floating Gate）。浮栅处于控制栅与 MOSFET 的导电通道之间。由于浮栅在电气上是被绝缘层隔离了的，所以进入其中的电子会被困在里面，在一般的条件下电荷可保存多年也不会逸散。

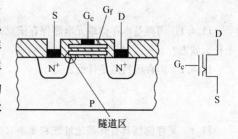

图 11-15　叠栅 MOS 管的结构图和电气符号

　　利用热电子注入或隧道效应可以向浮栅注入和释放电子。当浮栅中注入电荷后，它就可部分抵消掉来自控制栅的电场，并改变这个导电沟道单元的阈值电压。在进行读操作时，向控制栅加特定的电压，那么根据阈值电压的高低，MOSFET 源（S）极和漏（D）极之间会变得导电或保持绝缘，该工作状态就能以二进制码的方式读出、再现存储的数据。可见，叠栅 MOS 管的工作状态处于导通还是截止是由控制栅所加电压和浮栅上的电荷保存情况共同决定的。

　　闪存的基本存储单元结构如图 11-16 所示。

　　进行读操作时，可以看到如果给字线上加上适当电压，位线上便可读取到相应的电压值。

　　1）若浮空栅上保存有电荷，则在源（S）极和漏（D）极之间形成导电沟道，达到一种稳定状态，可以定义该基本存储单元电路保存信息"0"。

2）若浮空栅上没有电荷存在，则在源（S）极和漏（D）极之间无法形成导电沟道，为另一种稳定状态，可以定义它保存信息"1"。

当写入数据时，由于浮栅周围是绝缘体（比如二氧化硅），必须在相对高的电压下先擦除其中全部内容，然后再通过热电子注入或者隧道效应这种非导体接触方式，向浮栅中充入电荷完成写入。由于写入数据前必须先擦除数据，以致闪存写入速度始终无法赶上 RAM。

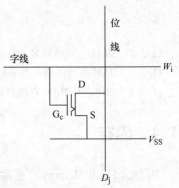

图 11-16　闪存基本存储单元结构

11.4.2　闪存的特点

闪存是一种兼具 RAM 和 ROM 功能特点的新型存储产品，对其特点可以归纳于下：

1）非易失性存储元件，存储数据掉电不丢失，可有效保存数年以上，可实现很高的信息存储密度。

2）可按字节和区块或页面快速进行擦除和编程操作，也可按整片进行擦除和编程，页面访问速度快。

3）在通常的工作状态下，采用工作电源供电，即可实现编程操作，支持上百万次的反复编程。

4）支持在线擦除与编程，擦除和编程写入均无需取下芯片。

5）片内有命令寄存器和状态寄存器，因而具有内部编程控制逻辑，当进行擦除和编程写入时，可由内部逻辑控制操作。

练习与思考

11.4.1　闪存基本存储单元电路保存信息"0"和信息"1"时，源（S）极和漏（D）极之间分别处于什么状态？

11.4.2　闪存的特点是什么？

习　题

11-1　某存储器具有 6 条地址线和 8 条双向数据线，该存储器一个存储单元有多少位？

11-2　某计算机的内存储器有 32 条地址线和 16 条数据线，该存储器的存储容量是多少？

11-3　指出下列容量的半导体存储器的字数、具有的数据线数和地址线数。

（1）512×8 位　　　（2）1K×4 位　　　（3）64K×1 位　　　（4）256K×4 位

11-4　指出下列存储系统各具有多少个存储单元，至少需要几条地址线和数据线。

（1）64K×1 位　　　（2）256K×4 位　　　（3）1M×1 位　　　（4）128K×8 位

11-5　设存储器的起始地址全为 0，试指出下列存储系统的最高地址为多少？

（1）2K×1 位　　　（2）16K×4 位　　　（3）256K×32 位

11-6　用 16×4 位 EPROM 实现下列各逻辑函数，画出存储矩阵的连线图。

（1）$Y_1 = ABC + \overline{A}(B+C)$

（2）$Y_2 = A\overline{B} + \overline{A}B$

（3）$Y_3 = \overline{(A+B)(\overline{A}+\overline{C})}$

（4）$Y_4 = ABC + \overline{ABC}$

11-7　用 16×8 位 EPROM 实现下列各逻辑函数，画出存储矩阵的连线图。

（1）$Y_1 = \sum m(0,2,3,4,6,8,10,12)$

（2）$Y_2 = \sum m(0,2,4,5,6,7,8,9,14,15)$

（3）$Y_3 = \sum m(0,1,5,7)$

（4）$Y_4 = \sum m(0,2,5,7,14,15)$

（5）$Y_5 = \sum m(3,7,8,9,13,14)$

（6）$Y_6 = A\bar{B} + B\bar{C} + C\bar{D} + \bar{D}A$

（7）$Y_7 = \bar{B}\,\bar{D} + \bar{C}D + \bar{A}\,\bar{C}$

（8）$Y_8 = \bar{A}B + \bar{B}\,\bar{C} + AC\bar{D}$

11-8　利用 ROM 构成的任意波形发生器如图 11-17 所示，改变 ROM 的内容，即可改变输出波形。当 ROM 的内容如表 11-4 所示时，画出输出端电压随 CP 脉冲变化的波形。

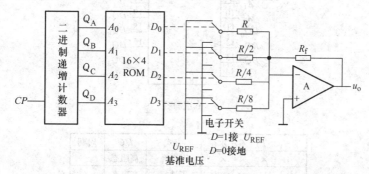

图 11-17　习题 11-8 图

表 11-4　习题 11-8 表

CP	A_3	A_2	A_1	A_0	D_3	D_2	D_1	D_0
0	0	0	0	0	0	1	0	0
1	0	0	0	1	0	1	0	1
2	0	0	1	0	1	1	0	0
3	0	0	1	1	0	1	1	1
4	0	1	0	0	0	1	0	0
5	01	1	0	1	0	1	1	1
6	0	1	1	0	0	1	1	0
7	0	1	1	1	0	1	0	1
8	1	0	0	0	0	0	0	0
9	1	0	0	1	0	0	1	1
10	1	0	1	0	0	0	1	0
11	1	0	1	1	0	0	0	1
12	1	1	0	0	0	0	0	0
13	1	1	0	1	0	0	0	1
14	1	1	1	0	0	0	1	0
15	1	1	1	1	0	0	1	1

11-9　MCM6264 是 MOTOROLA 公司生产的 8K × 8 位 SRAM，该芯片采用 28 引脚塑料双列直插式封装，单电源 +5V 供电。MCM6264 SRAM 的引脚图及逻辑功能表如图 11-18 所示，图中 $A_0 \sim A_{12}$ 为地址输入端口，$DQ_0 \sim DQ_7$ 为数据输入/输出端口，G 为读允许端口，W 为写允许端口，E_1、E_2 为片选端口，NC 为空引脚。试用 MCM6264 SRAM 芯片设计一个 16K × 16 位的存储器系统，画出逻辑图。

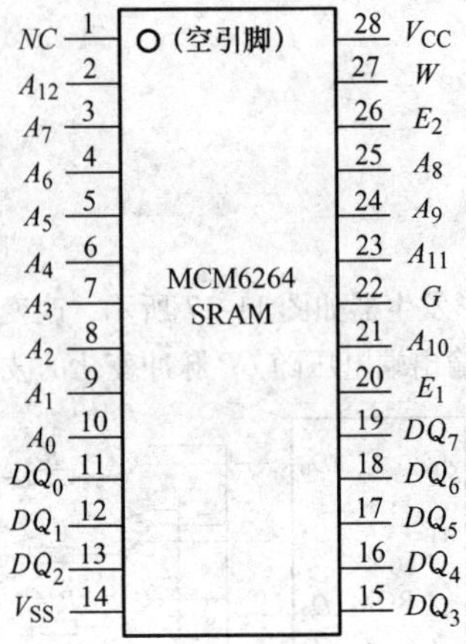

```
        NC  ──1   ○（空引脚）  28──  V_CC
       A_12 ──2                27──  W
        A_7 ──3                26──  E_2
        A_6 ──4                25──  A_8
        A_5 ──5                24──  A_9
        A_4 ──6    MCM6264     23──  A_11
        A_3 ──7     SRAM       22──  G
        A_2 ──8                21──  A_10
        A_1 ──9                20──  E_1
        A_0 ──10               19──  DQ_7
       DQ_0 ──11               18──  DQ_6
       DQ_1 ──12               17──  DQ_5
       DQ_2 ──13               16──  DQ_4
       V_SS ──14               15──  DQ_3
```

a) 引脚图

E_1	E_2	G	W	方式	I/O	周期
H	×	×	×	无选择	高阻态	–
×	L	×	×	无选择	高阻态	–
L	H	H	H	输出禁止	高阻态	–
L	H	L	H	读	D_O	读
L	H	×	H	写	D_I	写

b) 逻辑功能表

说明：H 表示高电平，L 表示低电平

图 11-18　习题 11-9 图

第 12 章

数/模与模/数转换

◀ 本章概要 ▶

本章介绍了数/模转换、模/数转换基本概念和工作原理，以及数/模转换器和模/数转换器的基本指标。

重点： 数/模转换、模/数转换基本概念，工作原理。

难点： 数/模转换、模/数转换的有关计算。

12.1 数/模与模/数转换的基本概念

自动检测和自动控制等系统中，从被控对象上采集的参数一般都是模拟信号，而计算机内处理的是数字信号。为了把这些模拟信号送入计算机，首先必须把模拟信号转换成相应的数字信号，然后再把数字信号送入计算机，以便计算机进行处理和运算。通常模拟量转换成相应的数字量的过程叫模/数（A/D）转换，其相应的转换电路叫做模/数转换器（Analog-Digital Converter，ADC）。作用在被控对象上的信号通常也是模拟信号，这就需要将计算机处理过的数字信号再转换为模拟信号，才能作用于被控制对象，这种把数字量转换成相应

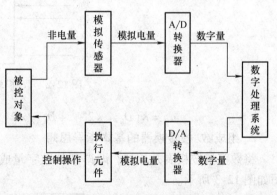

图 12-1　数字控制系统框图

的模拟量的过程叫做数/模（D/A）转换，其相应的转换电路叫做数/模转换器（Digital-Analog Converter，DAC）。数字控制系统框图如图 12-1 所示。

通过数/模转换器可把数字信号还原成需要的模拟量，通过模/数转换器可把要处理的模拟量转化为离散的数字信号。进行模数转换时，对于变化较快的模拟信号，为了使输入模/数转换器的模拟量在整个转换过程中保持不变，而转换结束后，又能跟随模拟量的变化而变化，需使用采样保持电路。

练习与思考

12.1.1　数字量与模拟量有什么区别？

12.1.2　举例说明数/模转换器及模/数转换器在现实生活中的意义。

12.2　数/模转换电路

12.2.1　数/模转换器的基本概念

数/模转换就是将数字量转换成与它成正比的模拟量。

1. 数/模转换关系

任何一个二进制数 $D_{n-1}D_{n-2}\cdots D_1D_0$ 可以按下式转换为十进制数：

$$(N)_2 = D_{n-1} \times 2^{n-1} + D_{n-2} \times 2^{n-2} + \cdots + D_1 \times 2^1 + D_0 \times 2^0$$

式中，2^{n-1}、2^{n-2}、$\cdots 2^1$、2^0 为分别为各位数码的权。任意二进制数权展开之和即为该数对应的十进制数，如：$(1101)_2 = (1 \times 2^3 + 1 \times 2^2 + 0 \times 2^1 + 1 \times 2^0)_{10}$。

实现数/模转换的过程，是将输入二进制中为 1 的每 1 位代码按其权的大小，转换成模拟量，然后将这些模拟量相加，相加的结果就是与数字量成正比的模拟量。如：

$$u_0 = K(D_3 \times 2^3 + D_2 \times 2^2 + D_1 \times 2^1 + D_0 \times 2^0)_{10}$$

$$u_0 = K(1 \times 2^3 + 1 \times 2^2 + 0 \times 2^1 + 1 \times 2^0)_{10}$$

式中，K 为比例系数。

这样便实现了从数字量到模拟量的转换。数/模转换示意图如图 12-2 所示。

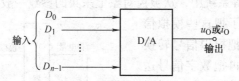

图 12-2　数/模转换示意图

$$u_0 = K(D_{n-1} \times 2^{n-1} + D_{n-2} \times 2^{n-2} + \cdots + D_1 \times 2^1 + D_0 \times 2^0)$$

2. 组成数/模转换器的基本指导思想

将数字量按权展开相加，即得到与数字量成正比的模拟量。n 位数/模转换器组成示意图如图 12-3 所示。

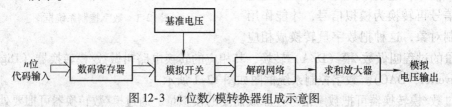

图 12-3　n 位数/模转换器组成示意图

3. 数/模转换器的分类

数/模转换器分类示意图如图 12-4 所示。

12.2.2　倒 T 形电阻网络 D/A 转换器工作原理

倒 T 形电阻网络 D/A 转换器是常用的单片集成 D/A 转换器之一。电路由解码网络、模拟开关、求和放大器和基准电源组成。倒 T 形电阻网络 D/A 转换器的电路结构如图 12-5 所示。

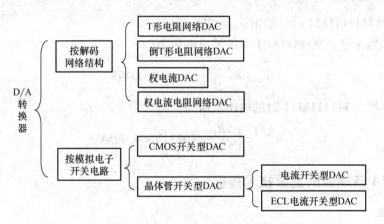

图 12-4 数/模转换器分类示意图

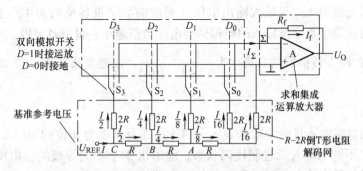

图 12-5 倒 T 形电阻网络 D/A 转换器的电路结构

由于集成运算放大器的电流求和点 Σ 为虚地，所以每个 $2R$ 电阻的上端都相当于接地，从网络的 A、B、C 点分别向右看的对地电阻均为 $2R$。因此，与开关相连的 $2R$ 上的电流从高位到低位按 2 的负整数幂递减。如果基准电压源提供的总电流为 I （$I = \dfrac{U_{REF}}{R}$），则流过各开关支路（从左到右）的电流分别为 $\dfrac{I}{2}$、$\dfrac{I}{4}$、$\dfrac{I}{8}$ 和 $\dfrac{I}{16}$。则得到总电流为

$$I_\Sigma = \frac{I}{2}D_3 + \frac{I}{4}D_2 + \frac{I}{8}D_1 + \frac{I}{16}D_0 = \frac{U_{REF}}{2^4 R}(D_3 \times 2^3 + D_2 \times 2^2 + D_1 \times 2^1 + D_0 \times 2^0)$$

输出电压为

$$u_O = -I_f R_f = -I_\Sigma R_\Sigma = -\frac{U_{REF} R_f}{2^4 R}(D_3 \times 2^3 + D_2 \times 2^2 + D_1 \times 2^1 + D_0 \times 2^0)$$

对于 n 位的倒 T 形电阻网络 DAC，输出电压为

$$u_O = -I_f R_f = -I_\Sigma R_\Sigma = -\frac{U_{REF} R_f}{2^4 R}(D_{n-1} \times 2^3 + D_{n-2} \times 2^2 + \cdots + D_1 \times 2^1 + D_0 \times 2^0)$$

可见，输出模拟电压与输入数字量 D 成正比，实现了数/模转换。其电路特点为

1）解码网络仅有 R 和 $2R$ 两种规格的电阻，对于集成工艺相当有利。

2）这种倒 T 形电阻网络各支路的电流直接加到运算放大器的输入端，它们之间不存在传输上的时间差，故该电路具有较高的工作速度。

【例 12-1】 一个 10 位 R-$2R$ 倒 T 形 DAC 的 $U_{REF} = 5V$，$R_F = R$，试分别求出数字量为

0000000001 和 1111111111 时，输出 u_O 为多少伏？

解： 输入数字量为 0000000001 时的输出电压为

$$u_{Omin} = \frac{U_{REF}R_F}{2^{10}R} \times 1 = 0.0049V$$

输入数字量为 1111111111 时的输出电压为

$$u_{Omax} = \left(\frac{5R_F}{2^{10}R} \times 1023\right)V = 4.995V$$

12.2.3 D/A 转换器的主要技术指标

1. 分辨率

分辨率用于表明 DAC 对模拟量数值的分辨能力。理论上定义为最小输出电压（对应的输入数字量仅最低位为 1）与最大输出电压（对应的数字量各位均为 1）之比。分辨率越高，转换时，对应最小数字量输入的模拟信号电压数值越小，也就越灵敏。

例如：10 位 D/A 转换器的分辨率为 $\frac{1}{2^{10}-1} = \frac{1}{1023}$，以此类推得到 n 位 D/A 转换器的分辨率为 $\frac{1}{2^n-1}$。

通常，使用数字输入量的位数来表示分辨率。在分辨率为 n 位的 D/A 转换器中，输出电压能区分 2^n 个不同的输入二进制代码状态，能给出 2^n 个不同等级的输出模拟电压。位数越多，能够分辨的最小输出电压变化量就越小，分辨率就越高。例如：8 位 D/A 转换器芯片 DAC0832 的分辨率为 8 位，10 位单片集成 D/A 转换器 AD7520 的分辨率为 10 位，16 位单片集成 D/A 转换器 AD1147 的分辨率为 16 位。

2. 转换精度

D/A 的转换精度表明 D/A 转换的精确程度，分为绝对精度和相对精度。

D/A 的绝对精度（Absolute accuracy）（绝对误差）指的是在数字输入端加有给定的代码时，在输出端实际测得的模拟输出值（电压或电流）与相应的理想输出值之差。它是由 D/A 的增益误差、零点误差、线性误差和噪声等综合因素引起的。因此，在 D/A 的数据图表上往往是以单独给出各种误差的形式来说明绝对误差。

D/A 的相对精度（Relative accuracy）指的是满量程值校准以后，任何一个数字输入的模拟输出与它的理论输出值之差。对于线性 D/A 来说，相对精度就是非线性度。

在 D/A 数据图表中，精度特性一般是以满量程电压（满度值）U_{FS} 的百分数或以最低有效位（LSB）的分数形式给出，有时用二进制数的形式给出。

精度 ±0.1% 指的是最大误差为 U_{FS} 的 ±0.1%。例如，满度值为 10V 时，则最大误差为

$$U_E = 10V \times (\pm 0.1\%) = \pm 10mV$$

n 位 D/A 的精度为 ±1/2LSB 指的是最大可能误差为

$$U_E = \pm \frac{1}{2} \times \frac{1}{2^n} U_{FS} = \pm \frac{1}{2^{n+1}} U_{FS}$$

注意：精度和分辨率是两个截然不同的参数。分辨率取决于转换器的位数，而精度则取决于构成转换器各部件的精度和稳定性。

3. 转换速度（建立时间）

从输入数字信号起，到输出电压或电流到达稳定值时所需要的时间，称为输出建立时间。不同的 DAC 转换速度亦不同，一般在几微秒到几十微秒的范围内。

4. 温度系数

在输入不变的情况下，输出模拟电压随温度变化而变化的量，称为 DAC 的温度系数。一般用满刻度输出条件下，温度每升高 1℃，输出电压变化的百分数表示。

【例 12-2】 一个 8 位 DAC，当最低位为 1，其他各位为 0 时输出电压 $u_{0min} = 0.02V$，当数字量为 01010101 时输出电压 u_0 为多少伏？

解： $u_0 = u_{0min} \times \sum\limits_{i=0}^{7} D_i \times 2^i = (0.02 \times 85)V = 17V$

【例 12-3】 一个 8 位 DAC，已知 $U_{REF} = 5V$，$R_F = R$，求该 DAC 最小输出电压（最低位为 1 其余各位为 0 时的输出电压）u_{0min} 为多少伏，最大输出电压（各位全为 1 时的输出电压）u_{0max} 为多少伏？

解： 最小输出电压 $u_{0min} = \dfrac{U_{REF} R_f}{2^7 R} \approx 0.039V$

最大输出电压 $u_{0max} = u_{0min} \times 255 = 9.96V$

【例 12-4】 某系统中有一个 DAC，若该系统要求 DAC 的转换误差小于 0.5%，试回答至少应选多少位的 DAC？

解： 若 DAC 的分辨率大于 0.5%，其转换误差不可能小于 0.5%，所以若转换误差小于 0.5%，则分辨率必须小于 0.5% 才行，要使分辨率小于 0.5%，至少应选 8 位 DAC。

12.2.4 集成 D/A 转换器

1. AD7520 功能介绍

常用的集成 DAC 有 AD7520、DAC0832、DAC0808、DAC1230、MC1408 和 AD7524 等。现以 D/A 转换器 AD7520 为例介绍集成 DAC 的应用。

AD7520 是 10 位 CMOS D/A 转换集成芯片，与微处理器完全兼容。该芯片以接口简单、转换控制容易、通用性好、性能价格比高等特点得到广泛的应用。实际使用时需要外接集成运算放大器和基准电压源。AD7520 的内部逻辑结构如图 12-6 所示。

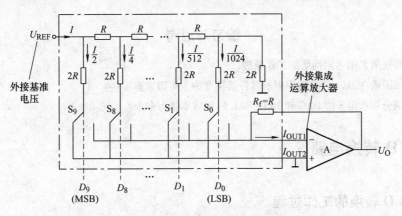

图 12-6 AD7520 的内部逻辑结构

AD7520 外部引脚图如图 12-7 所示。

AD7520 共有 16 个引脚，其主要参数如下：

1）$D_0 \sim D_9$：数据输入端。

2）I_{OUT1}：模拟电流输出端 1，接到运算放大器的反相输入端。

3）I_{OUT2}：模拟电流输出端 2，一般接"地"。

4）V_{CC}：模拟开关的电源接线端。

5）R_f：芯片内部电阻 R 的引出端，该电阻作为运算放大器的反馈电阻，另一端在芯片内部。

6）U_{REF}：基准电压输入端，可以为正直或负值。

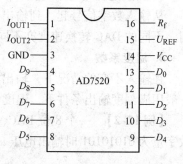

图 12-7　AD7520 外部引脚图

该芯片的分辨率为 10，转换速度为 500ns，温度系数为 $0.001\%/℃$，线性误差为 $\pm (1/2)$ LSB（LSB 表示输入数字量最低位），若用输出电压满刻度范围 FSR 的百分数表示则为 0.05% FSR。

2. 应用举例

AD7520 组成的锯齿波发生器电路结构如图 12-8 所示。

通过分析可知，10 位二进制加法计数器从全"0"加到全"1"，电路的输出电压 u_O 由 0V 增加到最大值。若计数脉冲不断，则可在电路的输出端得到周期性的锯齿波，AD7520 组成的锯齿波发生器输出波形如图 12-9 所示。

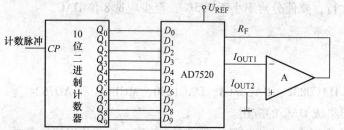

图 12-8　AD7520 组成的锯齿波发生器电路结构

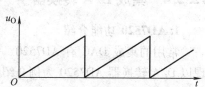

图 12-9　AD7520 组成的锯齿波发生器输出波形

练习与思考

12.2.1　简述倒 T 形电阻网络的工作原理。

12.2.2　试说明在 D/A 转换器中影响其转换精度的主要因素有哪些？

12.2.3　试分别求出 8 位 DAC 和 10 位 DAC 的分辨率各为多少？

12.3　A/D 转换电路

12.3.1　A/D 转换的工作过程

A/D 转换目标是将时间连续和幅值也连续的模拟信号转换为时间离散和幅值也离散的

数字信号。一般可以分为如下 4 个步骤：采样、保持、量化和编码。

1. 采样与保持

在模/数转换中，输入是模拟信号而输出的则是数字信号，为把模拟信号变成离散的数字信号，首先应对输入的模拟信号在一系列特定的时间上进行采样。由于采样时间极短，采样输出为一串断续的窄脉冲，要把每一个采样所得到的窄脉冲信号数字化需要一定时间，因此在两次采样之间，应将这些"样值"保存下来。将每次采样所得到的"样值"保存到下一个采样脉冲到来之前称为保持。采样过程示意图如图 12-10 所示。

1）将一个时间上连续变化的模拟量转换成时间上离散的模拟量称为采样。

采样定理：设采样脉冲 $s(t)$ 的频率为 f_s，输入模拟信号 $x(t)$ 的最高频率分量的频率为 f_{max}，必须满足 $f_s \geqslant 2f_{max}$，$y(t)$ 才可以正确地反映输入信号（从而能不失真地恢复原模拟信号）。通常取 $f_s = (2.5 \sim 3)f_{max}$。

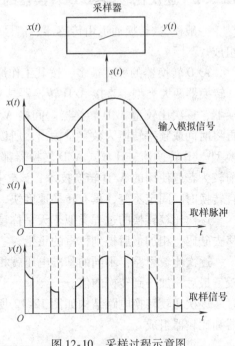

图 12-10　采样过程示意图

2）由于 A/D 转换需要一定的时间，故在每次采样以后，需要把采样电压保持一段时间，即保持。采样—保持电路结构及输出波形如图 12-11 所示。

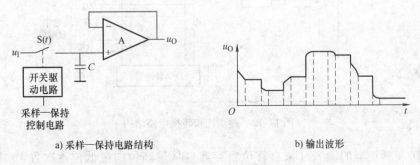

a) 采样—保持电路结构　　　　b) 输出波形

图 12-11　采样—保持电路结构及输出波形

$S(t)$ 有效期间，开关导通，u_I 对 C 充电，u_O 跟随 u_I 的变化而变化；

$S(t)$ 无效期间，开关截止，u_O 保持不变直到下次采样。

2. 量化与编码

量化就是把采样所得样值电压表示成某个规定的最小单位的整数倍，通常就是用数字信号的最低位 1（LSB）所对应的模拟电压作为量化单位，用 Δ 表示，将样值电压变换为量化单位（Δ）电压整数倍的过程。

编码则是将量化后的离散量用相应的二进制码表示出来，这些代码就是 A/D 转换的输出结果。

12.3.2　逐次比较型 A/D 转换器的工作原理

一般模/数转换通道由传感器、信号处理、多路转换开关、采样保持器以及 A/D 转换器组成。

A/D 转换器的种类很多，按其工作原理不同来划分，可分为直接 A/D 转换器和间接 A/D 转换器两大类型。直接 A/D 转换器具有较快的转换速度，典型电路有并行比较型 A/D 转换器，逐次比较型 A/D 转换器。间接 A/D 转换器由于要先将模拟信号转换成时间或频率，再将时间或频率转换为数字量输出，所以转换速度慢。双积分型 A/D 转换器、电压/频率转换型 A/D 转换器、计数式 A/D 转换器都属于间接 A/D 转换器。逐次比较型 A/D 转换器是目前较为普遍使用的 A/D 转换技术，该转换方式的转换速度是除并行转换外最快的一种，而且转换时间固定不变，具有转换速度快，精度高的特点。

逐次比较转换的过程类似于天平称重过程：砝码从最重到最轻，依次比较，通过保留/移去砝码，相加最后得到称重的重量。

逐次比较思路：不同的基准电压就相当于不同的砝码，把输入电压与不同的基准电压比较，最后相加得到转换的值。

逐次比较转换电路结构如图 12-12 所示，逐次比较型 A/D 转换器由寄存器、D/A 转换器和比较器组成。

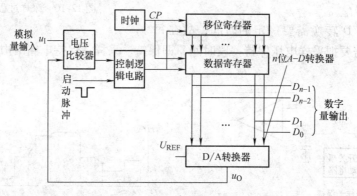

图 12-12　逐次比较转换电路结构

首先 D/A 转换器的输入（来自移位寄存器）从最高位向最低位逐次置 1，当每次置 1 完毕，比较器就会产生一个输出，指示 D/A 转换器的输出电压是否比输入的模拟电压大。如果 D/A 转换器的输出电压大于输入的模拟电压，则比较器输出低电平，使存储该位的逐次近似寄存器复位（清 0）；若是 D/A 转换器的输出比输入的模拟电压小，比较器输出高电平，则保留存储该位的逐次近似寄存器数据（置 1）。转换器从最高位开始，按此方法逐次比较，直至最低位后，转换结束。

一个转换周期完成后，将移位寄存器清 0，开始下一次转换。

以 8 位逐次比较 A/D 转换器为例介绍转换的基本思路，设待转换的输入模拟量 $u_1 = 6.84V$，D/A 转换器基准电压 $U_{REF} = 10V$。逐次比较转换基本思路示意图如图 12-13 所示。

由图 12-13 示意可见，最后转换的数字量 1010111 与待转换的输入电压的相对误差仅为 0.06% 其转换精度取决于位数。8 位逐次比较型 A/D 转换器波形如图 12-14 所示。

CP	$D_7D_6D_5D_4D_3D_2D_1D_0$	u_O/V	电压比较器的输出结果
0	10000000	5	1
1	11000000	7.5	0
2	10100000	6.25	1
3	10110000	6.875	0
4	10101000	6.5625	1
5	10101100	6.71875	1
6	10101110	6.796875	1
7	10101111	6.8359375	1

注：当 $u_I > u_O$ 时，电压比较器的输出结果为高电平，即逻辑1；当 $u_I > u_O$ 时，电压比较器的输出结果为低高电平，即逻辑0。

图 12-13　逐次比较转换基本思路示意图

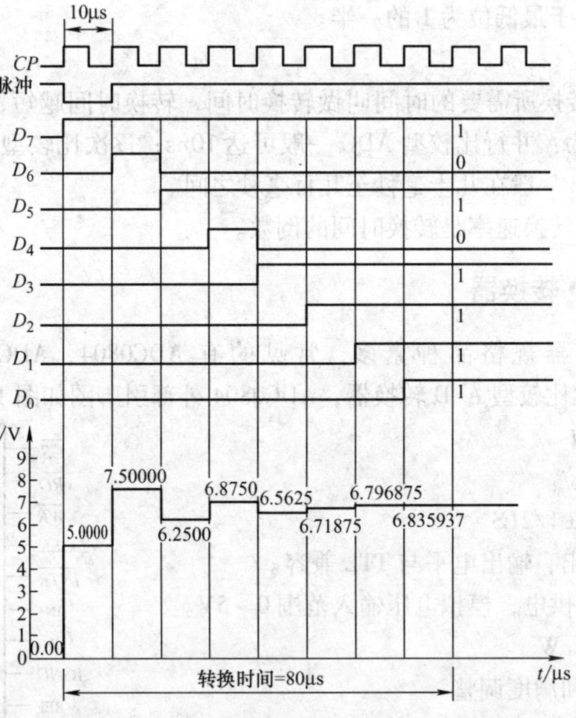

图 12-14　8 位逐次比较型 A/D 转换器波形

　　逐次比较式 A/D 转换器的转换时间取决于转换中数字位数 n 的多少，完成每位数字的转换需要一个时钟周期，由前面分析可知，第 n 个时钟脉冲作用后，转换完成，所以该转换器的转换最小时间是 nT_C，这里 T_C 是时钟脉冲的周期。

12.3.3　A/D 转换器的主要技术指标

　　A/D 转换器的主要技术指标有转换精度、转换速度等。转换精度主要用分辨率、转换误差来描述，转换速度则主用转换时间或转换速率来衡量。

1. 转换精度

（1）分辨率

分辨率是指 A/D 转换器输出数字量的最低位变化一个数码时，对应输入模拟量的变化量。

通常以 ADC 输出数字量的位数表示分辨率的高低，因为位数越多，量化单位就越小，对输入信号的分辨能力也就越高。

例如输入模拟电压满量程为 10V，若用 8 位 ADC 转换时，其分辨率为 $10V/2^8 = 39mV$，10 位的 ADC 是 9.76mV，而 12 位的 ADC 为 2.44mV。

（2）转换误差

转换误差表示 A/D 转换器实际输出的数字量与理论上的输出数字量之间的差别。通常以输出误差的最大值形式给出。

转换误差也叫相对精度或相对误差。转换误差常用最低有效位的倍数表示。

例如某 ADC 的相对精度为 ±(1/2)LSB，这说明理论上应输出的数字量与实际输出的数字量之间的误差不大于最低位为 1 的一半。

2. 转换速度

完成一次 A/D 转换所需要的时间叫做转换时间，转换时间越短，则转换速度越快。各类型 ADC 转换时间为：并行比较型 ADC 一般可达 10ns；逐次比较型 ADC 大都在 $10 \sim 50\mu s$ 之间；双积分型 ADC 一般在几十毫秒至几百毫秒之间。

大多数情况下，转换速率是转换时间的倒数。

12. 3. 4 集成 A/D 转换器

集成 A/D 转换器规格品种繁多，常见的有 ADC0804、ADC0809 和 MC14433 等。ADC0804 是一种逐次比较型 A/D 转换器，ADC0804 外部引脚图如图 12-15 所示。

1. 主要性能参数

1）分辨率为 8 位。

2）线性误差为 ±1/2LS。

3）三态锁存输出，输出电平与 TTL 兼容。

4）+5V 单电源供电，模拟电压输入范围 0 ~ 5V。

5）功耗小于 20mW。

6）必进行零点和满度调整。

7）转换速度较高，转换时间可达 $100\mu s$。

2. 主要引脚功能

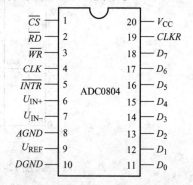

图 12-15 ADC0804 外部引脚图

$\overline{CS}$、$\overline{RD}$、$\overline{WR}$（引脚 1、2、3）：是数字控制输入端，满足标准 TTL 逻辑电平。其中 $\overline{CS}$ 和 $\overline{WR}$ 用来控制 A/D 转换的启动信号。$\overline{CS}$、$\overline{RD}$ 用来读 A/D 转换的结果，当它们同时为低电平时，输出数据锁存器 $D_0 \sim D_7$ 端输出 8 位并行二进制数码。

CLK（引脚 4）和 $CLKR$（引脚 19）：ADC0801 ~ 0805 片内有时钟电路，只要在 CLK 和 $CLKR$ 两端外接一对电阻电容即可产生 A/D 转换所要求的时钟，其振荡频率 $f \approx 1/(1.1RC)$。其典型应用参数为：$R = 10k\Omega$，$C = 150pF$，$f \approx 640kHz$，转换速度快，转换时间为 $100\mu s$。若采用外部时钟，则外部时钟信号可从 CLK 端送入，此时不接 R、C。允许的时钟频率范围为 100 ~ 1460kHz。

$\overline{INTR}$（引脚 5）：$\overline{INTR}$ 是转换结束信号输出端，输出跳转为低电平表示本次转换已经完成，可作为微处理器的中断或查询信号。如果将$\overline{CS}$和$\overline{WR}$端与$\overline{INTR}$端相连，则 ADC0804 就处于自动循环转换状态。

$\overline{CS}=0$ 时，允许进行 A/D 转换。$\overline{WR}$由低跳高时 A/D 转换开始，8 位逐次比较需 $8\times8=64$ 个时钟周期，再加上控制逻辑操作，一次转换需要 $66\sim73$ 个时钟周期。在典型应用 $CLK=640\text{kHz}$ 时，转换时间约为 $103\sim114\mu\text{s}$。当 CLK 超过 640kHz，转换精度下降，超过极限值 1460kHz 时便不能正常工作。

$U_{\text{IN}+}$（引脚 6）和 $U_{\text{IN}-}$（引脚 7）：被转换的电压信号从 $U_{\text{IN}+}$ 和 $U_{\text{IN}-}$ 输入，允许此信号是差动的或不共地的电压信号。如果输入电压 U_{IN} 的变化范围从 0V 到 U_{max}，则芯片的 $U_{\text{IN}-}$端接地，输入电压加到 $U_{\text{IN}+}$引脚。由于该芯片允许差动输入，在共模输入电压允许的情况下，输入电压范围可以从非零伏开始，即 U_{min} 至 U_{max}。此时芯片的 $U_{\text{IN}-}$ 端应该接等于 U_{min} 的恒值电压，而输入电压 U_{IN} 仍然加到 $U_{\text{IN}+}$引脚上。

$AGND$（引脚 8）和 $DGND$（引脚 10）：A/D 转换器一般都有这两个引脚。模拟地 $AGND$ 和数字地 $DGND$ 分别设置引入端，使数字电路的地电流不影响模拟信号回路，以防止寄生耦合造成的干扰。

$U_{\text{REF}}/2$（引脚 9）：参考电压 $U_{\text{REF}}/2$ 可以由外部电路供给，从 $U_{\text{REF}}/2$ 端直接送入，$U_{\text{REF}}/2$ 端电压值应是输入电压范围的二分之一。所以输入电压的范围可以通过调整 $U_{\text{REF}}/2$ 引脚处的电压加以改变，转换器的零点无需调整。256 个电阻组成的 D/A 转换器逐次输出电压与输入电压（$U_{\text{IN}+}-U_{\text{IN}-}$）进行比较以决定逐次近似寄存器中每一位数据的复位与保留。从最高有效位（MSB）开始，在 8 次比较（64 个时钟周期）后，8 位二进制数据传送到输出锁存器中，同时$\overline{INTR}$端输出低电平，表示转换完成。

若是把$\overline{INTR}$端与$\overline{WR}$连接，同时$\overline{CS}$接低电平，则该转换器可以在不受外部信号的控制之下进行转换。

在工业测控及仪器仪表应用中，经常需要由计算机对模拟信号进行分析、判断、加工和处理，从而达到对被控对象进行实时检测、控制等目的。微机数据采集系统示意图如图 12-16 所示。

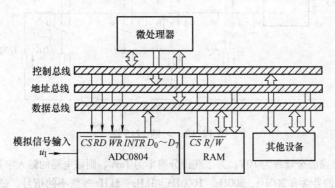

图 12-16 微机数据采集系统示意图

练习与思考

12.3.1 在 A/D 转换器（包括采样—保持电路）中，若输入模拟电压 u_1 里最高频率的频率即 $f_{\text{max}}=$ 10kHz，试说明取样信号 u_S 的下限应是多少？

12.3.2 简述逐次比较型 A/D 转换器的工作原理。

12.3.3 已知输入模拟电压满量程为 12V，分别计算用 8 位 ADC 和 10 位 ADC 转换时，分辨率各是多少？

习 题

12-1 在 8 位倒 T 形电阻网络中，已知 $U_{REF} = 8V$，试求：

（1）输入数据 $D = 11011010$ 时，计算输出电压 u_0 的值；（2）输出电压为最大幅值时，计算输入数据 D 为的值；（3）若测得输出电压为 $u_0 = -3V$，计算输入数据 D 为的值。

12-2 如图 12-17 所示的权电阻 D/A 转换器中，$U_{REF} = +10V$，$R_f = 2k\Omega$。当输入 8 位二进制 $D_1 = 10100111$、$D_2 = 01101100$ 时，分别计算输出模拟电压 u_0 的值。

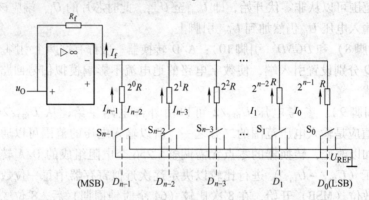

图 12-17 习题 12-2 图

12-3 如图 12-18 所示的倒 T 形电阻网络 D/A 转换器中，$U_{REF} = +10V$，$n = 8$，试求如下输入时的输出电压值：（1）各位全为 1；（2）仅高位为 1；（3）仅最低位为 1。

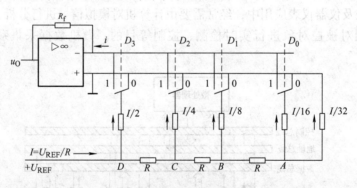

图 12-18 习题 12-3 图

12-4 某 ADC 电路的全量程为 10V，为了获得分辨率为 1mV，则该电路的输入字量是几位？

12-5 模拟输入信号含有 200Hz、500Hz、1000Hz、3kHz、5kHz 等频率的信号，试求 ADC 电路的采样频率是多少？

12-6 一个 8 位逐次逼近型 A/D 转换器，时钟脉冲为 500kHz。问确定 8 位数字所需的时间是多少？

12-7 一个 4 位逐次逼近型 ADC 电路，它的输入满量程为 10V，现加入的模拟电压 $U_1 = 8.3V$。求：（1）ADC 输出的数字量；（2）求电路的量化误差。

第 13 章

集成 555 定时器与脉冲波形变换

◀ 本章概要 ▶

本章以中规模集成电路 555 定时器为核心，介绍 555 定时器构成的施密特触发器、单稳态触发器和多谐振荡器等脉冲波形变换电路并分析其工作原理。

重点：555 定时器的工作原理及在脉冲变换和整形电路中的应用。

难点：常见脉冲波形变换电路应用电路及工作波形分析。

13.1 集成 555 定时器

13.1.1 集成 555 定时器的电路结构

555 定时器是一款数模混合性器件，只需外接少量的阻容元件就可以构成单稳、多谐和施密特触发器等脉冲波形变换电路。555 定时器使用灵活、方便，在信号产生、变换、控制与检测有着广泛的应用。

集成 555 定时器主要有双极型和 CMOS 两种类型，结构及工作原理基本相同。通常双极型定时器具有较大的驱动能力，电源电压范围为 5～16V，最大负载电流可达 200mA；CMOS定时器电压范围为 3～18V，最大负载电流在 4mA 以下，具有低功耗和输入阻抗高的特点。555 定时器电路结构如图 13-1 所示。

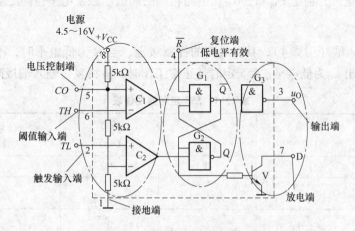

图 13-1　555 定时器电路结构图

1）由 3 个阻值为 5kΩ 的电阻组成的分压器，可获得两个不同的分压值，555 定时器也因此而得名。

2）两个电压比较器 C_1 和 C_2，当 $u+ > u-$，电压比较器输出为高电平；当 $u+ < u-$，电压比较器输出为低电平。

3）一个基本 RS 触发器。

4）放电晶体管 V。

5）缓冲器 G。

13.1.2　集成 555 定时器的工作原理

从图 13-1 知，引脚 5 悬空时，比较器 C_1 和 C_2 的比较电压分别为 $\frac{2}{3}V_{CC}$ 和 $\frac{1}{3}V_{CC}$，则：

1）当阈值输入端 $u_{I1} > \frac{2}{3}V_{CC}$，触发输入端 $u_{I2} > \frac{1}{3}V_{CC}$ 时，比较器 C_1 输出低电平，C_2 输出高电平，基本 RS 触发器被置 0，放电晶体管 V 导通，输出端（引脚 3）u_0 为低电平。

2）当 $u_{I1} < \frac{2}{3}V_{CC}$，$u_{I2} < \frac{1}{3}V_{CC}$ 时，比较器 C_1 输出高电平，C_2 输出低电平，基本 RS 触发器被置 1，放电晶体管 V 截止，输出端 u_0 为高电平。

3）当 $u_{I1} < \frac{2}{3}V_{CC}$，$u_{I2} > \frac{1}{3}V_{CC}$ 时，比较器 C_1 输出高电平，C_2 也输出高电平，基本 RS 触发器 $R=1$，$S=1$，触发器状态保持，电路保持原状态不变。

由于阈值输入端（u_{I1}）为高电平（$> \frac{2}{3}V_{CC}$）时，定时器输出低电平，因此也将该端称为高触发端（TH）；而触发输入端（u_{I2}）为低电平（$< \frac{1}{3}V_{CC}$）时，定时器输出高电平，因此也将该端称为低触发端（TL）。

若在电压控制端（引脚 5）施加一个外加电压 U_{IC}（其值在 $0 \sim V_{CC}$ 之间），比较器的参考电压将发生变化，分别是 U_{IC} 和 $\frac{1}{2}U_{IC}$，电路相应的阈值、触发电平也随之变化，进而影响电路的工作状态。

$\overline{R}$ 为复位输入端（引脚 4），具有最高的控制级别，当 $\overline{R}$ 为低电平时，不管其他输入端的状态如何，输出 u_0 为低电平。555 定时器正常工作时，应将复位输入端接高电平。

表 13-1　555 定时器功能表

阈值输入 （u_{I1}）	触发输入 （u_{I2}）	复位 （$\overline{R}$）	输出 （u_0）	放电晶体 管 V 的状态
×	×	0	0	导通
$< \frac{2}{3}V_{CC}$	$< \frac{1}{3}V_{CC}$	1	1	截止
$> \frac{2}{3}V_{CC}$	$> \frac{1}{3}V_{CC}$	1	0	导通
$< \frac{2}{3}V_{CC}$	$> \frac{1}{3}V_{CC}$	1	不变	不变

综合 555 定时器的电路结构图和功能表可以得如下结论：

1）555 定时器有两个阈值电压，分别是 $\frac{2}{3}V_{\mathrm{CC}}$（或 U_{IC}）和 $\frac{1}{3}V_{\mathrm{CC}}$（或 $\frac{1}{2}U_{\mathrm{IC}}$）。

2）输出端（引脚 3）和放电端（引脚 7）的状态一致，引脚 3 输出低电平对应放电晶体管饱和导通，若引脚 7 外接上拉电阻则引脚 7 输出为低电平；引脚 3 输出高电平对应放电管截止，若引脚 7 外接上拉电阻则引脚 7 输出为高电平。

3）输出端状态的改变有滞回现象，回差电压为 $\frac{1}{3}V_{\mathrm{CC}}$（或 $\frac{1}{2}U_{\mathrm{IC}}$）。

4）输出与触发输入反相。

练习与思考

13.1.1　简述 555 定时器的工作原理。

13.1.2　思考是否允许出现 $u_{I1} > \frac{2}{3}V_{\mathrm{CC}}$，$u_{I2} < \frac{1}{3}V_{\mathrm{CC}}$ 的情况，为什么？

13.2　555 定时器在脉冲波形变换中的应用

13.2.1　多谐振荡器

1. 555 定时器构成多谐振荡器原理及电路

多谐振荡器是一种自激振荡电路，该电路在接通电源后无须外接触发信号就能产生一定频率和幅值的矩形脉冲或方波。由于多谐振荡器在工作过程中不存在稳定状态，故又称为无稳态电路。在数字电路中，多谐振荡器常用作时钟源或脉冲信号源。

基于 555 定时器的多谐振荡器电路如图 13-2 所示，工作波形如图 13-3 所示。

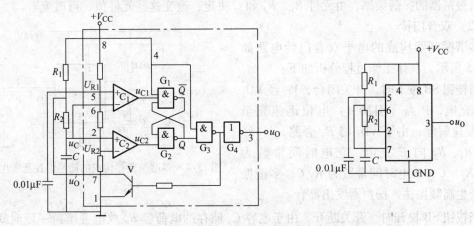

图 13-2　基于 555 定时器的多谐振荡器

由图 13-2 可知，接通 V_{CC} 后，V_{CC} 经 R_1 和 R_2 对 C 充电。当 u_{C} 上升到 $\frac{2}{3}V_{\mathrm{CC}}$ 时，$u_{\mathrm{o}} = 0$，V 导通，C 通过 R_2 和 V 放电，u_{C} 下降。当 u_{C} 下降到 $\frac{1}{3}V_{\mathrm{CC}}$ 时，u_{o} 又由 0 变为 1，V 截止，V_{CC}

又经 R_1 和 R_2 对 C 充电。如此重复上述过程，在输出端 u_O 产生了连续的矩形脉冲。

由图 13-2 和图 13-3 易知，电容 C 充电时间为 $t_{P1} = 0.7(R_1 + R_2)C$；电容 C 的放电时间为 $t_{P2} = 0.7R_2C$。则对电路谐振频率可作大致估算。

振荡周期为

$$T = t_{P1} + t_{P2} = 0.7(R_1 + 2R_2)C$$

振荡频率为

$$f = \frac{1}{T} = \frac{1}{0.7(R_1 + 2R_2)} \approx \frac{1.43}{(R_1 + 2R_2)C}$$

占空比为

$$q = \frac{t_{P1}}{T} = \frac{0.7(R_1 + R_2)C}{0.7(R_1 + 2R_2)} = \frac{R_1 + R_2}{R_1 + 2R_2}$$

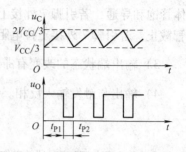

图 13-3　多谐振荡器的工作波形图

2. 多谐振荡器应用实例

（1）简易温控报警器

多谐振荡器构成的简易温控报警电路如图 13-4 所示。555 定时器构成可控音频振荡电路，扬声器用来发声报警。

晶体管 V 可选用锗管 3AX31、3AX81 或 3AG 类，也可选用 3DU 型光敏管。3AX31 等锗管在常温下，集电极和发射极之间的穿透电流 I_{CEO} 一般在 $10 \sim 50\mu A$，且随温度的升高而增大较快。当温度低于设定温度值时，晶体管 V 的穿透电流 I_{CEO} 较小，555 复位端 R_D（引脚 4）的电压较低，电路工作在复位状态，多谐振荡器停振，扬声器不发声。当温度升高到设定温度值时，晶体管 V 的穿透电流 I_{CEO} 较大，555 复位端 R_D 的电压升高到解除复位状态之电位，多谐振荡器开始振荡，扬声器发出报警声。

需要指出的是，不同的晶体管其 I_{CEO} 值相差较大，需改变 R_3 的阻值来调节控温点。其方法为把测温元件置于要求报警的温度下，调节 R_3 使电路刚发出报警声。报警的音调取决于多谐振荡器的振荡频率，由元件 R_1、R_2 和 C 决定，改变这些元件值，可改变音调。

（2）双音门铃

多谐振荡器构成的电子双音门铃电路如图 13-5 所示，具体工作过程分析如下：

当按钮 SB 按下时，开关闭合，V_{CC} 经 VD_2 向 C_3 充电，P 点（引脚 4）电位迅速充至 V_{CC}，复位解除；由于 VD_1 将 R_3 旁路，V_{CC} 经 VD_1、R_1、R_2 向 C 充电，充电时间常数为 $(R_1 + R_2)C$，放电时间常数为 R_2C，多谐振荡器产生高频振荡，扬声器发出高音。

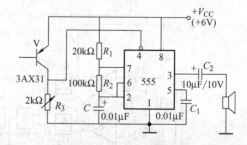

图 13-4　多谐振荡器构成的简易温控报警电路

当按钮 SB 松开时，开关断开，由于电容 C_3 储存的电荷经 R_4 放电要维持一段时间，在 P 点电位降至复位电平之前，电路将继续维持振荡；但此时 V_{CC} 经 R_3、R_1、R_2 向 C 充电，充电时间常数增加为 $(R_3 + R_1 + R_2)C$，放电时间常数仍为 R_2C，多谐振荡器产生低频振荡，喇叭发出低音。当电容 C_3 持续放电，使 P 点电位降至 555 的复位电平以下时，多谐振荡器停止振荡，扬声器停止发声。

调节相关参数，可以改变高、低音发声频率以及低音维持时间。

13. 2. 2　单稳态触发器

1. 555 定时器构成单稳态触发器原理及电路

单稳态触发器具有以下特点：

1）电路只有一个稳态和一个暂稳态。

2）在外来触发信号的作用下，电路可由稳态翻转到暂稳态。

3）暂稳态是一个不能长久保持的状态，经过一段时间后，电路会自动返回到稳态。暂稳态维持时间的长短取决于电路本身的参数，与触发脉冲的宽度和幅度无关。

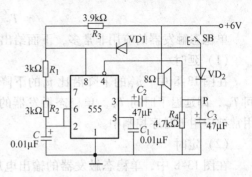

图 13-5　多谐振荡器构成的电子双音门铃电路

由于单稳态触发器具有以上这些特点，它被广泛的应用于脉冲波形的变换与延时。基于 555 定时器构成的单稳态触发器电路连接图如图 13-6 所示。

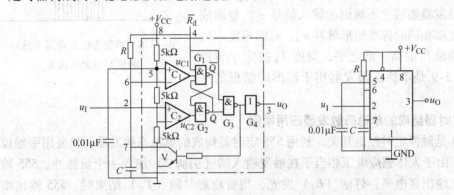

图 13-6　基于 555 定时器构成的单稳态触发器电路连接图

由图 13-6 分析可知，稳态时 555 定时器电路输入端处于电源电平，内部放电开关管 V 导通，输出端 u_O 输出低电平；当有一个外部负脉冲触发信号加到 u_I 端，并使 2 端电位瞬时低于 $\frac{1}{3}V_{CC}$，低电平比较器 C_2 动作，单稳态电路即开始一个动态过程，电容 C 开始充电，u_C 按指数规律增长。当 u_C 充电到 $\frac{2}{3}V_{CC}$ 时，高电平比较器动作，比较器 C_1 翻转，输出 u_O 从高电平返回低电平，放电开关管 V 重新导通，电容 C 上的电荷很快经放电开关管放电，暂态结束，恢复稳定，为下个触发脉冲的来到作好准备。电路的工作波形如图 13-7 所示。

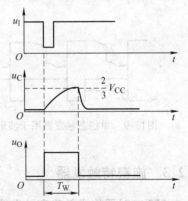

图 13-7　单稳态触发器的工作波形图

其中暂稳态的持续时间 T_W（即为延时时间）决定于外接元件 R、C 的大小。通过改变 R、C 的大小，可使延时时间在几个微秒和几十分钟之间变化。

$$T_W = 1.1RC$$

单稳态触发器的应用非常多，下面给出电路的几个应用实例。

（1）延时

在图13-8中，u'_O的下降沿比u_I的下降沿滞后了时间T_W，即延迟了时间T_W。单稳态触发器的这种延时作用常被应用于时序控制中。

（2）定时

在图13-8中，单稳态触发器的输出电压u'_O，用做与门的输入定时控制信号，当u'_O为高电平时，与门打开，$u_O = u_I$，当u'_O为低电平时，与门关闭，u_O为低电平。显然与门打开的时间是恒定不变的，就是单稳态触发器输出脉冲u'_O的宽度T_W。

（3）整形

单稳态触发器能够把不规则的输入信号u_I，整形成为幅度和宽度都相同的标准矩形脉冲u_O。u_O的幅度取决于单稳态电路输出的高、低电平，宽度T_W决定于暂稳态时间。图13-9是单稳态触发器用于波形的整形的一个简单例子。

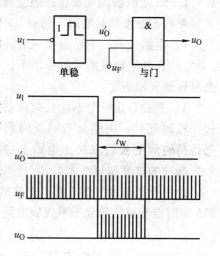

图13-8　单稳态触发器用于脉冲的延时与定时选通

2. 555定时器组成的单稳态触发器应用举例

图13-10是触摸定时控制开关。利用555定时器构成的单稳态触发器，只要用手触摸一下金属片P，由于人体感应电压相当于在触发输入端（引脚2）加入一个负脉冲，555输出端（引脚3）输出高电平，灯泡（R_L）发光，当暂稳态时间（T_W）结束时，555输出端恢复低电平，灯泡熄灭。该触摸开关可用于夜间定时照明，定时时间可由RC参数调节。

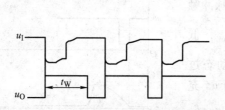

图13-9　单稳态触发器用于波形的整形

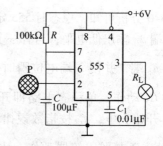

图13-10　触摸式定时控制开关

13.2.3　施密特触发器

1. 555定时器构成单稳态触发器原理及电路

施密特触发器具有以下特点：

1）施密特触发器有两个稳定状态，其维持和转换完全取决于输入电压的大小。

2）施密特触发器属于电平触发且状态翻转时有正反馈过程，对于缓慢变化的信号仍然适用，当输入信号达到某一定的电压值时，输出电压会发生突变，从而输出边沿陡峭的矩形脉冲。

3）电压传输特性特殊，有两个不同的阈值电压（正向阈值电压和负向阈值电压），呈滞回特性。施密特触发器的电路符号和电压传输特性如图 13-11 所示。

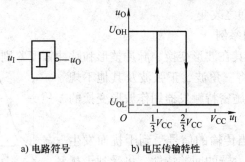

a) 电路符号　　　b) 电压传输特性

图 13-11　施密特触发器的电路符号和电压传输特性

对于施密特触发器，有下面 3 个重要指标和参数：

1）上限阈值电压 U_{T+}：u_I 上升过程中，输出电压 u_O 由高电平 U_{OH} 跳变到低电平 U_{OL} 时，所对应的输入电压值。

2）下限阈值电压 U_{T-}：u_I 下降过程中，u_O 由低电平 U_{OL} 跳变到高电平 U_{OH} 时，所对应的输入电压值。$U_{T-} = \frac{1}{3}V_{CC}$。

3）回差电压 ΔU_T，回差电压又称滞回电压，定义为：$\Delta U_T = U_{T+} - U_{T-}$。

555 定时器构成施密特触发器的电路及其波形图如图 13-12 所示。

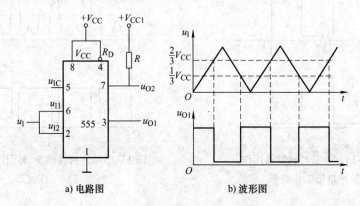

a) 电路图　　　b) 波形图

图 13-12　555 定时器构成施密特触发器的电路结构及其波形图

由图 13-12 电路分析可知：

1）$U_{T+} = \frac{2}{3}V_{CC}$，$U_{T-} = \frac{1}{3}V_{CC}$，$\Delta U_T = U_{T+} - U_{T-} = \frac{1}{3}V_{CC}$。

2）$u_I = 0V$ 时，u_{O1} 输出高电平。

3）当 u_I 上升到 $\frac{2}{3}V_{CC}$ 时，u_{O1} 输出低电平。当 u_I 由 $\frac{2}{3}V_{CC}$ 继续上升，u_{O1} 保持不变；

4）当 u_I 下降到 $\frac{1}{3}V_{CC}$ 时，电路输出跳变为高电平。而且在 u_I 继续下降到 0V 时，电路的这种状态不变。

图 13-12 中，R、V_{CC1} 构成另一输出端 u_{O2}，其高电平可以通过改变 V_{CC1} 进行调节。若在电压控制端（引脚 5）外加电压 U_{IC}，则将有 $U_{T+} = U_{IC}$、$U_{T-} = U_{IC}/2$、$\Delta U_T = U_{IC}/2$，而且当改变 U_{IC} 时，它们的值也随之改变。

2. 施密特触发器应用举例

施密特触发器特点使其在波形变换、脉冲整形和脉冲幅度鉴别方面得到了广泛的应用。

1）用于波形变换。将三角波、正弦波及其他不规则信号转换成矩形脉冲，施密特触发器用作波形变换的工作波形如图 13-13 所示。

2）用于脉冲整形。当传输的信号受到干扰而发生畸变时，可利用施密特触发器的回差特性，将受到干扰的信号整形成较好的矩形脉冲，施密特触发器用作脉冲整形工作波形如图 13-14 所示。

3）用于脉冲幅度鉴别。如果输入信号为一组幅度不等的脉冲，可将输入幅度大于 U_T 的脉冲信号选出来，而幅度小于 U_T 的脉冲信号则去掉了，施密特触发器用作脉冲幅度鉴别工作波形如图 13-15 所示。

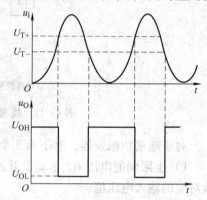

图 13-13　施密特触发器用作波形
变换的工作波形

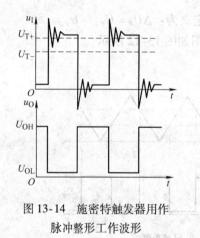

图 13-14　施密特触发器用作
脉冲整形工作波形

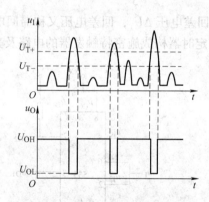

图 13-15　施密特触发器用作脉冲
幅度鉴别工作波形

练习与思考

13.2.1　简述 555 定时器构成多谐振荡器原理并画出电路接线图。

13.2.2　简述 555 定时器构成单稳态触发器原理并画出电路接线图。

13.2.3　简述 555 定时器构成施密特触发器原理并画出电路接线图。

习　题

13-1　单稳态触发器有什么特点？它的主要用途有哪些？

13-2　施密特触发器有什么特点？它的主要用途有哪些？

13-3　用 555 定时器设计一个自由多谐振荡器，要求振荡周期 $T = 1 \sim 10s$，选择电阻、电容参数，并画出连线图。

13-4　试用 555 定时器组成一个施密特触发器，要求：

（1）画出电路接线图；（2）画出该施密特触发器的电压传输特性；（3）若电源电压 V_{CC} 为 6V，输入电压是以 $u_I = 6\sin\omega t$ V 为包络线的单相脉动波形，试画出相应的输出电压波形。

13-5　如图 13-16 所示为一通过可变电阻 R_{RP} 实现占空比调节的多谐振荡器。图中 $R_{RP} = R_{RP1} + R_{RP2}$，试分析电路的工作原理，求振荡频率 f 和占空比 q 的表达式。

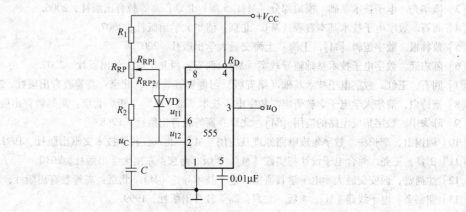

图 13-16　习题 13-5 图

参 考 文 献

[1] 秦曾煌. 电工学（下册）[M]. 7版. 北京：高等教育出版社，2009.

[2] 王居荣. 电子技术（电工学Ⅱ）[M]. 3版. 哈尔滨：哈尔滨工业大学出版社，2004.

[3] 康华光. 电子技术基础　模拟部分 [M]. 5版. 北京：高等教育出版社，2006.

[4] 阎石. 数字电子技术基本教程 [M]. 北京：清华大学出版社，2007.

[5] 曹林根. 数字逻辑 [M]. 上海：上海交通大学出版社，2007.

[6] 陈志武. 数字电子技术基础辅导教案 [M]. 西安：西北工业大学出版社，2007.

[7] 阎石，王红. 数字电子技术基础（第五版）习题解答 [M]. 北京：高等教育出版社，2006.

[8] 童诗白，清华大学电子学教研组. 数字电子技术基础 [M]. 2版. 北京：高等教育出版社，1988.

[9] 陈秀中. 数字集成电路的应用 [M]. 北京：高等教育出版社，1988.

[10] 周铜山，李长法. 数字集成电路原理及应用 [M]. 北京：科学技术文献出版社，1991.

[11] 田良，王尧. 综合电子设计与实践 [M]. 2版. 南京：东南大学出版社，2010.

[12] 沈尚贤，西安交通大学电子学教研室. 电子技术导论 [M]. 北京：高等教育出版社，1985.

[13] 谢嘉奎. 电子线路 [M]. 4版. 北京：高等教育出版社，1999.

[14] 冯民昌. 模拟集成电路系统 [M]. 2版. 北京：中国铁道出版社，1998.

[15] 汪惠，王志华. 电子电路的计算机辅助分析与设计方法 [M]. 北京：清华大学出版社，1996.

[16] 吴运昌. 模拟集成电路原理与应用 [M]. 广州：华南理工大学出版社，1995.

[17] 王汝君，钱秀珍. 模拟集成电子电路 [M]. 南京：东南大学出版社，1993.

[18] 陈大钦，杨华. 模拟电子技术基础 [M]. 北京：高等教育出版社，2000.

[19] 杨素行. 模拟电子电路 [M]. 北京：中央广播电视大学出版社，1994.

[20] 杨素行，清华大学电子学教研室. 模拟电子技术简明教程 [M]. 2版. 北京：高等教育出版社，1998.

[21] 童诗白，清华大学电子学教研组. 模拟电子技术基础 [M]. 2版. 北京：高等教育出版社，1988.

[22] 华成英. 电子技术 [M]. 北京：中央广播电视大学出版社，1996.

[23] 唐介. 电工电子技术概论 [M]. 大连：大连理工大学出版社，2008.